滴灌小麦水氮监测
与氮素营养诊断

崔静 冶军 王海江 主编

中国农业出版社
北 京

编　委　会

新疆后备耕地资源充足，具备成为国家商品粮战略接替区的潜力，对提高新疆粮食综合生产能力、粮食产业发展具有积极的促进作用。新疆地处西北内陆，气候干燥少雨且蒸发量较大，水资源匮乏，是我国典型的荒漠绿洲灌溉农业区。截至 2022 年，新疆耕地面积 628.261 万 hm²，其中灌溉面积 495.989 万 hm²。小麦（Triticum aestivum L.）是新疆主要的粮食作物，长年种植面积在 106.901 万 hm² 左右，占耕地面积的 15% 以上，其生产对于保障粮食安全、改善人民生活质量、促进社会经济发展具有极其重要的作用。

水分是作物的重要组成部分，是作物生命活动的基本因子，小麦生长过程中水分匮乏会造成植株矮小、叶面积指数下降、叶片萎蔫和生长发育缓慢等问题，将直接影响小麦的生长、产量与品质。传统的作物水分状况获取通常采用烘干法，这种破坏性取样耗费大量的人力和物力，有限的样本极大地影响了农业决策的全面性、时效性和宏观性。化肥施用是农业生产中不可或缺的关键因素，化肥不合理施用会导致农业生产成本增加、农产品品质下降、土壤恶化，我国作物氮肥当季利用率仅为 30%～35%，远低于世界发达国家，因此，在作物生长过程中对氮素营养状况进行快速、准确估测以及科学合理地诊断与调控是作物生产管理中最为重要的一个技术环节。随着我国智慧农业理论和技术的发展，利用现代信息技术对农作物进行实时、精确、快速地监测，可以实现农业生产全过程的精准管理，显著提高农业资源水分、养分利用效率。

在此背景下，本书以提高新疆干旱半干旱区滴灌小麦水分和氮肥科学管理为根本出发点，通过设置不同小区、品种、水分和氮肥梯度对比试验，测定了不同水分和氮肥处理下小麦生长（株高、干物质积累量、叶面积指数等）、生理（水分含量、氮素浓度、叶绿素、可溶性蛋白、渗透调节物质等）、环境（冠气温差、大气温度、太阳辐射、相对湿度、平均风速等）和产量构成因子等指标，分析了滴灌小麦不同生育时期的水分和氮肥吸收规律，并构建了滴灌小麦水分和氮肥分期推荐模型。在此基础上，本书基于作物水分胁迫指数（CWSI）和高光谱成像技术对滴灌小麦水分含量进行快速监测，二者均可以实现对滴灌小麦不同生育时期水分含量的快速监测；基于硝酸盐含量、SPAD、光谱特征参数、多角度植被指数、卫星遥感等技术对氮素营养进行快速监测，对比分析了不同诊断技术对滴灌小麦氮素营养指标动态监测的优缺点，基于光谱特征参数、多角度植被指数和卫星遥感可以实现高时效和大范围评估监测目标，为小麦生产的高产、稳步、持续发展奠定基础。

研究虽然取得了一些成果，但仍存在一些不足，如本书开展的基于作物冠层温度的滴灌小麦的水分监测，基于硝酸盐含量、SPAD对滴灌小麦氮肥含量的监测，虽然精度高，但主要是针对小区水分、氮肥控制试验，研究区域有限。随着无人机、卫星遥感技术的快速发展，如何将近地研究结果应用到无人机、卫星遥感中，构建地面-无人机-卫星遥感技术的尺度衔接将是编者下一步需要开展的工作。

本书的出版得到了国家自然科学基金项目"根层水分变化滴灌春小麦源库响应的调控效应"（31160260）、国家科技支撑计划课题"干旱滴灌条件下粮食作物水肥资源高效利用与农田肥力提升研究与示范"（2012BAD42B02）、新疆生产建设兵团科技项目"农业资源大数据关键技术及系统研发"（2018AA004）和"主要作物精准水肥一体化技术和装备研发及应用示范"（2020AB018）项目的支持，在此深表感谢。

由于笔者水平有限，书中难免有不妥之处，恳请广大读者批评指正。

编　者

2023 年 9 月

目录

前言

第一章　概论 ……………………………………………………………………… 1

　第一节　小麦水分信息快速监测 ……………………………………………… 1

　　一、冠层温度在小麦水分监测中的应用 …………………………………… 2

　　二、基于光谱技术的小麦水分监测 ………………………………………… 7

　第二节　小麦氮素信息快速监测 ……………………………………………… 11

　　一、基于叶绿素仪的作物氮素营养监测 …………………………………… 13

　　二、基于光谱技术的作物氮素监测 ………………………………………… 15

　小结 ……………………………………………………………………………… 16

　主要参考文献 …………………………………………………………………… 16

第二章　基于 CWSI 的滴灌小麦水分状况监测 …………………………… 25

　第一节　小麦冠气温差与植株水分、土壤水分及环境因子的关系 ………… 25

　　一、试验设计与数据处理 …………………………………………………… 25

　　二、土壤水分、小麦水分变化特征 ………………………………………… 28

　　三、冠气温差与小麦水分的关系 …………………………………………… 34

　　四、冠层温度与环境因子的关系 …………………………………………… 41

　　五、基于冠气温差的小麦水分模型检验 …………………………………… 43

　　六、讨论 ……………………………………………………………………… 49

　第二节　小麦冠气温差对生理指标的影响 …………………………………… 50

　　一、试验设计与数据处理 …………………………………………………… 51

　　二、不同水分处理下光合生理参数的变化 ………………………………… 53

　　三、不同水分处理下叶片水势的变化 ……………………………………… 58

　　四、不同水分处理下叶绿素、渗透调节物质等的变化 …………………… 59

　　五、冠气温差与光合生理参数的定量关系和模型检验 …………………… 63

　　六、冠气温差与叶水势的定量关系和模型检验 …………………………… 66

　　七、冠气温差与叶绿素、渗透调节物质等的定量关系和模型检验 ……… 66

八、讨论 ·· 69

第三节 基于热红外成像技术的冠层温度最佳监测时间 ············· 71

一、试验设计与数据处理 ·· 71

二、全生育期不同水分处理冠层温度变化 ··· 72

三、不同生育时期冠层温度变化 ··· 75

四、不同生育时期冠气温差变化 ··· 79

五、冠层温度最佳监测时间 ·· 82

六、讨论 ··· 83

第四节 小麦 CWSI 模型构建 ··· 85

一、试验设计与数据处理 ·· 85

二、CWSI 经验模型的构建 ·· 87

三、CWSI 理论模型和经验模型比较 ··· 88

四、不同计算方法的 CWSI 模型与各因子之间的关系 ··································· 90

五、讨论 ··· 93

小结 ·· 94

主要参考文献 ·· 95

第三章 基于高光谱成像的小麦水分含量监测 ············· 99

第一节 不同水分处理小麦农艺性状变化特征 ·· 99

一、试验设计与数据处理 ·· 99

二、冬小麦植株农艺性状动态变化特征 ··· 101

三、冬小麦不同叶位叶片农艺性状变化特征 ·· 104

四、农艺性状相关性分析 ··· 109

五、讨论 ··· 111

第二节 基于高光谱成像的小麦叶片水分含量估测模型 ·················· 113

一、试验设计与数据处理 ·· 113

二、冬小麦叶片含水量与光谱反射特征 ··· 116

三、基于特征波段的冬小麦叶片含水量估测模型构建 ···································· 121

四、特征波段的优选与模型精度比较 ··· 121

五、模型的普适性检验 ··· 124

六、讨论 ··· 126

第三节 基于高光谱成像的小麦冠层水分含量估测模型 ·················· 128

一、试验设计与数据处理 ·· 128

二、冬小麦植株含水量与光谱反射特征 ··· 128

三、基于 PLSR 的冬小麦植株含水量估测模型的构建 ···································· 131

四、特征波段的优选 ·· 132

五、不同生育时期植株含水量的估测模型 ··· 133

六、模型的普适性检验 ··· 133

七、讨论 ··· 134

小结 ·· 136

主要参考文献 ·· 137

第四章　滴灌小麦氮素营养快速估测 ··············· 140

第一节　施氮对小麦生长发育及氮素吸收利用的影响 ··············· 140
一、试验设计与数据处理 ··············· 140
二、滴灌春小麦干物质积累动态 ··············· 142
三、滴灌春小麦氮素吸收利用 ··············· 143
四、讨论 ··············· 145

第二节　施氮量对春小麦产量及蛋白质的影响 ··············· 146
一、试验设计与数据处理 ··············· 147
二、施氮对滴灌春小麦产量的影响 ··············· 147
三、籽粒蛋白质含量与蛋白质产量 ··············· 147
四、讨论 ··············· 148

第三节　小麦氮素营养快速诊断方法比较 ··············· 149
一、基于硝酸盐含量的氮素营养诊断 ··············· 149
二、基于 SPAD-502 的氮素营养诊断 ··············· 152
三、基于 NDVI 的氮素营养诊断 ··············· 157
四、基于光谱特征参量的小麦氮素营养评价研究 ··············· 160
五、基于多角度高光谱植被指数的小麦氮素营养监测研究 ··············· 169
六、基于 HJ-1 卫星 CCD 的麦田氮素营养遥感监测模型 ··············· 180
七、讨论 ··············· 184
小结 ··············· 185
主要参考文献 ··············· 186

第五章　基于叶片 SPAD 值的滴灌春小麦氮肥分期推荐研究 ··············· 190

第一节　不同品种滴灌春小麦氮素吸收规律和氮营养指数研究 ··············· 190
一、试验设计与数据处理 ··············· 190
二、施氮对滴灌春小麦氮素累积的影响及其拟合模型 ··············· 192
三、滴灌春小麦植株吸氮量与相对产量的关系 ··············· 194
四、植株吸氮量临界值与出苗后天数的关系 ··············· 195
五、滴灌春小麦氮素营养指数 ··············· 195
六、讨论 ··············· 196

第二节　基于叶片 SPAD 值的滴灌春小麦氮肥分期推荐模型 ··············· 197
一、试验设计与数据处理 ··············· 197
二、不同施氮水平下滴灌春小麦叶片 SPAD 值随生育期的变化 ··············· 197
三、不同生育期滴灌春小麦叶片 SPAD 值与叶片全氮含量的关系 ··············· 198
四、不同生育期滴灌春小麦叶片 SPAD 值与施氮量的关系 ··············· 199
五、施氮对滴灌春小麦产量的影响 ··············· 199
六、滴灌春小麦不同生育期叶片 SPAD 临界值的确定 ··············· 199
七、基于叶片 SPAD 值的滴灌春小麦氮肥推荐模型的建立 ··············· 201
八、讨论 ··············· 201

第三节　滴灌春小麦氮肥分期推荐模型的验证 ··············· 202

一、试验设计与数据处理 ·· 203

二、不同施氮处理小麦氮素积累比较 ·· 203

三、不同施氮处理的产量比较 ··· 204

四、不同施氮处理的氮肥利用率比较 ·· 204

五、不同施氮处理收获期土壤硝态氮残留比较 ································ 205

六、不同施氮处理各生育期氮营养指数比较 ································· 205

七、讨论 ·· 205

小结 ·· 206

主要参考文献 ··· 207

第一章

概　论

第一节　小麦水分信息快速监测

我国小麦种植面积占世界小麦总种植面积的 13.3％左右，产量是世界总产量的 19％（韩刚，2011），是世界上小麦种植面积最大、产量最高、消费量最大的国家（董晶晶 等，2006；贾文晴，2013）。作为仅次于水稻的第二大粮食作物，其生产对于保障粮食安全、改善人民生活质量、促进社会经济发展具有极其重要的作用（贾文晴，2013）。2008 年新疆生产建设兵团农八师开创了滴灌种植小麦的先例，2009 年农八师 148 团以滴灌春小麦单产 12 090 kg·hm^{-2} 创造了干旱半干旱地区大面积小麦生产的全国高产纪录（蒋桂英 等，2012）。滴灌技术在小麦上的应用显示出了巨大的节水和增产潜力。随着滴灌小麦种植面积的迅速扩大，常规滴灌中的问题日益显现，如灌溉时间不能按照设计要求进行，灌溉秩序混乱，灌溉时间被随意延长，使得灌溉周期不能得到有效控制，尤其是夜间操作比较困难等（王冀川 等，2011）。针对以上问题，开发和推广麦田滴灌自动化控制系统，实现滴灌自动化，是提升麦田水分管理水平、实现节水高效生产的有效途径，也是现代农业的必然趋势和发展方向。

作物水分状况的无损实时监测与诊断是实现灌溉自动化的基础，也是现代农业生产领域的一项关键技术，对于作物精确灌溉和节水生产具有极其重要的意义。近几年来，针对滴灌小麦开展的研究主要围绕水分对小麦生长发育、产量的影响及其耗水规律等方面，而针对滴灌小麦水分监测与诊断方面的研究相对较少，干旱诊断技术相对薄弱。实际上，国内外针对小麦水分监测方面的研究很多，然而采用滴灌技术后，与传统灌溉技术相比，其基本条件都发生了根本性的变化（申孝军，2012），因此，针对滴灌小麦探索行之有效的水分监测手段，得出最佳的诊断方法和最佳的诊断时间势在必行，同时，也是确定滴灌小麦需水量，制定合理灌溉制度，进行科学水分管理的重要依据。

作物水分监测可以分为间接估算和直接测定两大类。间接估算是指根据对引起作物水分亏缺的土壤水分、空气温度等环境因素的测定来估算作物水分状况，直接测定则是指通过直接测定作物叶水势、蒸腾速率等生理指标来衡量作物水分状况。根据研究对象的不同，作物水分亏缺诊断指标可以分为土壤指标、气象指标和作物指标等（康绍忠 等，1996；张瑞美 等，2006）。

土壤指标是通过观察、称重和其他测量方法等来判断土壤水分状况的指标，进而反映作物的水分状况（贾晴雯，2013）。一般当土壤中相对有效含水量大于 0.80 时认为作物不受土壤水分胁迫的影响（张瑞美 等，2006）。关于土壤水分的测定，从最早的经验判断发展到现在用多种方法测定土壤水分状况，已形成了较为成熟的测定体系。目前，主要的测定方法有烘干法、中子仪法、时域反射仪法、频域反射仪法、水势法等。

气象指标通常采用影响作物生长发育的气象因子（温度、湿度、日照、风速）来计算时段内的作物蒸散量。早在 20 世纪 60 年代就有相关学者开展相对蒸散法的研究，并应用于优化灌溉决策，且日益成熟，近年主要探讨相对蒸散与其他指标的关系。

作物指标主要通过监测作物本身的生理变化来确定的水分状况，包括个体指标和群体指标。个体指标包括叶片指标和茎秆指标，其中叶片指标主要通过叶片外观、叶片相对含水量、叶水势、气孔导度、光合能力和蒸腾特性等指标来监测作物水分状况；而茎秆指标主要通过茎秆直径变化和茎流来反映作物水分状况。群体指标主要通过冠层温度和作物群体反射率来监测和诊断作物水分状况。此外，还可以通过测定内源激素的变化、细胞的变化、植物体中碳同位素的比例以及采用声波技术等来监测作物水分胁迫的信号。

近年来，随着精准农业概念的提出，人们利用现代信息技术对作物进行实时、精确、快速的监测，实现了农业生产的精准管理，提高了农业资源利用效率（Bongiovanni *et al.*，2004）。近地非成像高光谱技术正好克服了传统技术破坏性取样的弊端，其波段多而窄，且覆盖面较大（Casas *et al.*，2014），可连续性监测，能够定量获取地物微弱光谱差异信息，从而更好地应用于作物监测。但近地非成像高光谱技术获取的为一定区域多种地物的混合光谱，不能完全消除背景因素对作物光谱的影响，往往在地物目标复杂、植被覆盖度低的条件下容易造成"同物异谱"和"同谱异物"的现象（Zhou *et al.*，2017）。近地高光谱成像技术在精准农业中可以提供大量的时空变化信息。它将光谱信息和图像信息结合为一体，可获得大量的光谱和图像信息，具有多尺度、多波段、高分辨率的特点（Mei *et al.*，2017），且地面高光谱成像成本低、便于携带，可定时定点地监测作物，更为清晰地区分作物叶片（Shi *et al.*，2018）、果实（Tan *et al.*，2018）、土壤（Qi *et al.*，2017）等目标，为精准农业的实施及实时快速、无损监测田间作物生长状况、水分、养分信息提供了新的技术手段，受到越来越多科研工作者的青睐。

一、冠层温度在小麦水分监测中的应用

1. 基于冠层温度的作物水分监测原理

作物冠层温度是指作物冠层茎、叶表面温度的平均值，是衡量作物水分多少和有效性的重要指标（董振国，1984；张喜英 等，2002；高明超，2013），它取决于土壤-植物-大气连续体内的热量和水汽通量，反映了作物和大气之间的能量交换。该值不仅受土壤水分状况的影响，还受环境因素的影响。因此，冠层温度可以作为一个综合性的生理指标，用于诊断作物缺水状况、指导水分管理。采用冠层温度诊断作物缺水状况的主要原理：作物会将吸收的太阳辐射转化成热能，使得叶片的温度升高；而作物的蒸腾作用会消耗热量，使叶片的温度降低；当作物供水充足时，蒸腾量较大，散失的热量较多，作物温度相对较低；而当作物水分供应不足时，作物的蒸腾速率下降，蒸腾作用所消耗的热量会减少，使得显热通量增加，造成作物温度升高。

2. 冠层温度最佳监测时间研究

作物冠层温度可以反映农田作物的蒸腾蒸发情况和水分亏缺状况，利用冠气温差这一指标能够直观地进行缺水诊断（蔡甲冰 等，2015）。冠层温度和气温均随时间的变化而发生改变，因此，确定作物冠层温度与气温差值的最佳测定时间，对于反映作物水分状况极为重要。董振国等（1995）将 13:00—15:00 的冠气温差累加值作为小麦田水分亏缺的指标，其计算公式如下：

$$S = \sum_{n=i}^{N}(T_c - T_a)(T_c > T_a) \qquad (1-1)$$

公式（1-1）中，S 为植物水分亏缺指标，i 为作物冠层温度高于气温时的起始日期，N 为 S 值达到预定缺水指标时的天数，T_a 为大气温度（℃），T_c 为冠层温度。

在冬小麦拔节—灌浆期的冠气温差累加值 $S \geq 5$ ℃时，麦田应灌溉。蔡焕杰等（1997）研究了棉花冠层温度的变化规律，认为 12:00—15:00 的土壤水分对冠层温度的影响最大，所以用冠层温度诊断作物水分状况时，应选择这一期间晴朗而且稳定的天气条件。梁银丽等（2000）研究了冬小麦拔节至抽穗期在不同土壤水分条件下冠气温差的变化规律及随生育期的变化状况，结果表明，最佳测定时间应在冠气温差值最大时，这样有利于反映土壤水分状况。彭致功等（2003）提出了温室内茄子冠气温差的最佳监测时段为 11:00 和 12:00。刘云等（2004）针对冬小麦开展了冠气温差及其影响因子的研究，认为 14:00 左右在冠层之上一定高度处的冠气温差能反映作物的水分特征。张文忠等（2007）开展了水稻开花期冠层温度与土壤水分的研究，认为冠气温差受天气的影响也很大，一般晴天冠气温差较大，而阴天较小。天气对冠气温差的影响较大，采用单一时间的冠气温差反映作物水分亏缺状况较难，采用 13:00—15:00 这一时段连续 3 d 累积冠气温差绝对值最小的时刻（13:00）能较好地反映水稻的水分状况，进行冠气温差的监测结果最优。蔡甲冰等（2007）在研究作物冠气温差的精量灌溉决策研究中指出：冬小麦冠气温差在日变化上在 10:00 和 14:00 表现为双峰显现，14:00 的峰值较 10:00 的观测结果较高，因此，对于适宜的灌溉决策时间的确定，需要做进一步的研究和探讨。周颖等（2011）针对冬小麦开展的主要生长期内冠气温差与蒸腾速率的关系研究表明：12:00—14:00 是冠层温差最大的时候，此时的冠层温度和叶水势最能反映土壤的供水能力和麦田受水分胁迫的程度。由此可见，关于冠气温差最佳的监测时间这一问题，各位研究学者还存在一定的分歧，因此，研究在新疆气候条件下何时监测冠气温差最具代表性是非常有意义的。

3. 冠层温度的影响因素

基因型的差异是影响冠层温度的因素之一。在相同背景条件下，不同基因型冠层温度存在的差异被称为冠层温度分异特性（黄景华 等，2005）。张嵩午等（1997）和李永平等（2007）根据冠层温度的变化对小麦品种的类型进行了划分，将整个灌浆成熟期间冠层温度持续偏低的品种称为冷型品种，持续偏高的称为暖型品种，而将冠层温度具有高低波动的品种称为中间型品种。同时研究表明，不同基因型小麦（Blum *et al.*，1989；Ayeneh *et al.*，2002；张嵩午 等，2006）的冠层温度均存在差异，不因气候条件的改变而发生根本性的变化，且具有较高的稳定性。樊廷录等（2007）和赵鹏等（2007）进一步指出，小麦在不同灌浆结实阶段，品种间的冠层温度表现为：乳熟末期＞乳熟后期＞乳熟前期＞乳熟初期＞开花期。此外，冯佰利等（2005）提出冷型小麦在干旱胁迫下表现出较好的代谢功能、旺盛的活力和较强的抗早衰能力。因此，作物品种选育可以将冷型作为目标性状之一。水分和蒸腾是影响冠层温度的另一重要因素。水分较高的条件下的冠层温度较低，随着水分供应的减少，蒸腾作用减缓，热量消耗减少，感热通量增加，从而引起作物冠层温度升高（康绍忠 等，1997；邹君 等，2004）。也有研究指出叶片蒸腾速率的大小及持续时间是重要因素之一（张嵩午 等，2006；李永平 等，2007）。张嵩午等（2004）指出作物冠层温度的差异是环境生态条件和本身生物学特性有机结合的产物。杨梅（2007）研究表明，水稻叶温与气温和光照强度呈明显的正相关关系，与风速呈负相关关系；这一结论与陈佳（2009）在研究水稻灌浆期冠气温差与气象因子的关系中认为冠层温度与气象因子中的大气温度、太阳辐射呈极显著正相关，与空气湿度呈极显著负相关，与风速呈负相关但不显著的研究结果有相一致的地方。刘婵（2012）在温室番茄水分诊断研究中指出：气温对冠层温度影响最大，光照强度影响次之，湿度对冠层温度影响最不显著，气温是影响冠层温度的主要因子。由此可见，品种、土壤水分及气象因子均会很大程度上影响冠气温差，在这一点上众多学者的结论是一致的。但是在冠气温差与各气象因子中的相关性方面各研究人员之间还存在很大分歧，不同地区气候因子对冠气温差的影响存在一定差异，因此进一步明确新疆的气候条件下影响冠气温差的主要气候因子，探寻冠气温差与气候因子的关系是非常必要的。

4. 冠层温度与土壤含水量的关系

土壤水分状况是灌溉决策的依据，研究冠气温差与不同土层土壤含水量的关系，能够为区域监测土壤含水量提供依据（刘云，2004）。蔡焕杰等（1997）研究了棉花冠层温度的变化规律，通过建立冠气温差与净辐射、相对湿度和土壤含水量统计方程，确定了灌溉指标。梁银丽等（2002）研究了冬小麦在不同土壤水分条件下拔节—抽穗期冠气温差变化规律及其随作物发育期的变化状况，结果表明：作物在充分供水条件下冠气温差变化较平缓，缺水时变化较大。冠气温差可较合理地反映土壤水分变化状况和作物水分亏缺程度。高鹭等（2005）的研究表明，随着灌溉量的增加，冬小麦的冠层温度逐渐下降，当灌溉量达一定程度后，冠层温度反而上升。这主要是由于过量灌溉会导致土壤含氧量减少，不利于小麦根系对水分的吸收。在底墒水充足，以及返青、拔节期均灌溉的情况下，小麦生长期间的灌水定额不宜过大，以每次灌溉量不超过 $450 \text{ m}^3 \cdot \text{hm}^{-2}$ 为宜。刘云等（2004）针对冬小麦开展了遥感冠层温度监测土壤含水量的研究，结果表明：14:00 的冬小麦冠层温度能较好地反映 20 cm 土层的土壤含水量变化，但与其他各土层相关性有较大的波动。14:00 的冠气温差能较好地反映 40 cm 以上土层的土壤含水量变化，二者的相关性很高，且在拔节期和灌浆期，用 14:00 冬小麦冠气温差来拟合各土层的土壤含水量有较高的精度。根据水稻需水关键期冠气温差和土壤水分吸力之间的线性关系，由遥感获得的冠层温度和气温，可估算水田 20 cm 土层的土壤水分状况。在新疆这种典型的干旱半干旱区，针对滴灌冬小麦土壤水分与冠层温度以及冠气温差的相关性进行研究具有重要意义。

5. 冠层温度对生理指标的影响

作物叶片水分状况、蒸腾速率、净光合速率以及气孔导度等生理指标直接影响作物的水分利用效率及产量品质形成（Jackson et al.，1981；王纪华，2001）。因此，研究植物叶片净光合速率、蒸腾速率、气孔导度等生理指标的实时、无损、快速定量监测对于改善作物的水分利用效率以及产量和品质的预测都具有重要的意义（柴金玲，2011）。刘瑞文（1992）研究了小麦叶温对籽粒灌浆的影响，叶气温差能很好地反映小麦的灌浆过程。晴天太阳辐射充足，水分充足时，叶气温差大，叶面积下降平稳，有利于籽粒灌浆；当太阳辐射充足，小麦植株水分不足时，叶气温差小，植株早衰，叶面积大幅度下降，不利于籽粒灌浆；阴雨天，太阳辐射不足、气温较低，此时叶气温差也小，这种条件同样不利于籽粒的灌浆。杨晓光（2000）研究表明，叶水势与作物蒸腾速率、大气水势和土壤水势密切相关。当灌溉充分时，冬小麦、夏玉米顶部展开叶片的叶水势最高值出现在清晨，且随着空气饱和差的增大而减小，而午后则随空气饱和差的降低而升高。高延军等（2004）结合大田条件，通过测定冬小麦旗叶的光响应曲线和 CO_2 响应曲线发现：旗叶叶片水平水分利用效率与光强、蒸腾速率、胞间 CO_2 浓度和气孔导度关系密切，旗叶叶片水平水分利用效率在土壤水分含量、光强和 CO_2 浓度等环境因子方面存在一定的临界值。张娟等（2005）研究了灌浆末期小麦旗叶叶温与水分利用效率的关系，其中叶片水分利用效率与光合速率、蒸腾速率、气孔导度、水势等生理指标之间的关系密切。彭世彰、徐俊增等（2006）研究了水稻叶气温差与净光合速率、蒸腾速率、气孔限制值之间的关系，并用于诊断水稻水分亏缺。杨梅（2007）研究发现叶水势能很好地反映作物水分亏缺的状况，叶水势下降叶温明显上升。周颖等（2011）针对冬小麦的研究结果表明：当冠气温差较小时，蒸腾速率随着冠气温差的增大而逐渐上升，当冠气温差大于 0 ℃时，随着冠气温差的增大，蒸腾速率不再增加，反而有一定的下降趋势，这一结论与彭世彰（2006）进行的节水灌溉条件下水稻叶气温差变化规律与水分亏缺诊断的研究结论一致。成雪峰等（2010）研究发现春小麦生育期气孔导度变化呈先升高后降低趋势，且与气孔导度相关的环境因子中，大气相对湿度与叶片气孔导度呈显著正相关。李丽（2012）分析了不同水分处理下冬小麦冠层温度和叶水势的关系，发现开花期冠层温度和叶水势呈显著负相关，而在抽穗期和乳熟期冠层温度和叶水势不存在显著相关性。由此可见，冠气温差对小麦生理指标的影响较大。因此，在干旱半干旱区，冠气温差的变化对滴灌小麦生理指标的影响如何有待于做进一步的验证。

6. 冠层温度变化对作物生长发育和产量的影响

Turner 等（1986）分析了水稻不同水分胁迫条件对冠层温度、叶片卷曲度与生长的影响，发现在 0～30 cm 土层，随着土壤含水量的下降，冠气温差增大，叶片卷曲度增加，干物质积累量下降。董振国（1995）、梁银丽（2000）针对小麦、玉米等作物的研究表明，水分充足条件下，中午前后外冠层温度一般低于气温，冠气温差随时间变化较平缓，但缺水条件下则变化较大，午后时段缺水时表现更为明显。Chauham 等（1999）和 Carraty 等（1995）研究表明，水稻冠层温度随着土壤含水量下降逐渐升高，当胁迫较重时冠层温度增加 3~4 ℃，扬花期的冠层温度与水稻产量、结实率呈显著负相关。李向阳等（2004）认为小麦在灌浆期的冠层温度与作物产量呈负相关，且随灌浆进程的推移负相关性呈上升趋势，整个灌浆期间小麦冠层温度除与穗粒数在灌浆初期和中期呈微弱的正相关外，与大部分产量构成因素呈负相关。其影响程度由大到小依次为千粒重、生物产量、经济系数、穗数和穗粒数。不同品种、播期和播量处理的小麦在灌浆末期冠层温度对产量的影响最大。且在该时期，冠层温度低对提高小麦灌浆强度、延缓衰老、提高粒重具有明显作用。但到灌浆中后期，冠层温度每升高 1 ℃，产量减少近 280 kg·hm^{-2}（樊廷录 等，2007）。张文忠等（2007）认为土壤含水量越低，越容易导致水稻植株开花高峰提前，土壤含水量最低的处理开花时间集中在花期前 3 d，穗长较短，穗重较轻。徐银萍等（2007）的研究表明，不同基因型小麦冠层温度与产量、水分利用效率呈显著负相关，证明了冠层温度偏低的小麦具有高产和高效用水性能，尤其在灌浆后期，冠层温度低对增大灌浆强度、延缓衰老、提高粒重、实现高产有较大的作用。樊廷录等（2007）研究了旱地冬小麦灌浆期冠层温度与产量和水分利用效率的关系，认为随着小麦灌浆期的推后，冠层温度与产量、水分利用效率的负相关性明显增强，说明灌浆中后期测定的冠层温度对于小麦产量和水分利用效率的评价具有较高的可靠性。滴灌小麦冠气温差的变化特征以及冠层温度的变化对滴灌小麦生长发育和产量的影响有待于进一步探究。

7. 冠层温度与水分胁迫指数

通过冠层温度来建立作物缺水指标的研究始于 20 世纪 70 年代初（Aston *et al.*，1972；Abraham *et al.*，2000；Alerfasi *et al.*，2001），Jackson 等（1977）曾经综述过这方面研究的早期进展。早期根据冠层温度变化与土壤水分变化建立的反映作物缺水的典型指标主要有：日胁迫指数 SDI（Hiler，1971，1974）、胁迫积温 SDD（Idso，1977；Jackson，1977）、冠层温度变率 CTV（Clawson，1982）和温度胁迫日 TSD（Gardner，1981）等。但这些指标仅通过考虑作物冠层温度在时间上（如 SDD、TSD）或空间上（如 CTV）的变化特征来反映作物的水分状况，而对于冠层温度变化受到多因素的影响考虑不足（袁国富 等，2001）。因此一些学者认为通过单一冠层温度建立起来的指标在实际应用中并不理想（Gardner *et al.*，1981；Clawson *et al.*，1989）。此后，Idso 等（1981）在考虑影响冠层温度变化的环境因子基础上提出了作物水分胁迫指数（CWSI）。他认为作物在充分灌水（或潜在蒸发）条件下冠层温度与空气温度的差（简称冠气温差）与空气的饱和水汽压差呈线性关系，该模式也被认为作物水分胁迫指数 CWSI 的经验模式。从而定义 CWSI 如下：

$$CWSI = \frac{(T_c - T_a) - (T_c - T_a)_{ll}}{(T_c - T_a)_{ul} - (T_c - T_a)_{ll}} \qquad (1-2)$$

式（1-2）中，T_c 为作物冠层温度，单位为℃；T_a 为空气温度，单位为℃；$(T_c - T_a)_{ll}$ 表示作物潜在蒸发状态下的冠气温差（冠气温差下限，下基线），单位为℃；$(T_c - T_a)_{ul}$ 表示作物无蒸腾条件下的冠气温差（冠气温差上限，上基线），单位为℃。

Idso（1982）计算获取了不同灌水处理作物的 CWSI，并进行了比较，得出 CWSI 对土壤水分供给敏感，灌水后 CWSI 随着土壤水分增多而减小，而土壤水分供给不足时，CWSI 则增大。由此他提出，CWSI 是一个非常有用，且能够快速诊断出农田作物水分胁迫程度的指标。CWSI 经验模型应用和研究较为普遍（赵福年 等，2012），但在计算和使用方面存在诸多问题，如基线计算方法不统一、基线建立受作物本身的因素及不同气候条件的影响较大而存在较大差异。此外，采用 CWSI 能否准确、及时地反映农田土壤干旱，还存在着一定的争议（Carcova et al.，1998；赵晨，2001）。一些研究者认为 CWSI 与土壤水分的变化具有很好的一致性，CWSI 能够反映农田水分变化趋势（张振华 等，2005；Halim et al.，2003；Muhammad et al.，2009）。但一些研究认为 CWSI 与土壤水分相关关系不显著，袁国富等（2002）采用冠层表面温度指标开展了冬小麦水分胁迫方面的研究，认为基于冠层温度的 CWSI 随着土壤含水量的下降呈现上升趋势，但土壤含水量并不与 CWSI 存在意义对应的关系，点的离散程度很大，因此不能用 CWSI 来推导土壤含水量。

　　Jackson 等（1988）提出了基于能量平衡的阻抗模型，并对 Idso 的冠气温差上下限方程进行了理论解释。该模式也被认为是作物水分胁迫指数的理论模式。经验和理论模式的提出使得作物水分胁迫指数这一指标得以广泛应用，并从单一的考虑冠层温度发展到考虑冠层的微气象条件，理论依据得以加强。Yuan 等（2004）对已有冠层温度与作物水分状况关系模型进行了比较，研究表明：在华北冬小麦上，Jackson 理论模型和 Alves 模型要优于 Idso 经验模型，且 Alves 模型比 Jackson 理论模型更实用，但 Jackson 理论模型在指导冬小麦精量灌溉上比 Alves 模型更合适。Gontia 等（2008）确立了冬小麦抽穗前、后 2个时期冠气温差与空气饱和水汽压差关系的线性方程，由该方程确定的作物缺水指标（CWSI）值，可用于监测作物水分状况和指导灌溉。此后的研究主要围绕对这 2 个模式的改进进行，考虑影响冠层温度的其他环境因子，如净辐射、风速等（O'Toole et al.，1983；Idso et al.，1986；Jalali et al.，1993），并将这些因子与冠气温差的上下限进行多元回归，用以改善模型的计算精度。总之，使用 CWSI 指导灌溉时间已经是一个相当成熟的技术（Gardner et al.，1992），但作为一种灌溉管理手段，CWSI 这一指标与土壤含水量之间是否存在很紧密的关系还有很大的争议（袁国富 等，2000；张振华 等，2005；Halim et al.，2003；Muhammad et al.，2009）。

　　我国开展作物缺水方面的研究起步较晚，张仁华等（1986，1996）是最早使用红外遥感信息反映作物缺水状况的研究者，通过开展 CWSI 的理论模式研究建立了一个没有作物因素的作物水分胁迫指数的微气象模式。唐登银等（1986）为研究地理干湿差异特征，通过借鉴 Idso - Jackson 模式，建立了一个使用表面温度信息来反映地表干湿状况的指标 SWSI。于沪宁等（1992）在分析冬小麦叶片气孔阻力变化特征的基础上，以作物叶片气孔阻力为变量建立了一个作物缺水指标。康绍忠等（1991）也是借鉴 Jackson 的定义，通过叶气孔阻力来衡量作物缺水状况。田国良、申广荣、武晓波等（1990，1998）使用 NOAA 卫星的遥感信息建立了一套监测我国华北地区干旱状况的系统。作物缺水诊断是农业产出过程中十分关键的部分，随着精准农业的日益发展，基于冠层温度的缺水监测已成为精准农业中水分状况监测的一项重要技术（袁国富 等，2000）。

二、基于光谱技术的小麦水分监测

　　高光谱遥感技术可以提供丰富的作物光谱信息，通过光谱特性，可以区分作物不同的

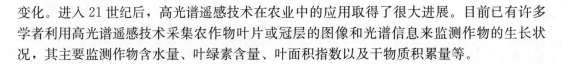

变化。进入 21 世纪后，高光谱遥感技术在农业中的应用取得了很大进展。目前已有许多学者利用高光谱遥感技术采集农作物叶片或冠层的图像和光谱信息来监测作物的生长状况，其主要监测作物含水量、叶绿素含量、叶面积指数以及干物质积累量等。

1. 作物非成像高光谱技术监测研究进展

（1）基于非成像高光谱技术的作物水分状况估测研究进展

作物含水量是度量作物水分状况的良好指标，可以作为监测作物水分状况以及进行农田灌溉调控的重要参数（薛利红 等，2003），而国内外专家学者主要监测作物植株含水量和叶片含水量来获取作物水分状况。在冠层尺度上，Penuelas 等（1993）研究发现用 R_{970}/R_{900} 能够很好地指示作物水分状况。Holben 等（1983）研究发现大豆干旱时其冠层光谱反射率在近红外波段是有所降低的，并提出了在 $760\sim900$ nm 波段是探测水分胁迫的最优波段区间。Gopal 等（2019）通过光谱指数、多变量技术和神经网络技术确定最优波段，利用偏最小二乘回归（PLSR）、多元线性回归（MLR）、人工神经网络（ANN）、支持向量机回归（SVR）和随机森林（RF）来构建植物相对含水量（RWC）反演模型。蒋金豹等（2010）通过高光谱遥感估测小麦冠层水分含量，结果发现，比值植被指数 R_{1300}/R_{1200} 反演小麦相对含水量（RWC）的精度和稳定性最好。刘小军（2011）利用高光谱技术监测植株水分含量，综合分析了水稻植株水分状况与光谱反射率的定量关系，建立了基于冠层高光谱的水稻植株含水率监测模型。

叶片作为作物重要的生理器官，其内部的水分信息可以直接反映整个作物的水分状况（Walthall，2004；Jaromir *et al.*，2010），叶片含水量也与土壤水分状况密切相关，同时关系着叶片的生理功能，可反映植株的保水保肥能力，是指示作物水分状况的重要指标（霍红 等，2011）。前人利用非成像高光谱技术监测作物叶片水分状况取得了一定的成果。Zhao 等（2016）的研究表明，植被指数 NDWI、SR 与叶片含水量存在显著正相关关系。梁爽（2013）采用非成像高光谱技术测量苹果叶片的基部、中部和尖部的光谱以及氮素含量，结果表明，对光谱数据进行数据转换后，苹果叶片氮素含量高光谱估测模型的精度得到很大的提高。贾雯晴（2013）利用高光谱技术对小麦叶片进行监测，构建了适用于不同水氮条件下的小麦叶片等效水厚度监测模型。金林雪等（2012）通过 ASD FieldSpec 光谱仪测定小麦叶片反射光谱，结果表明，水分指数（WI）、水分胁迫指数（MSI）及中红外植被指数（MSVI1）与叶片含水量的相关关系密切且表现稳定，证明用光谱法诊断和监测小麦叶片水分具有良好的可行性。宋玉（2015）对新疆艾比湖流域的胡杨叶片进行室内光谱反射率和叶片含水量的测定，对原始光谱进行 9 种数据变换，并结合多元逐步回归（SMLR）、主成分回归（PCR）和偏最小二乘回归（PLSR）三种方法构建胡杨叶片含水量预测模型，结果表明，原始光谱经一阶微分变化后的对数反射率与叶片含水量构建的PLSR 模型精度最高，预测效果较好。

（2）基于非成像高光谱技术的作物主要农艺性状估测研究进展

叶绿素是作物重要的光合色素，其含量的高低直接决定作物光合作用能力的强弱，对作物的长势、产量有着极其重要的作用（田明璐，2017）。利用高光谱技术对作物叶绿素含量进行监测在农业方面是比较成熟的应用之一，国内外学者在利用高光谱技术监测作物叶绿素含量上进行了许多研究。Broge 等（2002）利用地面高光谱仪测定冬小麦冠层光谱，并构建了冬小麦冠层叶绿素线性反演模型。Zhao 等（2004）使用 PLSR 回归模型构建冬小麦冠层叶绿素估测模型，并发现冠层光谱在 350～1 360 nm 与叶绿素含量高度相关。孙阳阳等（2015）以盆栽玉米为研究对象，构建玉米叶绿素含量的一元和多元回归模型，结果表明，利用分波段提取的主成分结合多元线性回归模型能更好地反演玉米叶片叶绿素含量。张蕾蕾（2013）研究发现，对原始光谱进行一阶微分，通过主成分分析构建的模型可以更好地估测苹果幼树叶片叶绿素含量。梁亮等（2011）使用最小二乘支持向量机算法，以与冬小麦冠层叶绿素含量敏感的植被指数作为输入参数，构建冬小麦冠层叶绿素含量估测模型。杨峰等（2010）利用高光谱技术分析水稻和小麦的冠层光谱和叶绿素含量变化，比较植被指数与水稻和小麦的叶绿素密度的关系，构建叶绿素密度线性回归模型，决定系数 $R^2>0.85$。李哲等（2018）测定植物叶片光谱反射率和叶绿素含量，运用 Pearson 和 VIP 方法进行相关性分析，结果发现，基于 VIP 方法的反演模型能够很好地估测研究区的植物叶绿素含量。

作物的叶面积指数（LAI）是冠层结构的重要指数，同样可以表征植物光合作用、蒸腾作用和生物量，也是农作物水分调控、长势监测和产量估测的重要指标。国外学者早在 20 世纪 70 年代就已经开始利用光谱技术对作物叶面积指数进行监测，Wiegand 等（1974）首次将高光谱技术与作物 LAI 联系起来，进行相关研究。Gupta 等（2003）利用植被指数估算小麦 LAI，提出用 729 nm 波段处植被指数估测小麦 LAI 效果最佳。Hansen 等（2003）以冬小麦为研究对象，筛选 LAI 的敏感光谱指数，发现基于 680～750 nm 范围内建立的光谱指数构建的冬小麦 LAI 估测模型精度要高于使用 PLSR 基于全波段构建的估测模型。齐雁冰等（2017）的研究发现，以棉花全生育期冠层高光谱反射率为基础，采用一阶微分光谱敏感波段构建的估测模型，可以有效地对棉花 LAI 进行预测。谢巧云等（2014）以冬小麦为研究对象，利用最小二乘支持向量机（LS-SVM）结合主成分分析（PCA）构建冬小麦 LAI 估测模型，研究结果表明，LS-SVM 方法利用高光谱反射率数据对冬小麦 LAI 反演具有良好的学习能力和普适性。韩兆迎等（2016）利用支持向量机（SVM）和随机森林（RF）回归方法对苹果树冠 LAI 进行高光谱估测，发现 RF 回归模型的估测效果优于 SVM。

作物的干物质积累量是作物产量的基础，通过无损检测来估算作物的干物质积累量可以评价作物的生长和产量状况。Choudhury 等（1987）的研究发现，利用光谱植被指数不仅可用于作物水肥监测，还可用于监测作物干物质积累量。Mutanga 等（2004）利用高光谱数据定量估测草地的生物量。马勤建等（2008）的研究发现，对 756 nm 波段处的原始光谱反射率进行微分变换，由微分数值构建的逐步回归模型对棉花干物质积累量的估测精度最高。贾学勤（2018）对冬小麦进行高光谱监测，研究结果表明，结合 PLS-SMLR 建立的叶片和植株干物质积累量光谱模型的估测精度较高。乔星星等（2016）对高光谱数据进行多种平滑处理，构建冬小麦生物量估测模型，结果表明，对原始光谱进行 Savitzky-Golay（SG）平滑后构建的 PLSR 模型对冬小麦生物量估测精度最高。

2. 作物高光谱成像技术监测研究进展

相对于非成像高光谱技术而言，高光谱成像技术包含了其优点，还可以同时获得被监测目标的图像和光谱信息，实现"图谱合一"，具有多尺度、多波段、高分辨率的特点。通过其对高光谱图像信息处理，可清晰地区分作物叶片、果实和土壤，可提取目标任意位置的光谱信息，通过对光谱信息的预处理，提取特征波段，可用于农田作物的监测。

（1）基于高光谱成像技术的作物水分状况估测研究进展

高光谱成像技术较非成像高光谱技术能更为精准地监测作物水分状况。Higa 等（2013）利用近红外高光谱成像技术结合 PLSR 方法构建模型预测黄金葛叶片的含水量，取得了较好的成果。Kim 等（2015）在 800～1 600 nm 波段范围使用高光谱成像技术评估植物健康情况，研究结果表明，基于高光谱仪器和图像处理算法能够区分植物的水分胁迫，筛选的植被指数具有较好的灵敏度，可以对植物健康进行早期诊断。Diago 等（2014）利用光谱数据与神经网络算法相结合，估测葡萄叶片相对含水量。Rajkumar 等（2012）使用高光谱成像技术对果蔬内部水分进行检测，取得了较好的结果。刘燕德等（2016）提取脐橙叶片高光谱图像，利用 PLSR 模型构建叶片水分含量定量估测模型，运用遗传算法（GA）、连续投影算法（SPA）和正适应加权算法（CARS）筛选特征波段，结果表明，GA - PLS 模型的预测效果最佳，预测集相关系数达到 0.91。孙瑞东等（2008）以黄瓜为研究对象，采用非线性最小二乘拟合方法，构建 Log - Modified 回归模型，结果实现了通过黄瓜叶片图像特征判断缺水状态的目的。Mahesh 等（2014）在加拿大利用近地高光谱成像技术估测小麦的水分含量，取得了较好的结果。Bruning 等（2019）的研究发现，近地高光谱成像技术对 4 种小麦的水分含量进行估测是可行的。刘晓静（2018）利用高光谱成像技术对冬小麦水分含量进行监测，研究结果表明，以组合图像参数运算值 $GSAO_{green}$ 和 GNO 构建的模型对冬小麦植株含水量的监测效果最好，模型 R^2 为 0.831。王方永等（2007）分析颜色参数与棉花水分含量及水分含量指数的关系，构建棉花水分含量预测模型，预测精度达 90.71%，研究结果表明，基于图像识别技术诊断棉花水分状况是可行的。蔡正云等（2017）通过高光谱成像系统（400～1 000 nm）采集葡萄图像，对原始光谱反射率进行多种预处理（平滑、多元散射校正等），利用主成分分析（PCA）、偏最小二乘回归（PLSR）、连续投影算法（SPA）和竞争性自适应重加权（CARS）筛选特征波长，构建 PLSR、多元线性回归（MLR）和主成分回归（PCR）模型来估测葡萄水分含量，结果表明，CARS - PLSR 模型的预测相关系数达 0.806，证明了利用高光谱成像技术对作物水分含量进行监测是可行的。

（2）基于高光谱成像技术的作物主要农艺性状估测研究进展

20 世纪 90 年代至今，随着高光谱成像传感器的大量研发，这些仪器的陆续使用极大地提高了植被农艺性状的反演。Wu 等（2016）利用高光谱成像技术，利用遗传算法（GA）筛选特征波段，构建 PLSR 反演模型估测玉米叶片 SPAD 值，结果表明，GA - PLS 模型具有很好的效果，其模型 R^2 为 0.782 5，可以对玉米叶片 SPAD 值进行估算。刘燕德等（2015）采用高光谱成像技术，利用 CARS 和 SPA 筛选特征光谱变量，结合 PLSR 构建估测模型，进行脐橙叶片叶绿素含量及可视化分布研究，结果表明，变量筛选方法结合高光谱成像技术，可以实现脐橙叶片叶绿素含量无损检测。丁希斌等（2015）以油菜为研究对象，成功构建 SPA‒PLSR 模型估测油菜叶片 SPAD 值，其模型预测相关系数达到 0.859 7。辛延斌（2017）研究利用植被指数构建小麦和玉米 LAI 监测模型。田明璐等（2016）利用无人机成像光谱仪估算棉花 LAI，运用特征筛选方法构建 PLSR 模型来估测棉花 LAI，估测模型精度达到 0.88，为农作物 LAI 遥感监测提供了新的技术手段。Luo 等（2019）研究构建玉米 LAI 估测模型，构建的估测模型 R^2 最高达 0.812。林卉等（2013）利用高光谱影像反演小麦叶面积指数，其构建的最小二乘支持向量机回归（LV‒SVM）模型预测精度达到 0.774，研究结果可为小麦等农作物长势评估提供参考。谭海珍（2008）利用 MSI200 成像光谱仪和 ASD 光谱获取小麦冠层光谱，对小麦生物量进行估测，结果表明，基于 MSI200 成像仪构建的回归模型 RMSE 仅为 $0.619\ 7\ kg\cdot hm^{-2}$，明显优于 ASD 光谱仪。吴晨等（2014）基于近红外高光谱技术对马铃薯干物质含量进行研究发现，运用粒子群算法结合支持向量机回归算法构建的估测模型要优于偏最小二乘回归模型，其模型预测相关系数分别为 0.977 和 0.919。

综上所述，国内外许多学者对滴灌小麦水分转化规律、利用效率、产量品质形成等开展了一定的研究（王红光 等，2010；Beeson，2011；雷钧杰，2017），但利用作物冠层温度或水分胁迫指数和光谱成像技术对滴灌小麦水分管理的精准、无损检测效果不佳。因此，针对探索滴灌小麦行之有效的水分监测手段，得出最佳的诊断方法和最佳的诊断时间势在必行，也是我们确定滴灌小麦需水量，制定合理灌溉制度，进行科学水分管理的重要依据。

第二节　小麦氮素信息快速监测

在小麦生产中，氮肥的投入是使小麦增产的重要技术手段之一。土壤氮素是小麦生长所需氮素的主要来源，对小麦生长、氮素吸收和产量的形成影响非常显著；氮素也是小麦体内蛋白质、核酸、叶绿素等大分子物质的重要组成成分。因此，在农业的实际生产过程中，如果氮肥施用量不够，小麦地下部分的整个根系和地上部分生物量的生长发育就会受到明显影响，及时补充氮肥能显著提高小麦产量。但是在农业实际生产过程中，通常存在氮肥投入过量的现象，带来了一系列问题，比如氮肥当季利用率不高（李虹儒 等，2008）；并且氮肥的过量投入与不合理的施用方式容易导致氮素在农田中主要以硝态氮淋洗、氨挥发等途径浪费掉（张云贵 等，2005）；不同情况下小麦的氮素损失率不同，通常会在 14%～55%，这些损失的氮素相当一部分会进入地表水和地下水，进而造成水体的严重污染，水质恶化等，带来一系列环境问题（朱兆良，2000）。

综上所述，氮素是维持作物正常生长、提高产量的关键元素，但施用不当也会出现浪费现象，造成环境污染。因此，如何快速有效了解和掌握关键生育时期小麦的氮素营养状况显得非常重要。根据小麦各生育时期对氮素的需求规律合理施肥，有利于小麦在达到高产的同时减少氮肥的施用量。这有利于降低小麦生产成本，合理利用氮素资源，提高氮肥利用效率，也有利于提高小麦产量、改善小麦籽粒品质及保护生态环境，对节能环保具有重要意义。

20 世纪中期，以色列水资源严重匮乏的条件下，发明创造了滴灌技术，并首先建成了比较完善的滴灌系统。这一系统由不同直径的塑料管组成，灌溉水和化肥通过这些塑料管从水源被直接运送到作物根区附近，逐渐滴到作物根区附近的土壤上，速度缓慢且均匀（罗文扬 等，2006）。从此，世界上一些其他国家如美国、南非、澳大利亚等相继出现并应用了滴灌技术。到 20 世纪末，全球滴灌总面积已达到 4.27×10^5 hm²（戈德堡 等，1984）。

随着滴灌技术的不断完善，滴灌施肥技术也随之产生并迅速得到推广，即在应用滴灌技术灌溉的同时，按照作物各个生长阶段对养分的需求和所处外界环境，将肥料准确配比并均匀施在作物根系附近，从而被植株根系直接吸收，运往地上部分（李伏生 等，2000）。应用滴灌施肥技术，可以根据作物的需要准确地将肥料运送到作物根区附近，养分能充分地被作物吸收，从而提高肥料利用率，减少养分的流失（Bar - Yosef et al.，1999），应用滴灌施肥技术甘蔗的氮肥利用率可以达到 75%～80%，而常规施肥只有 40% 左右（Deville et al.，1994）。因此，农业发达国家已将滴灌施肥技术作为作物的一种常规施肥技术。以以色列为例，全国果树、花卉、温室栽培作物和多数大田作物均采用了这一技术（Hagin et al.，1999），并取得了显著成果。至 20 世纪末期，以色列 75% 以上的灌溉地采用滴灌施肥方式（Sneh et al.，1995）。目前，滴灌施肥在一些农业发达国家和地区已成为主要施肥方式。

滴灌技术于 1974 年被我国成功引进，但在我国的发展并不是很顺利，规模也十分有限。1996 年，滴灌技术被新疆生产建设兵团引进，并与薄膜覆盖技术相结合形成膜下滴灌技术，取得了良好的应用效果，规模也在不断扩大。截至 2004 年，棉花膜下滴灌总面积从最开始的 1.67 hm² 扩增到 2.8×10^5 hm²（王宏江 等，2009）。但与农业发达国家相比，我国的滴灌施肥技术还不够成熟，研究出来的科学成果也仅限于理论，并没有得到很好的应用，最主要的原因还是成本太高，因此，仅在设施农业的特定经济作物上取得了良好的应用效果。截至 20 世纪末，我国总滴灌面积也不足 2×10^4 hm²，采用滴灌施肥技术更是微乎其微，仅为总滴灌面积的 2%。滴灌施肥技术由于可以在增加作物产量的同时，提高水氮资源的利用效率并降低水资源污染而被视作一种可持续、科学的灌溉管理方式。随着人们对滴灌施肥技术的认识不断提升，其应用总面积也在不断增加。

传统的推荐施肥方法，只能定量地控制全生育期总施肥量，并且费时费力、价格高昂，无法根据作物不同生育时期的生长情况来调整肥料的用量，不能有效地解决生产中问题（罗新宁 等，2010）。随着农业生产技术的不断提高和发展，只能定量地控制全生育期总施肥量的传统施肥方式已经不能满足滴灌施肥技术的需求，单纯靠增加化肥投入的增产手段也会被科学合理的施氮方式所替代。因此，合理施肥与完善相关技术将成为科技工作者日后的工作重点和研究方向。传统的作物推荐施肥方式主要停留在一次性推荐，而随着农业技术的发展，已逐渐发展到兼顾作物实时养分状况和外界环境条件的分期变量推荐。因此，各种监测作物氮素营养状况的技术手段相继产生。可以预见，这些作物氮素营养诊断技术在氮肥推荐中将发挥重要作用。

近年来，滴灌施肥技术在新疆春小麦生产中的应用取得了很好效果，滴灌春小麦的面积也在逐年扩大。因此，深入探索不同春小麦品种氮素吸收规律，在现有条件基础上更有效地利用土地、光、热等资源，综合各地区高产春小麦生长特性，找到比较适合春小麦的氮素营养诊断方法，从而建立在高产条件下春小麦的氮肥分期推荐模型，可为春小麦合理施肥提供指导。

一、基于叶绿素仪的作物氮素营养监测

作物体内叶绿素含量受很多因素的影响，而氮素是影响作物体内叶绿素含量的主要元素之一。叶片中的全氮大部分用作参与作物叶绿体的形成，因而只要通过各种手段知道作物体内叶绿素含量的丰缺就可以判断作物当前的氮营养状况（崔继林 等，1964）。随着农业技术的不断发展，将叶绿素仪作为作物氮素营养诊断的仪器已经有很多报道。叶绿素仪测定的作物叶片 SPAD 值可以作为氮素的指标，主要是因为它间接反映作物叶绿素的含量，进而可以诊断作物的氮素营养状况（罗新宁 等，2010），也可以应用叶绿素仪来对作物的产量进行预测（吴良欢 等，1999；沈掌泉 等，2002），根据具体的氮素营养状况指导追肥（李志宏 等，1997；陈新平 等，2000）。目前叶绿素仪已经在马铃薯（Rodrigues *et al.*，2004；苏云松 等，2007）、大青菜（郭劲松 等，2007）、棉花（Wood *et al.*，1992；王娟 等，2006）、番茄（Manuel *et al.*，2002）、小麦（薛香 等，2010；谭子辉，2006）等多种作物领域展开了研究。

在测定植株叶片 SPAD 时，很多因素会干扰测定结果的准确性，主要包括以下几项。

1. 品种

SPAD 值的大小受作物品种的影响很大，可能是因为不同基因型品种的光合色素间存在差异造成的。因此，不同研究所得的叶片 SPAD 临界值不能相互使用，也无法比较哪个结果更加准确。对于水稻来说，施用相同的氮素和在相同管理水平条件下，与籼稻相比，粳稻的叶片 SPAD 的临界值更高，杂交水稻的叶片 SPAD 临界值较低，而非杂交水稻较高，两者一般会差到两个单位（Peng *et al.*，1996）。张巨松等（2007）对两个棉花品种叶绿素含量的研究表明，不同品种间棉花叶绿素含量差异很大。因此，本文可以得出作物叶片叶绿素含量与不同基因型品种有关。在对同种作物不同品种进行氮素营养诊断时，需要明确各自的 SPAD 临界值。对于小麦来说，不同小麦品种叶绿素仪诊断的临界值并不相同，在诊断时不能应用前人得出的临界值。

2. 生育时期

因为作物叶片叶绿素含量和全氮含量会随生育期的变化而变化，造成同一作物相同品种在不同生育阶段的 SPAD 值读数有很大的差异。此外，前人研究认为，作物在不同生育时期对氮素的需求是不同的（刘荣荣 等，1997）。也有人研究得出，植株各器官的全氮含量随生育期的推移呈下降趋势（王克如 等，2003）。这都说明作物在不同生育阶段对氮素的需求不同，体内的含量也不同，这导致植株叶片 SPAD 值读数在不同生育时期差异较大。

3. 测定叶位

虽然应用叶绿素仪都是测定作物的叶片，但众多研究者所选择测定的叶位并不相同，不同叶位测得的结果也有所差异。其中小麦普遍被认为最上部展开叶最为可靠（李映雪等，2009）。

4. 测定叶片的位置

同一片叶测定的部位不同也会导致测定的 SPAD 值出现差异。一般认为玉米的最佳测试部位为距叶基部 40%～60% 的区域，稳定性最高，更能代表玉米的真实氮素营养状况（Chapman *et al.*，1994）。对于水稻的测试部位存在一定的争议。一些人认为，水稻最适合的测试部位为距离叶基部 1/2 处，此位置叶片 SPAD 值最稳定，诊断此部位最佳，但也有研究表明，距离叶基 2/3 处为最佳的测试部位（贾良良 等，2001）。对于小麦的测试部位大多数的研究结果比较接近，为距离叶基 40%～60% 处为最佳的测试区域，其他部位的测试结果会使 SPAD 值差异很大（王亚飞 等，2008）。因此，在田间测定过程中，一定要选择恰当的测定部位。

5. 生态环境等因素

光辐射强度也会影响叶片 SPAD 值的大小，光辐射强度越强植株叶片 SPAD 值读数越小（Balasubramanian *et al.*，2000）。与菲律宾相比，我国光辐射强度较低，因此叶色诊断指标较高（刘立军 等，2006）。对于同一天选择何时测定存在一定争议，有人认为在任何时间段测定都行，也有人认为选择在上午 9:00—11:00 的测定结果最可靠（Turner *et al.*，1991）。

作物叶片 SPAD 值受多因素影响（危常州 等，2002），特别是不同品种造成的叶片 SPAD 值的差异最为明显，品种间的差异甚至会超出不同施氮水平的差异。想要把叶片 SPAD 值测得更加准确，必须根据不同作物确定其诊断叶位。同时保证在每次测定过程中选择叶片上的点位相同。尽量重复多次，减小误差。对于小麦的测定，应尽量选择其最上部展开叶的中间部位，同时避开叶脉，以提高测试结果的准确性。

可以用氮素缺乏指数（作物实测叶片 SPAD 值与氮肥供应充足区域的作物叶片 SPAD 值的比值）来衡量作物的氮素营养状况，且可以用于指导施肥（Francis *et al.*，1999）。利用 SPAD 叶绿素仪也可以预测土壤的供氮能力和氮肥需要量（Piekielik *et al.*，1992）。SPAD 值与施氮水平、叶片全氮含量、叶绿素含量密切相关。有研究认为，当氮肥施用量不足时，水稻倒二叶 SPAD 值在 22.0～41.7 变化，分蘖能力差；施氮量过高时，在 32.3～44.6 变化，收获期穗型大小不整齐，不利于产量的提高；当施氮水平比较合适时，在抽穗前水稻叶片 SPAD 值均大于 37，且后期也不会出现叶片失绿现象，产量较高，因此可以将 37 作为齐穗前水稻的临界值，作为衡量是否需要追施氮肥的标准（沈阿林 等，2000）。

应用 SPAD 叶绿素仪对大多数作物进行氮素营养诊断以及在作物生长评价领域已经有了大量研究成果，并已应用于作物的科学施肥。大量的研究结果表明，作物叶片 SPAD

值和叶片全氮含量之间有显著的线性相关关系，能很好地诊断植株氮素营养（薛松 等，1997）。不同施氮水平对作物叶片的 SPAD 值的大小影响显著，其中大麦叶片 SPAD 值与施氮水平之间的相关系数均达到 0.75 以上，因此可以应用 SPAD 叶绿素仪对大麦氮素营养状况进行评估（唐延林 等，2003）。也有人研究认为，小麦叶片的 SPAD 值与叶片全氮、产量以及土壤硝态氮含量均有较好的相关性，因此可以用 SPAD 叶绿素仪对小麦进行氮素营养诊断，为施肥提供指导（薛香 等，2010）。

综上所述，应用 SPAD 叶绿素仪对小麦进行氮素营养诊断已取得了一些成果。利用 SPAD 叶绿素仪测定的 SPAD 值可间接反映小麦的氮素营养状况，用来指导小麦氮肥的施用，但前人研究主要在常规灌溉模式下展开，且不同地区、品种间存在较大差异性。因此，如何应用 SPAD 叶绿素仪对各生育时期的滴灌春小麦进行氮素营养诊断，明确滴灌春小麦各生育时期临界 SPAD 值，建立基于叶片 SPAD 值的滴灌春小麦氮肥推荐模型，是目前需要攻克的难关。

二、基于光谱技术的作物氮素监测

我国利用主动遥感 Green Seeker 光谱仪进行作物营养诊断的研究工作起步较晚。中国科学院栾城农业生态系统试验站于 2003 年引进了国内第一台 Green Seeker 光谱仪，开始与美国俄克拉荷马州立大学和美国农业部水土保持研究所的科学家联合开展基于 Green Seeker 光谱仪的小麦—玉米轮作体系下作物氮素营养诊断和产量预测模型研究，以期为我国小麦、玉米氮素营养状况的光学诊断技术提供技术参数；国家农业信息化工程技术研究中心于 2004 年也引进了美国 Ntech 公司开发的光谱仪，开始在北京小汤山基地开展变量施肥机具的实时光学诊断技术研究（张许，2011）。

国内其他学者也陆续开展了相关的研究工作，结果表明，冬小麦在扬花期测定的归一化植被指数值与籽粒产量的相关性达到显著水平，在拔节期植株氮素含量、积累量与测定的归一化植被指数值具有正相关性，但是，在冬小麦生育前期应用 Green Seeker 光谱仪测定的 NDVI 值与植株氮积累量、生物量的相关性不好，可能与小麦生长缓慢、地面覆盖度低有关（李立平 等，2006）。赵春江等（2004）利用外在光源，通过 4 个具有特殊光谱响应特性的光电探测器，对特征波长的植被反射率进行探测，成功研制了归一化差异植被指数仪，通过测定的 NDVI 值可以很好地对小麦叶绿素密度、叶面积进行监测。胡昊等（2010）研究指出，冬小麦抽穗期 NDVI 值均与叶绿素含量呈极显著正相关；除抽穗期和返青期外，在其余各生育期 NDVI 值与叶氮含量、叶绿素含量相关系数均达到显著或极显著水平，可以在拔节期进行氮素营养诊断。众所周知，同等条件下，环境因素的变化对农作物生长发育起着关键作用，单一利用归一化植被指数值与作物产量建立估产模型可能存在偏差，因此有关学者将 NDVI 值与降水量、土壤表面温度、土壤水分、空气温度等环境因素联系起来（Manjunath et al.，2002；Vicente-Serrano et al.，2006），建立了基于环境因子参数与 NDVI 值相结合的作物产量预测模型，并在小麦、玉米、大豆等作物上对模型进行了很好地验证（Balaghi et al.，2008）。

关于不同施氮水平下 NDVI 的监测与应用，手持式主动遥感 Green seeker 光谱仪在对不同施氮水平下小麦、玉米等进行氮素亏缺及需求量和生长监测等方面已有不少研究成果。李银水等（2012）研究了不同施氮量对油菜冠层 NDVI 值的影响，表明其 NDVI 值明显受氮肥用量和生育期的双重影响，总体上随氮肥用量的增加而增加，随生育进程的推迟而提高，NDVI 值和氮肥用量间的关系可以用典型的抛物线来拟合，但由于环境因素影响，苗期 NDVI 值稳定性差（八叶期特别明显），它与氮肥用量间的拟合关系没有达到极显著水平，蕾薹期二者达到极显著水平。王磊等（2012）的研究表明，冬小麦整个生育期不同施氮水平下的 NDVI 值与产量的相关性均为正相关关系，且相关性随生育期逐渐增强，在灌浆末期达到最大，利用 NDVI 建立的冬小麦产量估算模型，以灌浆初期（$P=0.005$）和灌浆末期（$P<0.001$）的模型达到极显著水平。胡昊研究 6 个施氮水平下的冬小麦表明，当施氮量在 500 kg·hm^{-2} 以内时，NDVI 值随着施氮量的增加而增加，抽穗期 NDVI 值与产量呈正相关且达到极显著水平，并在此基础上建立了基于 NDVI 值产量诊断模型并进行了预测验证，拟合精度达到 90% 以上（胡昊 等，2010）。王晓飞等（2010）通过研究 5 个施氮水平下不同品种玉米的 NDVI 值发现，在玉米生长旺盛期 NDVI 与叶绿素含量具有显著的直线相关性，通过拟合建立模型可对作物氮素营养进行诊断。郭建华等（2008）研究了 5 个施氮水平下玉米的氮素营养状况，表明在一定的范围内随着氮肥用量的增加 NDVI 值也增加，氮肥施用量为 300 kg·hm^{-2} 时 NDVI 值达到最高，NDVI 与氮肥施用量符合线性加平台的关系，并据此对玉米的氮素营养状况作营养诊断。

▶ 小结

本章主要介绍了基于小麦水分和氮素营养的不同快速检测手段的研究进展。首先介绍了基于冠层温度/水分胁迫指数和光谱技术在小麦水分监测中的应用与发展历史，其次从硝酸盐含量诊断、叶绿素仪法、NDVI 指数法和光谱技术四种方法对小麦氮素营养及产量的快速监测进行阐述，对比分析了不同诊断方法的优缺点。

▶ 主要参考文献

蔡焕杰，1997. 棉花冠层温度的变化规律及其用于缺水诊断研究 [J]. 灌溉排水，16（1）：1-5.

蔡甲冰，刘钰，许迪，等，2007. 基于作物冠气温差的精量灌溉决策研究及其田间验证 [J]. 中国水利水电科学研究院学报，5（4）：262-268.

蔡甲冰，许迪，司南，等，2015. 基于冠层温度和土壤墒情的实时监测与灌溉决策系统 [J]. 农业机械学报（12）：133-139.

蔡正云，吴龙国，王菁，等，2017. 宁夏赤霞珠葡萄水分含量的高光谱无损检测研究 [J]. 食品工业科技，38（2）：79，83，88.

柴金伶，2011. 基于植气温差的小麦水分状况监测研究 [D]. 南京：南京农业大学.

陈佳，张文忠，赵晓彤，等，2009. 水稻灌浆期冠-气温差与土壤水分和气象因子的关系 [J]. 江苏农业科学（2）：284-285，314.

陈新平，贾良良，张福锁，等，2000. 无损测试技术在作物氮素营养诊断及施肥推荐中的应用 [J]. 版植物营养与肥料学报，6（1）：197-206.

成雪峰，张凤云，柴守玺，2010. 春小麦对不同灌水处理的气孔反应及其影响因子 [J]. 应用生态学报，21（1）：36-40.

丁希斌，刘飞，张初，等，2015. 基于高光谱成像技术的油菜叶片 SPAD 值检测 [J]. 光谱学与光谱分析，35（2）486-491.

董晶晶，牛铮，沈艳，等，2006. 利用反射光谱信息提取叶片水分含量的方法比较 [J]. 江西农业大学学报，28（4）：587-591.

董振国，1984. 农田作物层温度初步研究——以冬小麦、夏玉米为例 [J]. 生态学报，4（2）：141-148.

董振国，1986. 作物冠层温度与土壤水分的关系 [J]. 科学通报，31（8）：608-610.

董振国，于沪宁，1995. 农田作物冠层环境生态 [M]. 北京：中国农业出版社，103-104.

樊廷录，宋尚有，徐银萍，等，2007. 旱地冬小麦灌浆期冠层温度与产量和水分利用效率的关系 [J]. 生态学报，27（11）：4491-4497.

冯佰利，王长发，苗芳，等，2002. 抗旱小麦的冷温特性研究 [J]. 西北农林科技大学学报（自然科学版），30（2）：6-10.

高鹭，陈素英，胡春胜，2005. 喷灌条件下冬小麦冠层温度的试验研究 [J]. 干旱地区农业研究，23（2）：1-5.

高明超，2013. 水稻冠层温度特性及基于冠层温度的水分胁迫指数研究 [D]. 沈阳：沈阳农业大学.

高延军，张喜英，陈素英，等，2004. 冬小麦叶片水分利用生理机制的研究 [J]. 华北农学报，19（4）：42-46.

戈德堡，B 戈纳德，D 西蒙，等，1984. 滴灌原理与应用 [M]. 北京：中国农业机械出版社.

郭建华，王秀，孟志军，等，2008. 主动遥感光谱仪 Greenseeker 与 SPAD 对玉米氮素营养诊断的研究 [J]. 植物营养与肥料学报，14（1）：43-47.

郭劲松，徐福利，王振，2007. 应用叶绿素仪诊断大青菜氮素营养状况的研究 [J]. 安徽农业科学，35（21）：6407-6409.

韩刚，2011. 基于高光谱的小麦植株水分状况监测研究 [D]. 南京：南京农业大学.

韩兆迎，朱西存，房贤一，等，2016. 基于 SVM 与 RF 的苹果树冠 LAI 高光谱估测 [J]. 光谱学与光谱分析，36（3）：800-805.

胡昊，白由路，杨俐苹，等，2010. 基于 SPAD-502 与 GreenSeeker 的冬小麦氮营养诊断研究 [J]. 中国生态农业学报，18（4）：748-752.

黄景华，李秀芬，孙岩，等，2005. 春小麦冠层温度分异特性的研究及其冷型基因型筛选 [J]. 黑龙江农业科学（1）：15-18.

霍红，张勇，陈年来，等，2011. 干旱胁迫下五种荒漠灌木苗期的生理响应和抗旱评价 [J]. 干旱区资源与环境，25（1）：185-189.

贾良良，陈新平，张福锁，2001. 作物氮营养诊断的无损测试技术 [J]. 世界农业，6：36-37.

贾雯晴，2013. 基于高光谱的小麦水分状况监测研究 [D]. 南京：南京农业大学.

贾学勤，2018. 冬小麦籽粒干物质和氮积累动态高光谱监测研究 [D]. 晋中：山西农业大学.

蒋金豹，黄文江，陈云浩，2010. 用冠层光谱比值指数反演条锈病胁迫下的小麦含水量 [J]. 光谱学与光谱分析，30（7）：1939-1943.

金林雪，李映雪，徐德福，等，2012. 小麦叶片水分及绿度特征的光谱法诊断 [J]. 中国农业气象，33（1）：124-128.

雷钧杰，2017. 新疆滴灌小麦带型配置及水氮供给对产量品质形成的影响 [D]. 北京：中国农业大学.

李伏生，陆申年，2000. 滴灌施肥的研究和应用 [J]. 植物营养与肥料学报，6（2）：233-240.

李虹儒，2008. 长期施肥下我国粮食作物氮肥利用率变化特征 [D]. 哈尔滨：东北农业大学.

李立平，张佳宝，邢维芹，等，2006. 手持式植物冠层光谱测定仪在黄淮海平原地区冬小麦氮肥精准管理中应用的初步研究 [J]. 麦类作物学报，26（4）：85-92.

李丽，申双和，李永秀，等，2012. 不同水分处理下冬小麦冠层温度、叶片水势和水分利用效率的变化及相关关系 [J]. 干旱地区农业研究，30 (2)：68-72，106.

李向阳，朱云集，郭天财，2004. 不同小麦基因型灌浆期冠层和叶面温度与产量和品质关系的初步分析 [J]. 麦类作物学报，24 (2)：88-91.

李银水，余常兵，廖星，等，2012. 三种氮素营养快速诊断方法在油菜上的适宜性分析 [J]. 中国油料作物学报，34 (5)：508-513.

李映雪，徐德福，谢晓金，等，2009. 小麦叶片 SPAD 空间分布及其与氮素营养状况的关系 [J]. 中国农业气象，2：164-168.

李永平，王长发，赵丽，等，2007. 不同基因型大豆冠层冷温现象的研究 [J]. 西北农林科技大学学报（自然科学版），35 (11)：80-83，89.

李哲，张飞，陈丽华，等，2018. 光谱指数的植物叶片叶绿素含量估算模型 [J]. 光谱学与光谱分析，38 (5)：1533-1539.

梁亮，杨敏华，张连蓬，等，2011. 小麦叶面积指数的高光谱反演 [J]. 光谱学与光谱分析，31 (6)：1658-1662.

梁爽，2013. 苹果树叶片氮素、叶绿素及水分含量的高光谱估测 [D]. 泰安：山东农业大学.

梁银丽，张成峨，2002. 冠层温度—气温差与作物水分亏缺关系的研究 [J]. 生态农业研究，8 (1)：24-26.

林卉，梁亮，张连蓬，等，2013. 基于支持向量机回归算法的小麦叶面积指数高光谱遥感反演 [J]. 农业工程学报，29 (11)：139-146.

刘婵，2012. 温室番茄生长期水分诊断研究 [D]. 北京：中国科学院研究生院（教育部水土保持与生态环境研究中心）.

刘立军，桑大志，刘翠莲，等，2003. 实时实地氮肥管理对水稻产量和氮素利用率的影响 [J]. 中国农业科学 (12)：1456-1461.

刘荣荣，王润珍，1997. 北疆特早熟棉区棉花需肥规律和氮肥施用时期研究 [J]. 中国棉花，24 (7)：5-7.

刘瑞文，董振国，1992. 小麦叶温对籽粒灌浆的影响 [J]. 中国农业气象，13 (3)：1-5.

刘小军，2011. 水稻植株水分实时监测与管理决策技术研究 [D]. 南京：南京农业大学.

刘燕德，邓清，2015. 基于高光谱成像技术的脐橙叶片的叶绿素含量及其分布测量 [J]. 发光学报，36 (8)：957-961.

刘燕德，姜小刚，周衍华，等，2016. 基于高光谱成像技术对脐橙叶片的叶绿素、水分和氮素定量分析 [J]. 中国农机化学报，37 (3)：218-224.

刘云，宇振荣，孙丹峰，等，2004. 冬小麦遥感冠层温度监测土壤含水量的试验研究 [J]. 水科学进展，15 (3)：352-356.

罗文扬，习金根，2006. 滴灌施肥研究进展及应用前景 [J]. 中国热带农业 (2)：35-37.

罗新宁，2010. 基于 SPAD 的棉花氮素营养诊断及氮营养特性研究 [D]. 乌鲁木齐：新疆农业大学.

马勤建，王登伟，黄春燕，等，2008. 利用高光谱植被指数估算棉花干物质积累的模型研究 [J]. 遥感信息 (6)：38-41.

彭世彰，徐俊增，丁加丽，等，2006. 节水灌溉条件下水稻叶气温差变化规律与水分亏缺诊断试验研究 [J]. 水利学报，37 (12)：1503-1508.

彭致功，杨培岭，段爱旺，2003. 日光温室茄子冠气温差与环境因子之间的关系研究 [J]. 华中农学报，18 (4)：111-113.

齐雁冰，楚万林，解飞，等，2017. 基于高光谱的渭北旱塬区棉花冠层叶面积指数估算 [J]. 干旱地区农业研究，35（1）：114-121.

乔星星，冯美臣，杨武德，等，2016. SG平滑处理对冬小麦地上干生物量光谱监测的影响［J］.山西农业科学，44（10）：1450-1454.

申孝军，2012.棉花滴灌节水机理与优质高效灌溉模式［D］.北京：中国农业科学院.

沈阿林，宋保谦，2000.沿黄稻区主要水稻品种的需肥规律、叶色动态与施氮技术研究［J］.华北农学报，15（4）：131-136.

沈掌泉，王珂，2002.叶绿素计诊断不同水稻品种氮素营养水平的研究初报［J］.科技通报，18（3）：173-176.

宋玉，2015.荒漠春季（成年）胡杨叶片含水率地面光谱特征分析［D］.乌鲁木齐：新疆大学.

苏云松，郭华春，陈伊里，等，2007.马铃薯叶片SPAD值与叶绿素含量及产量的相关性研究［J］.西南农业学报，20（4）：690-693.

孙瑞东，于海业，于常乐，等，2008.基于图像处理的黄瓜叶片含水量无损检测研究［J］.农机化研究（7）：87-89.

孙阳阳，汪国平，杨可明，等，2015.玉米叶绿素含量高光谱反演的线性模型研究［J］.山东农业科学，47（7）：117-121.

谭海珍，2008.基于成像光谱的冬小麦生长近地监测研究［D］.石河子：石河子大学.

谭子辉，2006.小麦植株形态建成的模拟模型研究［D］.南京：南京农业大学.

唐登银，1986.一种以能量平衡为基础的干旱指数［J］.地理研究，6（2）：21-31.

唐延林，王人潮，2003.高光谱与叶绿素计快速测定大麦氮素营养状况研究［J］.麦类作物学报，23（1）：63-66.

田国良，郑柯，李付琴，等，1990.用NOAA-AVHRR数字图像和地面气象站资料估算麦田的蒸散和土壤水分［A］//黄河流域典型地区遥感动态研究.北京：科学出版社，161-175.

田明璐，2017.西北地区冬小麦生长状况高光谱遥感监测研究［D］.咸阳：西北农林科技大学.

田明璐，班松涛，常庆瑞，等，2016.基于低空无人机成像光谱仪影像估算棉花叶面积指数［J］.农业工程学报，32（21）：102-108.

王方永，王克如，王崇桃，等，2007.基于图像识别的棉花水分状况诊断研究［J］.石河子大学学报（自然科学版），4：404-407.

王红光，于振文，张永丽，等，2010.推迟拔节水及其灌溉量对小麦耗水量和耗水来源及农田蒸散量的影响［J］.作物学报，36：1183-1191.

王宏江，吕新，陈剑，2009.膜下滴灌施肥技术研究发展动态及问题探讨［J］.新疆农业科学，46（1）：13-17.

王纪华，赵春江，黄文江，等，2001.土壤水分对小麦叶片含水量及生理功能的影响［J］.麦类作物学报，21（4）：42-47.

王冀川，高山，徐雅丽，等，2011.新疆小麦滴灌技术的应用与存在问题［J］.节水灌溉（9）：25-29.

王娟，韩登武，任岗，等，2006. SPAD值与棉花叶绿素和含氮量关系的研究［J］.新疆农业科学，43（3）：167-170.

王克如，李少昆，曹连莆，等，2003.新疆高产棉田氮、磷、钾吸收动态及模式初步研究［J］.中国农业科学，36（7）：775-780.

王磊，白由路，卢艳丽，等，2012.基于GreenSeeker的冬小麦NDVI分析与产量估算［J］.作物学报，38（4）：747-753.

王晓飞，李志洪，袁家萍，等，2010.玉米品种冠层NDVI与叶绿素的关系［J］.中国农学通报，26（16）：175-179.

王亚飞,2008. SPAD 值用于小麦氮肥追施诊断的研究 [D]. 扬州:扬州大学.

危常州,张福锁,朱和明,等,2002. 新疆棉花氮营养诊断及追肥推荐研究 [J]. 中国农业科学,35 (12):1500-1505.

吴晨,何建国,刘贵珊,等,2014. 基于近红外高光谱成像技术的马铃薯干物质含量无损检测 [J]. 食品与机械,30 (4):133-136,150.

吴良欢,陶勤南,1999. 水稻叶绿素计诊断追氮法研究 [J]. 浙江农业大学学报,25 (2):35-38.

武晓波,阎守邕,田国良,等,1998. 在 GIS 支持下用 NOAA/AVHRR 数据进行旱情监测 [J]. 遥感学报,2 (4):280-284.

谢巧云,黄文江,梁栋,等,2014. 最小二乘支持向量机方法对冬小麦叶面积指数反演的普适性研究 [J]. 光谱学与光谱分析,34 (2):489-493.

辛延斌,2017. 基于高光谱成像技术小麦玉米长势监测研究 [D]. 泰安:山东农业大学.

徐俊增,彭世彰,丁加丽,等,2006. 控制灌溉的水稻气孔限制值变化规律试验研究 [J]. 水利学报,37 (4):486-491.

徐银萍,宋尚有,樊廷录,等,2007. 旱地冬小麦灌浆期冠层温度与产量和水分利用效率的关系 [J]. 麦类作物学报,27 (3):528-532.

薛利红,罗卫红,曹卫星,等,2003. 作物水分和氮素光谱诊断研究进展 [J]. 遥感学报,1:73-80.

薛松,吴小平,1997. 不同氮素水平对旱地小麦叶片叶绿素和糖含量的影响及其产量的关系 [J]. 干旱地区农业研究,15 (1):79-84.

薛香,吴玉娥,2010. 小麦叶片叶绿素含量测定及其与 SPAD 值的关系 [J]. 湖北农业科学,11:2701-2702,2751.

杨峰,范亚民,李建龙,等,2010. 高光谱数据估测稻麦叶面积指数和叶绿素密度 [J]. 农业工程学报,26 (2):237-243.

杨梅,2007. 水稻叶温与气象条件、水分状况及产量结构关系的研究 [C]. 2007 年中国气象学会年会论文集,363-371.

杨晓光,于沪宁,2000. 冬小麦、夏玉米水分胁迫监测系统 [J]. 生态农业研究,8 (1):29-31.

袁国富,罗毅,孙晓敏,等,2002. 作物冠层表面温度诊断冬小麦水分胁迫的试验研究 [J]. 农业工程学报,18 (6):13-17.

袁国富,唐登银,罗毅,等,2001. 基于冠层温度的作物缺水研究进展 [J]. 地球科学进展,16 (1):49-54.

张巨松,杜永猛,2002. 棉花叶片叶绿素含量消长动态的分析 [J]. 新疆农业大学学报,25 (3):7-9.

张娟,张正斌,谢惠民,等,2005. 小麦叶片水分利用效率及相关生理性状的关系研究 [J]. 作物学报,31 (12):1593-1599.

张蕾蕾,2013. 苹果幼树叶片叶绿素与水分含量的高光谱估测研究 [D]. 泰安:山东农业大学.

张仁华,1986. 以红外辐射信息为基础的估算作物缺水状况的新模式 [J]. 中国科学(B 辑)(7):776-784.

张仁华,1996. 实验遥感模型及地面基础 [M]. 北京:科学出版社,186-192.

张瑞美,彭世彰,徐俊增,等,2006. 作物水分亏缺诊断研究进展 [J]. 旱地区农业研究,24 (2):205-210.

张嵩午,宋哲民,闵东红,1996. 冷型小麦及其育种意义 [J]. 西北农业大学学报,24 (1):14-17.

张嵩午,王长发,1999. K 型杂种小麦 901 的冷温特征 [J]. 中国农业科学,32 (2):47-52.

张嵩午,王长发,冯佰利,等,2001. 灾害性天气下小麦低温种质的性状表现 [J]. 自然科学进展,11 (10):1068-1075.

张嵩午, 王长发, 冯佰利, 等, 2004. 冷型小麦对干旱和阴雨的双重适应性 [J]. 生态学报, 24 (4): 680-685.

张嵩午, 张宾, 冯佰利, 等, 2006. 不同基因型小麦与绿豆冠层冷温现象研究 [J]. 中国生态农业学报, 14 (1): 45-48.

张文忠, 韩亚东, 杜宏绢, 等, 2007. 水稻开花期冠层温度与土壤水分及产量结构的关系 [J]. 中国水稻科学, 21 (1): 99-102.

张喜英, 裴冬, 陈素英, 2002. 用冠气温差指导冬小麦灌溉的指标研究 [J]. 中国生态农业学报, 10 (2): 106-109.

张许, 2011. 10 t/hm² 冬小麦氮素营养特性及诊断和氮肥运筹研究 [D]. 郑州: 河南农业大学.

张云贵, 刘宏斌, 李志宏, 等, 2005. 长期施肥条件下华北平原农田硝态氮淋失风险的研究 [J]. 植物营养与肥料学报, 11 (6): 711.

张振华, 蔡焕杰, 杨润亚, 2005. 基于 CWSI 和土壤水分修正系数的冬小麦田土壤含水量估算 [J]. 土壤学报, 42 (3): 373-378.

赵晨, 罗毅, 袁国富, 等, 2001. 作物水分胁迫指数与土壤含水量关系探讨 [J]. 中国生态农业学报, 9 (1): 34-36.

赵春江, 刘良云, 周汉昌, 等, 2004. 归一化差异植被指数仪的研制与应用 [J]. 光学技术, 30 (3): 324-326.

赵福年, 王瑞君, 张虹, 等, 2012. 基于冠气温差的作物水分胁迫指数经验模型研究进展 [J]. 干旱气象, 30 (4): 522-528.

赵鹏, 王长发, 李小芳, 等, 2007. 小麦籽粒灌浆期冠层温度分异动态及其与源库活性的关系 [J]. 西北植物学报, 27 (4): 715-718.

周颖, 刘钰, 蔡甲冰, 等, 2011. 冬小麦主要生长期内冠气温差与蒸腾速率的关系 [J]. 山西农业科学, (9): 939-942.

朱兆良, 2000. 农田中氮肥的损失与对策 [J]. 土壤与环境, 9 (1): 1-6.

邹君, 杨玉蓉, 谢小立, 2004. 不同水分灌溉下的水稻生态效应研究 [J]. 湖南农业大学学报 (自然科学版), 30 (3): 212-215.

Abraham N, Hema P S, Saritha E K, 2000. Irrigation automation based on soil electrical conductivity and leaf temperature [J]. Agricultural Water Management, 45: 145-157.

Alerfasi A, Nielsen D C, 2001. Use of crop water stress index for monitoring water status and scheduling irrigation in wheat [J]. Agricultural Water Management, 47: 69-75.

Amir H, Afshin S, Ebrahim Z, et al, 2018. Using boundary line analysis to assess the on-farm crop yield gap of wheat [J]. Field Crops Research, 225: 64-73.

Aston A R, Van Bavel C H M, 1972. Soil surface water depletion and leaf temperature [J]. Agronomy Journal, 64: 21-27.

Ayeneh A, Ginkel M, Reynolds M P, et al, 2002. Comparison of leaf spike peduncle and canopy temperature depression in wheat under heat stress [J]. Field Crops Research, 79: 173-184.

Balaghi R, Tychon B, Eerens H, et al, 2008. Empirical regression models using NDVI, rainfall and temperature data for the early prediction of wheat grain yields in Morocco [J]. International Journal of Applied Earth Observation and Geoinformation, 10 (4): 438-452.

Balasubramanian A C, 2000. Adaptation of the chlorophyll meter (SPAD) technology for real-time N management in rice: a review [J]. lnt. Rice Res. Notes, 25 (1): 4-8.

Beeson R C J, 2011. Weighing lysimeter systems for quantifying water use and studies of controlled water stress for crops grown in low bulk density substrates [J]. Agricultural water management, 98: 967-976.

Blum A, Shpiler I, Golan G, et al, 1989. Yield stability and canopy temperature of wheat genotypes under drought stress [J]. Field Crops Research, 22: 289-296.

Bongiovanni R, 2004, Lowenberg-DeBoer J. Precision agriculture and sustainability [J]. Precision Agriculture, 5: 359-387.

Brown A, 2019. Wheat [J]. Agricultural Commodities, 9 (1): 31.

Carcova J, Maddonni G A, Ghersa C M, 1998. Crop water stress index of three maize hybrids grown in soils with different quality [J]. Field Crop Research, 55 (1-2): 165-174.

Casas A, Riaño D, Ustin S L, et al, 2014. Estimation of water-related biochemical and biophysical vegetation properties using multitemporal airborne hyperspectral data and its comparison to MODIS spectral response [J]. Remote Sensing of Environment, 148: 28-41.

Chapman S C, Barreto H J, 1994. Using a chlorophyll meter to estimate specific leaf nitrogen of tropical maize during vegetative growth [J]. Prod Agric, 8 (1): 56-60.

Chauham J S, Moya T B, Singh R K, et al, 1999. Influence of soil moisture stress during reproductive stage on physiologica l parameters and grain yield in upland rice [J]. Oryza, 36 (2): 130-135.

Clawson K L, Blad B L, 1982. Infrared thermometry for scheduling irrigation of corn [J]. Agronomy Journal, 74: 311-316.

Clawson K L, Jackson R D, Pinter P J J, 1989. Evaluating plant water stress with canopy temperature differences [J]. Agronomy Journal, 81: 858-863.

Francis D D, Piekielek W P, 1999. Assessing crop nitrogen needs with chlorophyll meters. SSMG-12. Site-Secific Management Guidelines [M]. Potash Phosphate Institute, Noross, GA.

Gardner B R, Blad B L, Garrity D P, et al, 1981. Relationships between crop temperature, grain yield, evapotranspiration and phenological development in two hybrids of moisture stress edsorghum [J]. Irrigation Science, 2: 213-224.

Gardner B R, Blad B L, Watts D G, 1981. Plant and air temperatures in differentially irrigated corn [J]. Agricultural Meteorology, 25: 207-217.

Gardner B R, Nielsen D C, Shock C C, 1992. Infrared thermometry and the crop water stress index, II: Sampling procedures and interpretation [J]. Journal of Production Agriculture, 5: 466-475.

Garrity D P, O'Toole J C, 1995. Selection for reproductive stage drought avoidance in rice using infrared thermometry [J]. Agron J, 87: 773-779.

Gontia N K, Tiwari K N, 2008. Development of crop water stress index of wheat crop for scheduling irrigation A using infrared thermometry [J]. Agricultural Water Management, 95 (10): 1144-1152.

Halim O A, Yesim E, Tolga E, 2003. Crop water stress index for watermelon [J]. Scientia Horticulturae, 98 (2): 121-130.

Hiler E A, Clark R N, 1971. Stress day index to characterize effects of water stress on crop yields [J]. Transaction of ASAE (14): 757-761.

Hiler E A, Howell T A, Lewis R B, et al, 1974. Irrigation timing by the stress day index method [J]. Transaction of ASAE (17): 393-398.

Idso S B, 1982. Non-water-stressed baselines: a key to measuring and interpreting plant water stress [J]. Agricultural Meteorology, 27 (1-2): 59-70.

Idso S B, Clawson K L, Anderson M G, 1986. Foliage temperature: effects of environmental factors with implications for plant water stress assessment and CO_2 effects of climate [J]. Water Resource Research,

22：1702 - 1716.

Idso S B，Jackson R D，Reginato R J，1977. Remote sensing of crop yields [J]. Science，196：19 - 25.

Idso S B，Reginato D，Reicosky J，*et al*，1981. Determining soil - induced plant water potential depression in alfalfa by means of infrared thermometry [J]. Agron J，73 (4)：826 - 830.

Jackson R D，Idso S B，Reginato R J *et al*.，1981. Canopy temperature as a crop water stress indicator [J]. Water Resources Research，17：1133 - 1138.

Jackson R D，Kustas W P，Choudhury B J，1988. A reexamination of the crop water stress index [J]. Irrigation Science，9：309 - 317.

Jackson R D，Reginato R J，Idso S B，1977. Wheat canopy temperature：A practical tool for evaluating water requirements [J]. Water Resource Research，13：651 - 656.

Jalali - Farahani H R，Slack D C，Kopec D M，*et al*，1993. Crop water stress index models for Bermuda grass Turf：A comparison [J]. Agonomy Journal，85：1210 - 1217.

Ji X B，Kang E S，Chang R S，*et al*，2005. Estimation of groundwater budge at the representative irrigated area in the middle stream of Heike River [J]. Hydrogeol Engineering Geology，32 (6)：25 - 29.

Karim M A，Hamid A，Rahman S，2000. Grain growth and yield performance of wheat under subtropical conditions：II. Effect of water stress at reproductive stage [J]. Cereal Research Communications，28 (1)：101 - 107.

Lv Y P，Xu J Z，Yang S H，*et al*，2018. Inter - seasonal and cross - treatment variability in single - crop coefficients for rice evapotranspiration estimation and their validation under drying - wetting cycle conditions [J]. Agricultural water management，196：154 - 161.

Manjunath K R，Potdar M B，Purohit N L，2002. Large area operational wheat yield model development and validation based on spectral and meteorological data [J]. International Journal of Remote Sensing，23 (15)：3023 - 3038.

Manuel S，Wood C W，Guertal E A，2002. Tomato leaf chlorophyll meter readings as affected by variety，nitrogen form，and nighttime nutrient solution strength [J]. Plant Nutri，25 (10)：2129 - 2142.

Marianna S，Maria C S，Márcia M G，2018，*et al*. The legacy of large dams and their effects on the water - land nexus [J]. Regional Environmental Change，18：1883 - 1888.

Mei S H，Yuan X，Ji J Y，*et al*，2017. Hyperspectral image spatial super - resolution via 3D full convolutional neural network [J]. Remote Sensing，9 (11)：1139.

Muhammad U，Ashfaq A，Shakeel A，*et al*，2009. Development and application of crop water stress index for scheduling irrigation in cotton (Gossypium hirsutum L.) under semiarid environment [J]. Journal of Food Agriculture and Environment，7 (3 - 4)：386 - 391.

O′Toole J C，Hatfield J L，1983. Effect of wind on the crop water stress index derived by infrared thermometry [J]. Agronomy Journal，75：811 - 817.

Peng S，Garcia F V，Laza R C，*et al*，1996. Increased N - use efficiency using chlorophyll Ⅱ meter on high - yield in irrigated rice [J]. Field Crops Res (47)：243 - 252.

Piekielik W P，Fox R H，1992. Use of a chlorophyll Ⅱ meter to predict side dress nitrogen requirement for maize [J]. Agron，84：59 - 65.

Qi H J，Jin X，Zhao L，*et al*，2017. Predicting sandy soil moisture content with hyperspectral imaging [J]. International Journal of Agricultural and Biological Engineering，10 (6)：175 - 183.

Rodrigues M A，2004. Establishment of continuous critical levels for Indices of plant and preside dress soil nitrogen status in the potato crop [J]. Communications in Soil Science and Plant Analysis，35 (13 - 14)：

2067 - 2085.

Shi J Y, Chen W, Zou X B, et al, 2018. Detection of triterpene acids distribution in loquat (Eriobotrya japonica) leaf using hyperspectral imaging [J]. Spectrochimica Acta Part A: Molecular and Biomolecular Spectroscopy, 188: 436 - 442.

Tan W Y, Sun L J, Yang F, et al, 2018. Study on bruising degree classification of apples using hyperspectral imaging and GS - SVM [J]. Optik, 154: 581 - 592.

Turner F T, Jund M F, 1991. Chlorophyll meter to predict nitrogen top dress requirement for semi dwarf rice [J]. Agronomy Journal, 83 (5): 926 - 928.

Vicente - Serrano S M, Cuadrat - Prats J M, et al, 2006. Early prediction of crop production using drought indices at different time scales and remote sensing data: application in the Ebro Valley (northeast Spain) [J]. International Journal of Remote Sensing, 27 (3): 511 - 518.

Wood C W, Reeves D W, Duffield R R, et al, 1992. Field chlorophyll measurement for evaluation of corn nitrogen status [J]. J Plant Nutri, 15 (4): 487 - 500.

Yuan G F, Luo Y, Sun X M, et al, 2004. Evaluation of a crop water stress index for detecting water stress in winter wheat in the North China P [J]. Agricultural Water Management, 64 (1): 29 - 40.

Zhou K, Deng X Q, Yao X, et al, 2017. Assessing the spectral properties of sunlit and shaded components in rice canopies with near - ground imaging spectroscopy data [J]. Sensors, 17: 578.

第二章

基于 CWSI 的滴灌小麦水分状况监测

第一节 小麦冠气温差与植株水分、 土壤水分及环境因子的关系

冠气温差反映植物与大气和土壤之间的能量交换，受作物品种特性、土壤水分状况及环境因素的影响（Rashid *et al.*，1999）。大量研究认为，冠层温度与作物产量和抗旱性密切相关（刘建军 等，2009；Feng *et al.*，2009）。近年来，红外技术的快速发展，使得快速测定大范围植物水分状况成为可能，冠层温度或冠气温差已成为诊断作物水分亏缺的主要指标和评价作物品种抗旱性和产量潜力的重要依据（梅旭荣 等，2019）。对于滴灌小麦而言，在田间微环境改变的情况下，冠层温度与植株水分、土壤水分及环境因子的关系如何呢？开展冠层温度与植株水分、土壤水分及环境因子的关系研究，对于构建基于冠气温差的植株水分、土壤水分监测模型，明确影响冠气温差的主要环境因子具有重要意义，同时也为滴灌小麦实施精准监测，实现变量灌溉提供理论依据和技术支持。

一、试验设计与数据处理

1. 试验地基本情况

石河子大学试验站位于 $45°19'$N，$86°03'$E，海拔 440 m，多年日平均温度 $7.5\sim$8.9 ℃，无霜期 $147\sim191$ d，年降水量 $180\sim270$ mm，年蒸发量 $1\,000\sim1\,500$ mm，是典型的温带大陆性气候，试验地地下水埋深大于 5 m，耕层土壤为沙壤土，土壤容重为 1.44 g · cm^{-3}，田间持水量为 24%，土壤基本情况见表 2 - 1。

表 2 - 1 土壤理化性质

参量	2014 年	2015 年
pH	7.2 ± 0.53	7.53 ± 0.24
有机质（mg · kg^{-1}）	21.41 ± 0.35	23.48 ± 1.25
碱解氮（mg · kg^{-1}）	58.43 ± 1.57	56.28 ± 1.23
速效磷（mg · kg^{-1}）	19.75 ± 1.31	18.48 ± 1.13
速效钾（mg · kg^{-1}）	225.3 ± 18.21	223.31 ± 15.24
容重（g · cm^{-3}）	1.44 ± 0.25	1.42 ± 0.16
田间持水量（%）	24 ± 0.28	23 ± 0.45

2. 试验材料与设计

供试品种为'新冬22号'（新疆农垦科学院选育）和'新冬43号'（奎屯农科所选育）。第一个生长季节为2014年9月30日播种，2015年6月27日收获；第二个生长季节为2015年9月22日播种，2016年6月30日收获。播种量为525万粒·hm⁻²，毛管配置为1管4行，采用15 cm等行距种植，滴头间距为30 cm，滴头流量为2.7 L·h⁻¹，滴灌带间距为60 cm，小区面积为5 m×8 m＝40 m²，小区上搭有遮雨棚，防止降水对试验的影响，各小区之间利用苯板和厚塑料薄膜等防渗材料隔开，防止水分侧渗，深度为1 m。全生育期基施尿素150 kg·hm⁻²、磷酸二铵375 kg·hm⁻²，追施尿素450 kg·hm⁻²，分别在越冬期、拔节期、孕穗期、抽穗期、灌浆期按照10%、30%、20%、30%、10%的比例随水滴施。追施磷酸二氢钾60 kg·hm⁻²，分别于拔节期和抽穗期均匀滴施，其他管理措施与大田管理一致。

试验设3个灌水处理，375 mm（W1）、600 mm（W2）、825 mm（W3），每个处理重复3次。整个生育期灌水10次，各处理播种后均滴出苗水60 mm，冬前各处理分别灌越冬水35 mm、92 mm、149 mm。返青后到成熟期灌水8次，每10 d灌1次，每次分别灌35 mm、56 mm、77 mm，不同处理滴灌量用水表控制（表2-2）。试验期间天气情况见表2-3。

表2-2　不同灌溉处理灌溉量

处理	灌水定额（mm）										
	1	2	3	4	5	6	7	8	9	10	总计
W1	60	35	35	35	35	35	35	35	35	35	375
W2	60	92	56	56	56	56	56	56	56	56	600
W3	60	149	77	77	77	77	77	77	77	77	825

表2-3　天气情况

年份	日期/天气									
2015年	5.4	5.6	5.14	5.16	5.25	5.27	6.4	6.6	6.14	6.16
	⛅	⛅	☀	☀	☀	☀	☀	☀	☀	☀
2016年	5.5	5.7	5.15	5.17	5.26	5.28	6.5	6.7	6.15	6.17
	⛅	☀	☀	⛅	☀	☁	☀	☀	☀	☀

注：⛅表示晴转多云；☀表示晴天；☁表示多云。

3. 测试指标及方法

（1）植株水分指标测定

与红外热像仪采集的时期同步，在每个小区选取10株长势一致、有代表性的植株，分别称取叶片和植株的鲜重，并采用LI 3100测定叶面积后，烘箱105 ℃杀青30 min后，再80 ℃烘干至恒重。采用公式（2-1）、（2-2）、（2-3）计算冠层叶片含水量（CLWC）、植株含水量（PWC）和冠层叶片等效水厚度（CEWT）。

$$冠层叶片含水量(CLWC)(\%) = \frac{LFW-LDW}{LFW} \times 100\% \qquad (2-1)$$

$$植株含水量(PWC)(\%) = \frac{PFW-PDW}{PFW} \times 100\% \qquad (2-2)$$

$$冠层叶片等效水厚度(CEWT) = \frac{LAI \times (LFW-LDW)}{D_W \times A} \qquad (2-3)$$

式中，LFW 为所有叶片鲜重（g），LDW 为叶片干重（g），PFW 为植株鲜重（g），PDW 为植株干重（g），LAI 为叶面积指数，D_w 为水的密度（g·cm^{-3}），A 为所有叶片面积（cm^2）。

（2）土壤含水量的测定

土壤含水量采用 Watermark 水势仪分别于灌溉前后进行测定，测定范围为 $-200 \sim 0$ kPa，-200 kPa 表示土壤极度干旱，0 kPa 表示土壤处于饱和含水量状态。水势仪安装按照水平方向为滴灌带正下方，距离滴灌带 15 cm 处和 30 cm 处，垂直方向为 $0 \sim 20$ cm、$20 \sim 40$ cm、$40 \sim 60$ cm 处，水势仪具体安装位置见图 2-1。

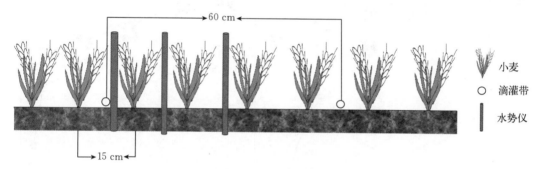

图 2-1 水势仪安装示意

4. 数据分析

采用 SPSS 16.0 对试验数据进行回归处理和分析，采用 sigmaplot 14.0 绘制曲线图和 1:1 直线图。

5. 模型检验

模型检验采用独立试验数据，参照文献中提出的模拟值与实测值比较的标准方法（Janssen，1995）进行检验。本研究中选择均方根误差（RMSE）、一致性系数（COC）和平均绝对误差（MAE）对模型进行评价。各计算公式如下：

$$RMSE = \sqrt{\frac{\sum_{i=1}^{n}(O_i-S_i)^2}{n}} \qquad (2-4)$$

$$COC = 1 - \left[\sum_{i=1}^{n}(S_i-O_i)^2 \bigg/ \sum_{i=1}^{n}(|S_i-\overline{O_i}| + |O_i-\overline{O_i}|)^2 \right] \qquad (2-5)$$

$$MAE = \frac{\sum_{i=1}^{n}|S_i-O_i|}{n} \qquad (2-6)$$

式中，O_i 为实测值，S_i 为模拟值，$\overline{O_i}$ 为实测值平均值，i 为样本号，n 为样本容量。在模型检验过程中，COC 值越大 MAE 和 $RMSE$ 值越小，表明误差越小，模拟值和实测值的一致性越好，模型越可靠。也可以通过 $1:1$ 关系图及回归方程决定系数 R^2 展示模拟值和观察值的拟合度。

二、土壤水分、小麦水分变化特征

1. 冠层叶片含水量变化

如图 2-2 所示，两年试验结果均表现为，同一灌溉量水平，冠层叶片含水量随着生育进程的推进呈现逐渐下降的趋势，拔节期、抽穗扬花期、灌浆前期、灌浆中期、灌浆末

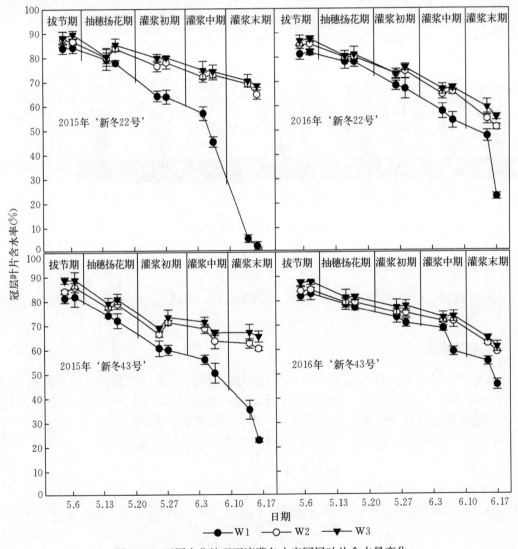

图 2-2 不同水分处理下滴灌冬小麦冠层叶片含水量变化

期冠层叶片含水量分别为 83.3%～88.1%、78.1%～82.6%、72.1%～78.0%、65.0%～75% 和 52%～70%，即拔节期＞抽穗扬花期＞灌浆初期＞灌浆中期＞灌浆末期，但品种间的差异不显著（$P<0.05$）。相同生育时期，不同灌溉量水平，各水分处理间冠层叶片含水量总体表现为 W3＞W2＞W1，但处理间的差异性在年际间表现不同，2015 年从抽穗扬花期开始表现为 W3 和 W2 处理显著高于 W1，而 2016 年则从灌浆前期开始表现，在该生育期之前各处理间差异均不显著（$P<0.05$）。这可能与 2016 年前期出现持续一段时间的低温有关。而 W3 和 W2 处理之间整个生育期差异均不显著（$P<0.05$），且品种间表现结果一致。表明相同生育时期，在一定范围内灌溉量显著影响冠层叶片含水量，随着灌溉量的增加冠层叶片含水量显著增加，但超过一定范围冠层叶片含水量将不再增加。

此外，两品种 W2 与 W3 处理除在灌浆末期表现为冠层灌溉后叶片含水量小于灌溉前外，其他时期均表现为灌溉后大于灌溉前，或与灌溉前接近，但灌溉前后差异不显著（$P<0.05$）。而 W1 处理 2015 年从抽穗扬花期，2016 年从灌浆初期开始，冠层叶片含水量持续表现出灌溉后小于灌溉前的现象，表明在抽穗扬花期（2015）和灌浆初期（2016），W1 灌溉量已不能满足小麦水分需求。因此，研究认为叶片的储水能力是有限的，灌溉量和环境因子都会影响冠层叶片含水量，生育前期环境因子的影响更大，生育后期灌溉量对其影响更大，灌溉量不足会导致灌后冠层叶片含水量持续低于灌前的现象。

2. 植株含水量变化

如图 2-3 所示，植株含水量变化与冠层叶片含水量变化一致。两品种、两年的试验结果均表现为同一灌溉量水平，随着生育进程的推进植株含水量逐渐下降，即拔节期＞抽穗扬花期＞灌浆初期＞灌浆中期＞灌浆末期，最大值为拔节期 W3 处理，为 89.3%～90%，最小值为灌浆末期 W1 处理，为 35.1%～46.9%，品种间差异不显著（$P<0.05$）。同一生育期，不同灌溉量处理下，植株含水量表现为 W3＞W2＞W1，各处理间的差异性在年际间表现不同，分别从抽穗扬花期（2015）、灌浆初期（2016）开始 W2 和 W3 处理显著高于 W1 处理，且各生育时期最大值（W3）较最小值（W1）分别高出约 4.7%、3.83%、7.49%、13.5%、22.6%，而 W2 和 W3 之间整个生育期差异不显著（$P<0.05$），品种间表现结果一致。表明在相同生育时期，一定范围内灌溉量显著影响植株含水量，随着灌溉量的增加植株含水量显著增加，但超过一定范围植株含水量将不再增加。随着生长发育进程的推进，低灌溉量条件会导致小麦植株含水量迅速下降。此外，灌溉前后植株含水量的变化与冠层叶片含水量的变化规律一致。因此，研究认为，植株含水量与冠层含水量都能够较好地反映作物的受旱情况。

3. 冠层等效水厚度变化

由图 2-4 可知，相同灌溉量下，两品种冠层等效水厚度两年的试验结果均表现为随着生长发育进程的推进呈现先上升后下降的趋势，2015 年'新冬 22 号'和'新冬 43 号'两品种在 W1 处理下等效水厚度的峰值分别为 0.94 mm 和 1.21 mm，W2 处理下等效水厚度的峰值分别为 1.49 mm 和 1.72 mm，W3 处理下等效水厚度的峰值分别为 1.59 mm 和 1.81 mm；2016 年'新冬 22 号'和'新冬 43 号'两品种在 W1 处理下等效水厚度的峰值分别为 1.07 mm 和 1.46 mm，W2 处理下等效水厚度的峰值分别为 1.53 mm 和 1.69 mm，

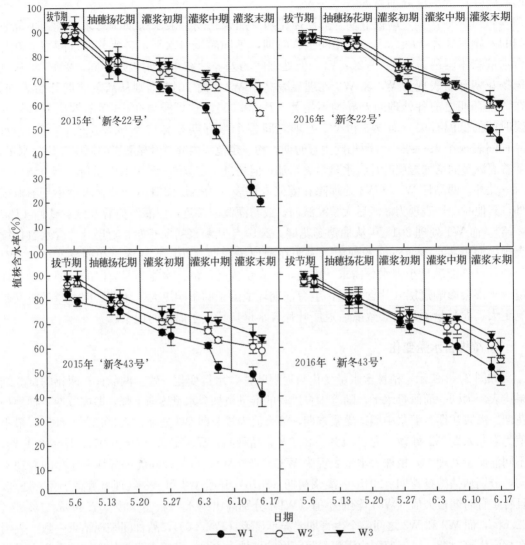

图2-3 不同水分处理下滴灌冬小麦植株含水量变化

W3处理下等效水厚度的峰值分别为1.61 mm和1.73 mm，其中'新冬43号'等效水厚度高于'新冬22号'。

等效水厚度峰值出现的时间品种间表现一致，但年际间存在一定的差异性。2015年W2、W3均出现在抽穗扬花期，W1处理出现在拔节期，2016年W1、W2、W3均出现在抽穗扬花期，表明环境条件会影响等效水厚度峰值出现的时间，一般冠层等效水厚度出现的时间为抽穗扬花期，当灌溉量不足时，环境温度较高时会导致峰值出现的时间提前。相同生育时期各水分处理冠层等效水厚度表现为W3>W2>W1，W2和W3显著高于W1，W2和W3之间差异不显著（$P < 0.05$），表明在一定范围内，随着灌溉量的增加作物等效水厚度逐渐增加，超过一定范围等效水厚度不再增加。灌溉前后等效水厚度的变化，在冠层等效水厚度峰值出现前，表现为灌溉后高于灌溉前，峰值出现后，表现为灌溉后低于灌溉前。品种间比

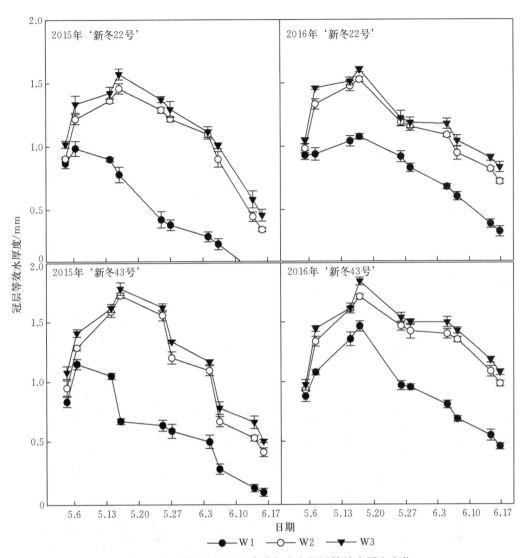

图 2-4　不同水分处理下滴灌冬小麦冠层等效水厚度变化

较，'新冬 43 号'冠层等效水厚度显著高于'新冬 22 号'，这应该是品种间的差异所致。

4. 不同水分处理下滴灌冬小麦土壤水分动态变化

土壤水势（SWP）是描述土壤干旱程度以及土壤水分对植物有效性的重要指标，其最大优势就是在描述水分对植物的有效性时，并不受土壤质地的变化而变化，具有很强的代表性和推广性（Motohiko，2000）。由图 2-5 可知，滴灌冬小麦整个生育期不同灌溉量条件下，水平方向和垂直方向 SWP 均表现为 W3＞W2＞W1，且 W3 和 W2 显著高于W1，但 W2 和 W3 之间差异不显著（$P < 0.05$）。从波动的剧烈性来看，水平方向表现为正下方＞距离 15 cm＞距离 30 cm；垂直方向表现为（0～20）cm＞（20～40）cm＞（40～60）cm。表明靠近滴灌带的表层土壤水分变化最为剧烈，这是灌溉、作物水分吸收和土壤蒸发共同作用的结果。

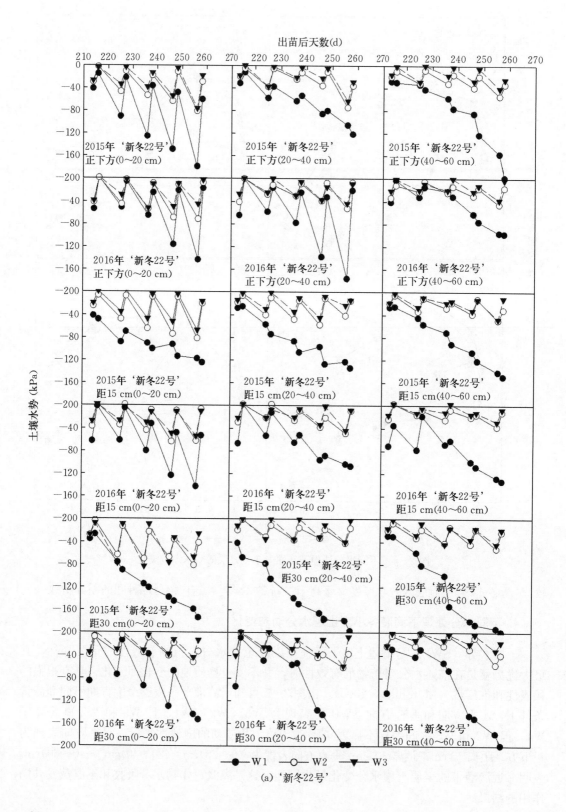

(a) '新冬22号'

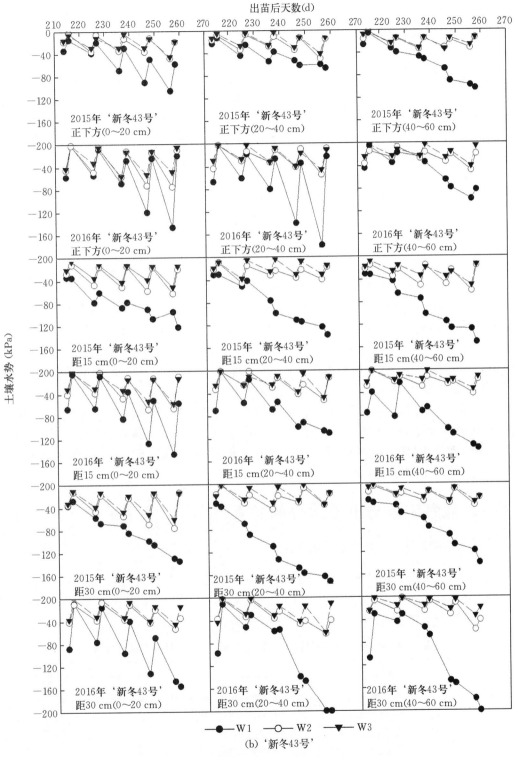

图 2-5　土壤水势动态变化

不同滴灌量处理在水平方向和垂直方向均存在明显的差异性，W2 和 W3 处理整个生育期水平和垂直方向 SWP 均能维持在较高的水平，在灌溉前后均能恢复。但 W1 处理存在明显的差异性。滴灌带正下方，两品种小麦整个生育期在 W1 处理下，0～20 cm 土层灌溉前后均有不同程度的恢复。20～40 cm 土层的恢复能力存在年际间的差异性，2016 年均能恢复，而 2015 年约在出苗后 230 d 后（抽穗扬花期）出现不能恢复的现象，之后 SWP 持续下降。40～60 cm 土层该处理均出现不能恢复的现象，但年际间出现的时间存在差异性，2015 年约在出苗后 230 d（抽穗扬花期），2016 年约在 240 d（灌浆初期）。一般认为 20 cm 以下根层 SWP 得不到恢复是水分亏缺的表现，表明 W1 处理滴灌带正下方 40～60 cm 土层在抽穗扬花期（2015 年）和灌浆初期（2016 年）开始出现不同程度的水分胁迫。距离滴灌带 15 cm 处，除在 2016 年 0～20 cm 土层 SWP 有不同程度恢复外，其余各层均出现不能恢复的现象，2015 年的 0～20 cm、20～40 cm、40～60 cm 土层均在 230 d 即抽穗扬花期后 SWP 不能恢复，2016 年的 20～40 cm、40～60 cm 土层均在 240 d（灌浆初期）不能恢复。距离滴灌带 30 cm 处，2015 年两品种各层土壤水分均在 220 d 后（拔节期）表现出不能恢复的现象。2016 年 0～20 cm 土层有一定程度的恢复，但 20～40 cm、40～60 cm 土层均在灌浆初期不能恢复。

通过以上分析可以发现，垂直方向，滴灌带正下方 20～40 cm 最先表现出不能恢复的现象，随着距离滴灌带位置的增加，出现 SWP 不能恢复现象的土层会上移至 0～20 cm 土层，且发生该现象的生育进程会有所提前。整个生育期，各水平方向和垂直方向，'新冬 22 号' SWP 均小于'新冬 43 号'，表明相同的生育期条件下，'新冬 22 号'的耗水量大于'新冬 43 号'，因此认为'新冬 43 号'较'新冬 22 号'更抗旱，'新冬 22 号'对水分更敏感。结合上述分析，本研究认为滴灌冬小麦在抽穗扬花后，'新冬 22 号'和'新冬 43 号'20～60 cm 土层 SWP 滴灌带正下方分别低于 −63.3 kPa 和 −68.8 kPa，距离滴灌带 15 cm 处分别低于 −70.7 kPa 和 −78 kPa，距离滴灌带 30 cm 处分别低于 −63.9 kPa 和 −64.5 kPa 时，滴灌冬小麦会表现出不同程度的水分胁迫。

三、冠气温差与小麦水分的关系

1. 冠气温差与冠层叶片含水量的关系

冠层叶片含水量是小麦地上部分所有叶片的含水量。通过分析冠气温差与冠层叶片含水量的关系，比较了不同测定时间两指标之间的关系（表 2-4），结果表明，不同测定时间各生育期冠气温差与冠层叶片含水量均呈负相关。

表 2-4 不同生育时期滴灌小麦冠气温差与冠层叶片含水量的关系

测定时间	生育时期	方程	决定系数	平均
灌溉前 1 d	拔节期	$y=-4.5865x+79.806$	0.6288	0.81535
	抽穗扬花期	$y=-1.4719x+79.179$	0.7350	
	灌浆初期	$y=-4.7153x+85.615$	0.8154	
	灌浆中期	$y=-2.5978x+74.888$	0.9356	
	灌浆末期	$y=-7.646x+83.993$	0.7754	

（续）

测定时间	生育时期	方程	决定系数	平均
灌溉后 1 d	拔节期	$y=-0.786\,1x+85.453$	0.020 7	
	抽穗扬花期	$y=-1.702\,1x+81.043$	0.205 4	
	灌浆初期	$y=-3.865\,9x+75.281$	0.499 5	0.483 78
	灌浆中期	$y=-5.522\,1x+72.248$	0.734 7	
	灌浆末期	$y=-8.517\,3x+83.565$	0.658 6	
灌溉前累计 3 d	拔节期	$y=-0.957\,9x+86.751$	0.502 6	
	抽穗扬花期	$y=-1.487\,8x+85.317$	0.762 2	
	灌浆初期	$y=-5.888\,7x+107.78$	0.861 6	0.728 575
	灌浆中期	$y=-1.303x+81.85$	0.717 3	
	灌浆末期	$y=-2.032\,6x+81.171$	0.693 2	

　　总体而言，各测定时间表现为灌溉前 1 d 最优，灌前累计 3 d 次之，即灌溉前＞灌前累计 3 d＞灌溉后，表明越接近灌溉前冠气温差与冠层叶片含水量的相关性越好。灌溉前 1 d 冠气温差与冠层叶片含水量之间的拟合效果在生育前期相关性较差，而在灌浆中后期表现略高，表明在滴灌小麦的生育前期采用灌溉后的冠气温差并不能较好地反映植株体内的水分变化情况。主要是因为滴灌小麦生育前期需水量较小，在该时期水量不足时冠气温差的差异性表现不突出，而灌溉后会使处理间的差异更小。灌溉后生育前期最大冠气温差出现的时间较分散，且与不同灌溉处理间差异不显著的结论一致。灌溉前 1 d 和灌溉前累计 3 d 拟合方程的决定系数均表现为随着生育进程的推进逐渐增加，而灌浆末期有所下降，全生育期的决定系数分别为 0.628 8～0.935 6 和 0.502 6～0.861 6。

　　根据以上分析结果分别采用灌溉前和灌溉前累计 3 d 的冠气温差进行函数拟合，结果如图 2-6 所示，灌溉前 1 d 和灌前累计 3 d 的冠气温差与冠层叶片含水量均以多项式拟合决定系数最高，决定系数分别为 0.840 8 和 0.726 7。两种测定时间均表现为抽穗后当冠

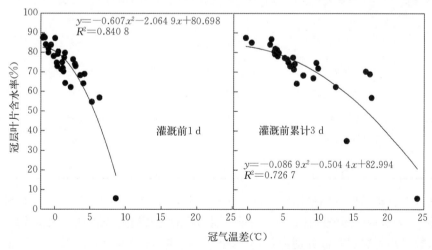

图 2-6　冠气温差与冠层叶片含水率的定量关系

层叶片含水量低于80％时，冠气温差会迅速升高。换言之，当滴灌冬小麦冠气温差大于 0 ℃ 时或累计 3 d 冠气温差大于 3 ℃时冠层叶片含水量会迅速降低。

2. 冠气温差与植株含水量的关系

植株含水量是小麦植株地上部分的含水量，它能够反映作物的水分和生长状况。分析不同测定时间冠气温差与植株含水量的关系（表 2－5），结果表明，各生育期冠气温差与植株含水量均呈负相关，与冠层叶片含水量的研究结果一致。各测定时间的决定系数表现与冠层叶片含水量结果一致，也表现为灌溉前 1 d＞灌溉前累计 3 d＞灌溉后 1 d，以灌溉前 1 d 冠气温差与植株含水量相关性最好，各生育期决定系数为 0.675～0.956。灌溉前累计 3 d 次之，各生育期决定系数为 0.596～0.877。而灌溉后1d 则在灌浆中后期决定系数才有较好的表现，为 0.669～0.722。表明在滴灌小麦的生育前期，灌溉后的冠气温差不能较好地反映植株水分状况，越接近灌溉时间二者的相关性越好。

表 2－5　不同生育时期滴灌小麦冠气温差与植株含水量的关系

测定时间	生育时期	方程	决定系数	平均
	拔节期	$y＝－3.573x＋81.94$	0.675	
	抽穗扬花期	$y＝－1.126\ 4x＋78.915$	0.956	
灌溉前 1 d	灌浆初期	$y＝－2.673\ 3x＋79.15$	0.874	0.869
	灌浆中期	$y＝－2.152\ 4x＋71.58$	0.937	
	灌浆末期	$y＝－5.222\ 8x＋75.856$	0.902	
	拔节期	$y＝0.923\ 2x＋89.328$	0.031	
	抽穗扬花期	$y＝2.430\ 2x＋81.566$	0.368	
灌溉后 1 d	灌浆初期	$y＝－2.276\ 3x＋71.984$	0.441	0.446
	灌浆中期	$y＝－3.178\ 9x＋67.021$	0.722	
	灌浆末期	$y＝－5.587x＋72.579$	0.669	
	拔节期	$y＝－0.921\ 8x＋89.992$	0.672	
	抽穗扬花期	$y＝－2.498\ 2x＋93.674$	0.728	
灌溉前累计 3 d	灌浆初期	$y＝－1.289\ 6x＋80.402$	0.596	0.72
	灌浆中期	$y＝－1.527\ 8x＋83.984$	0.728	
	灌浆末期	$y＝－3.006\ 4x＋79.578$	0.877	

根据以上分析结果分别采用灌溉前 1 d 和灌溉前累计 3 d 的冠气温差进行函数拟合，结果如图 2－7 所示，灌溉前 1 d 和灌溉前累计 3 d 的冠气温差与植株含水量均以多项式拟合决定系数最高，决定系数分别为 0.819 4 和 0.802 6。灌溉前 1 d 的拟合方程略优于累计 3 d 的结果。当冠气温差接近 0 ℃时，植株含水量约为 79.7％。

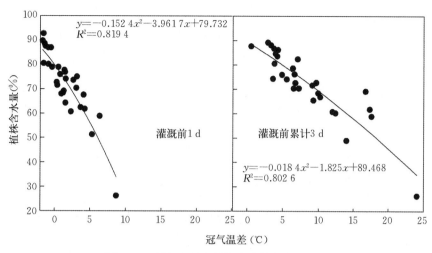

图 2-7　冠气温差与植株含水量的定量关系

3. 冠气温差与冠层等效水厚度的关系

冠层等效水厚度是作物水分状况的重要指标（Xia Yao et $al.$，2014；Catherine et $al.$，2003）。分析不同测定时间冠气温差与冠层等效水厚度之间的关系（表 2-6），结果表明，灌溉后 1 d 冠气温差与冠层等效水厚度在抽穗扬花期至灌浆中期的决定系数 R^2 在 0.620～0.760，而在生育前期和末期其决定系数均低于 0.6，因此认为在生育前期和末期灌溉后冠气温差均不能很好地反映冠层等效水厚度。而灌溉前 1 d 测定的冠气温差与冠层等效水厚度的决定系数 R^2 在拔节期和灌浆末期精度较低（分别为 0.712 和 0.667），抽穗扬花期、灌浆初期和灌浆中期 R^2 超过 0.8，能够较好地反映冠层等效水厚度；灌溉前累计 3 d 测定的冠气温差与冠层等效水厚度的决定系数 R^2 在生育前期较低（拔节期为 0.639，抽穗扬花期为 0.632），而生育后期 R^2 均大于 0.8，能够较好地反映冠层等效水厚度。

表 2-6　不同生育时期滴灌小麦冠气温差与冠层等效水厚度的关系

测定时间	生育时期	方程	决定系数	平均
灌溉前 1 d	拔节期	$y=-0.112x+0.799\ 6$	0.712	
	抽穗扬花期	$y=-0.144\ 3x+1.438$	0.869	
	灌浆初期	$y=-0.263x+1.724\ 3$	0.833	0.79
	灌浆中期	$y=-0.171\ 6x+1.406\ 9$	0.870	
	灌浆末期	$y=-0.125\ 9x+1.139\ 8$	0.667	
灌溉后 1 d	拔节期	$y=-0.282\ 6x+1.069\ 9$	0.551	
	抽穗扬花期	$y=-0.317x+1.660\ 5$	0.760	
	灌浆初期	$y=-0.177\ 5x+1.054\ 4$	0.633	0.582
	灌浆中期	$y=-0.182x+1.146\ 8$	0.620	
	灌浆末期	$y=-0.088x+0.702\ 3$	0.345	

（续）

测定时间	生育时期	方程	决定系数	平均
	拔节期	$y=-0.035\,8x+1.162\,1$	0.639	
	抽穗扬花期	$y=-0.065\,6x+1.794$	0.632	
灌溉前累计3d	灌浆初期	$y=-0.293x+2.762\,9$	0.897	0.764
	灌浆中期	$y=-0.095x+1.952\,5$	0.813	
	灌浆末期	$y=-0.054\,7x+1.373\,6$	0.839	

根据以上分析结果，分别采用灌溉前1d和灌溉前累计3d的冠气温差将整个生育阶段分为拔节期和拔节后进行函数拟合，结果如图2-8所示。灌溉前1d测定的冠气温差与冠层等效水厚度在拔节期和拔节后拟合方程的R^2分别为0.747 3和0.753 5。灌溉前累计3d测定的冠气温差与冠层等效水厚度在拔节期和拔节后拟合方程的R^2分别为0.652 8和0.733 5。当冠气温差接近0℃时，冠层等效水厚度为0.8～1.5 mm总体表现为灌溉前1d优于灌溉前累计3d的结果，而拔节后的结果均优于拔节期的结果。

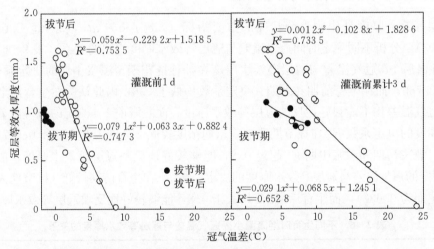

图2-8 冠气温差与冠层等效水厚度的定量关系

4. 滴灌冬小麦冠气温差与土壤水分的关系

土壤水分是作物生长所需水分的主要供给源，它对作物生长有着重要的影响。通过分析不同测定时间、不同监测位点土壤水分与冠气温差之间的关系，由表2-7可知，各测定时间不同监测位点冠气温差与土壤含水量的平均决定系数分别为：0.704～0.803、0.596～0.658、0.319～0.415，表现为灌溉前1d＞灌溉后1d＞灌溉前累计3d。由此可知，越靠近灌溉时间的冠气温差与土壤水分的相关性越好，该结论与前面分析的植株水分、冠层叶片含水量及等效水厚度等的情况结果一致。但灌溉前累计3d的冠气温差与土壤水分的相关性在本研究中表现并不好，表明采用灌溉前累积3d的冠气温差不能有效地反映土壤水分的变化情况。水平位置的决定系数除灌溉前累计3d外，均表现为正下方＞距离 15 cm＞距离 30 cm，这一结果应该跟灌溉方式有关，采用滴灌灌溉后，滴灌带正下方的水分变化较距离滴灌带 15 cm、30 cm 处土壤的水分变化更为明显，因此与冠气温差之间的相关性较好。而垂直方向的决定系数在不同的测定时间波动性较大，因此需做进一步分析。

表 2-7 滴灌小麦冠气温差与土壤含水量的关系

测定时间	位置	深度（cm）	方程	决定系数	平均
灌溉前 1 d	正下方	0～20	$y=-1.157\,3x^2-5.322\,2x-44.207$	0.792	0.803
		20～40	$y=-0.938\,3x^2-5.472\,4x-32.15$	0.758	
		40～60	$y=-1.299\,8x^2-2.174\,2x-22.776$	0.858	
	15 cm	0～20	$y=-0.158\,7x^2-9.730\,4x-44.679$	0.780	0.715
		20～40	$y=-0.503\,7x^2-6.769x-36.863$	0.669	
		40～60	$y=-1.172\,8x^2-4.832\,3x-30.543$	0.696	
	30 cm	0～20	$y=-0.799\,8x^2-7.954\,6x-46.629$	0.663	0.704
		20～40	$y=-1.696\,5x^2-6.801\,3x-37.388$	0.706	
		40～60	$y=-2.037\,4x^2-4.662\,7x-24.788$	0.741	
灌溉后 1 d	正下方	0～20	$y=-0.026\,1x^2-5.057x-9.389\,6$	0.680	0.658
		20～40	$y=-0.769\,5x^2-5.228\,3x-7.695$	0.660	
		40～60	$y=-2.083\,9x^2-5.889\,7x-10.037$	0.636	
	15 cm	0～20	$y=-0.159\,9x^2-10.595x-13.934$	0.540	0.619
		20～40	$y=-0.179\,3x^2-15.108x-13.882$	0.610	
		40～60	$y=-0.818\,5x^2-13.749x-16.739$	0.708	
	30 cm	0～20	$y=-1.274\,6x^2-12.444x-16.86$	0.445	0.596
		20～40	$y=-0.826x^2-20.713x-13.57$	0.700	
		40～60	$y=-1.492\,3x^2-16.515x-14.099$	0.644	
灌溉前累计 3 d	正下方	0～20	$y=-0.186\,6x^2-0.940\,8x-40.516$	0.445	0.415
		20～40	$y=0.035\,9x^2-4.186\,3x-19.082$	0.210	
		40～60	$y=-0.207\,9x^2+0.024\,1x-21.381$	0.591	
	15 cm	0～20	$y=0.129\,6x^2-6.778\,9x-19.28$	0.370	0.319
		20～40	$y=0.000\,3x^2-3.192\,1x-26.92$	0.231	
		40～60	$y=-0.044\,3x^2-3.722\,4x-16.173$	0.355	
	30 cm	0～20	$y=0.023x^2-5.971\,9x-22.131$	0.466	0.382
		20～40	$y=-0.060\,7x^2-4.258\,2x-24.684$	0.274	
		40～60	$y=-0.158\,9x^2-3.051\,2x-13.662$	0.406	

根据以上分析结果，选择灌溉前和灌溉后的冠气温差分别与土壤水分进行函数拟合，结果如图 2-9 所示，水平方向的正下方、距离 15 cm 和距离 30 cm 处，灌溉前和灌溉后决定系数最小分别为 0.787 3 和 0.685 1，0.630 0 和 0.597 3，0.738 0 和 0.451 0，均表现为

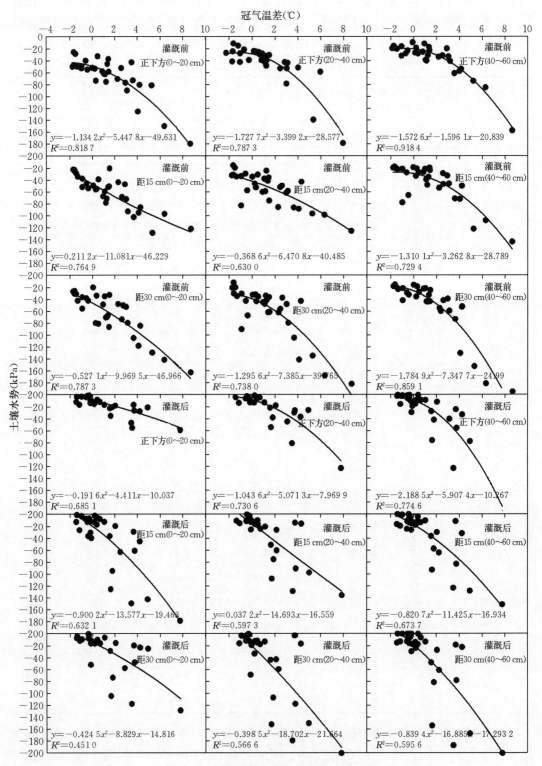

图 2-9 冠气温差与土壤水分的定量关系

正下方大于距离 15 cm 和距离 30 cm 处。但远离滴灌带的位置，灌溉前后存在一定的差异性，灌溉前距离 30 cm 大于距离 15 cm，灌后则相反，表明远离滴灌带位置的 SWP 存在一定的波动性。垂直方向 0～20 cm、20～40 cm 和 40～60 cm 处灌溉前和灌溉后的决定系数最小分别为 0.764 9 和 0.451 0、0.630 0 和 0.566 6、0.729 4 和 0.595 6。其余灌溉前、后决定系数总体表现为（40～60）cm＞（0～20）cm＞（20～40）cm，初步推断深层土壤与冠气温差相关性更高，可能是表层土壤变化虽然最为剧烈，但该土层会受作物水分吸收、棵间蒸发等多因素的影响，而深层土壤多以作物吸收为主，因此深层土壤反而较表层土壤相关性高。图 2-9 也能看出 0～20 cm 土层拟合曲线在灌溉前、后的不同水平位置波动性较大。总体看来，水平和垂直方向决定系数小于 0.6 的土层约占 22%，且都集中在灌溉后，因此认为灌溉前和灌溉后的土壤水分状况都能够反应冠气温差的状况，且灌溉前的拟合效果优于灌溉后。但水平方向和垂直方向哪个更优还需做进一步的分析和验证。

四、冠层温度与环境因子的关系

冠层温度的变化不仅受自身遗传特点和土壤水分的状况的影响，也受气象因子的影响。本研究分析了不同生育期不同水分条件下冠层温度与冠气温差及气象因子之间的关系。由表 2-8 可知，各气象因子对滴灌小麦各生育期均有不同程度的影响。从冠层温度与气象指标相关性来看，大气温度＞太阳辐射＞相对湿度＞风速。其中，冠层温度与大气温度和太阳辐射在整个生育期均呈显著正相关（$P<0.05$），与相对湿度呈显著负相关（$P<0.05$），与冠气温差呈正相关，但在拔节期和抽穗扬花期不显著，灌浆初期后达到极显著水平（$P<0.05$），表明生育前期环境因子对冠气温差影响较小。冠层温度与平均风速呈负相关，但整个生育期仅在灌浆末期达到显著水平（$P<0.05$）。因此，认为冠层温度与冠气温差及气象因子密切相关。

表 2-8 冠层温度与冠气温差及气象因子的相关系数

生育期	冠气温差	大气温度	相对湿度	平均风速	太阳辐射
拔节期	0.366	0.906**	−0.497*	−0.804	0.725**
抽穗扬花期	0.263	0.838**	−0.649**	−0.07	0.682**
灌浆初期	0.811**	0.715**	−0.522*	−0.333	0.588**
灌浆中期	0.946**	0.516**	−0.436*	−0.255	0.682**
灌浆末期	0.799**	0.554**	−0.457*	−0.469*	0.449**

注：**表示极显著水平（$P<0.01$），*表示显著水平（$P<0.05$）。

在此基础上，应用各生育时期 9:00—19:00 各气象因子的平均值，采用逐步回归的方法，进一步分析滴灌小麦各生育时期气象因子与冠层温度和冠气温差之间的关系。

表 2-9 可知，各生育时期回归方程中引入的 4 个气象因子中除了风速的偏相关系数不显著外，大气温度、相对湿度和太阳辐射的偏相关系数的检验结果均达到显著或极显著水平，表明气象因子对冠层温度和冠气温差的影响一致。冠层温度和冠气温差回归方程的相关系数分别约为 0.649～0.964 和 0.418～0.733，各指标的偏相关系数大气温度（T_a）分别为 0.568～0.906 和 −0.481～0.434，相对湿度为 −0.762～−0.413 和 −0.457～0.468，太阳辐射为 −0.731～0.588 和 −0.606～0.631，方程的相关系数和各气象因子的偏相关系数均表现为冠层温度大于冠气温差，表明气象因子对冠层温度的影响较冠气温差更明显，可能是因为冠气温差是冠层温度二次计算的结果，会导致计算结果的偏差增大，因此冠气温差与气象因子再次回归构建方程时相关性会下降。

表 2-9 不同生育期冠层温度、冠气温差与气象因子的回归方程

分析指标	生育期	回归方程	相关系数	F	偏相关系数			
					T_a（℃）	RH（%）	W（m·s⁻¹）	R_a（W·m⁻²）
冠层温度	拔节期	$T_c=1.063T_a-0.066R_a-0.149RH+3.135$	0.964	88.344**	0.906**	−0.762**	—	−0.731**
	抽穗扬花期	$T_c=1.334T_a-0.073R_a-0.02RH-5.592$	0.904	29.666**	0.753**	−0.462*	—	−0.524*
	灌浆初期	$T_c=0.832T_a+0.037R_a+0.158RH-4.51$	0.649	4.86*	0.593**	−0.598**	—	0.427*
	灌浆中期	$T_c=0.629T_a+0.004R_a-0.027RH+8.235$	0.659	4.776*	0.568**	−0.413*	—	0.588*
	灌浆末期	$T_c=1.6W+0.14RH+0.026R_a+19.434$	0.671	5.458**	—	−0.539*	−0.119	0.429*
冠气温差	拔节期	$T_{c-a}=-0.261T_a+0.07R_a+0.042RH+1.448$	0.733	7.74**	−0.484*	0.319		0.631**
	抽穗扬花期	$T_{c-a}=-0.23T_a+0.067R_a-0.023RH+2.408$	0.731	12.08**	−0.478*	−0.457*		−0.606**
	灌浆初期	$T_{c-a}=0.309T_a+0.052R_a+0.171RH-16.739$	0.614	4.026*	−0.481*	0.468**		0.488*
	灌浆中期	$T_{c-a}=-0.125T_a+0.135R_a-0.017RH-1.089W-1.815$	0.570	5.25*	0.434*	0.315*	0.002 1	0.208*
	灌浆末期	$T_{c-a}=-0.004R_a+1.63W+0.023 7RH+1.726$	0.418	0.092	—	0.077	0.009	0.056

注：T_c 为冠层温度；T_{c-a} 为冠气温差；T_a 为大气温度；RH 为相对湿度；W 为平均风速；R_a 为太阳辐射。** 表示极显著水平（$P<0.01$），* 表示显著水平（$P<0.05$）。

为了进一步简化拟合方法，结合上述分析结果，分别采用全生育期和部分生育期相结合的方式对冠层温度和冠气温差进行回归方程的构建，由表 2-10 可知，基于气象因子的全生育期和部分生育期相结合的冠层温度和冠气温差回归方程中都引入了温度、湿度、风

速和太阳辐射 4 个影响因子，表明方程可以反映气象因子对二者的影响，因此可以采用简化方式构建基于气象因子的冠层温度和冠气温差方程。气象因子与冠层温度和冠气温差构建方程的检验结果均达到显著或极显著水平，相关系数分别为 0.724～0.804 和 0.584～0.679，表明冠层温度的构建结果优于冠气温差的结果。

表 2-10 冠层温度、冠气温差与气象因子的简化回归方程

分析指标	生育期	方程	相关系数 R^2	F
冠层温度	全生育期	$T_c = 1.04T_a + 0.096RH + 0.265W + 0.022R_a - 6.142$	0.792	48.2**
	拔节抽穗期	$T_c = 0.804T_a - 0.012RH + 3.454W + 0.03R_a - 2.371$	0.804	19.6**
	灌浆期	$T_c = 1.022T_a + 0.213RH - 1.072W + 0.016R_a - 7.598$	0.724	18.4**
冠气温差	全生育期	$T_{c-a} = 0.185\,7T_a + 0.037RH + 0.205W + 0.01R_a - 5.403$	0.679	8.58**
	拔节抽穗期	$T_{c-a} = -0.014\,7T_a + 0.009RH + 1.008W - 1.60$	0.608	1.125*
	灌浆期	$T_{c-a} = 0.248\,7T_a + 0.065RH - 0.744W + 0.005R_a - 6.109$	0.584	2.899*

注：T_c 为冠层温度；T_{c-a} 为冠气温差；T_a 为大气温度；RH 为相对湿度；W 为平均风速；R_a 为太阳辐射。** 表示极显著水平（$P<0.01$），*表示显著水平（$P<0.05$）。

五、基于冠气温差的小麦水分模型检验

1. 小麦冠层叶片含水量模拟值与实测值比较

灌溉前冠气温差与冠层叶片含水量全生育期模型的模拟值与实测值的拟合决定系数 R^2 为 0.846 4，MAE 为 5.25，RMSE 为 6.57，COC 为 0.94。灌溉前累计 3 d 冠气温差与冠层叶片含水率抽穗扬花期至灌浆中期模型的模拟值与实测值的拟合决定系数 R^2 为 0.712 3，MAE 为 6.48，RMSE 为 7.69，COC 为 0.91。灌溉前的模型检验优于灌溉前累计 3 d 的模拟结果（图 2-10）。

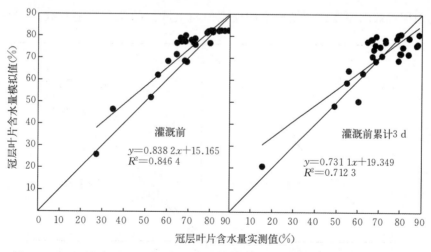

图 2-10 基于冠气温差的滴灌冬小麦冠层叶片含水量模型模拟值与实测值比较

2. 滴灌冬小麦植株含水量模拟值与实测值比较

由图 2-11 可知，灌溉前冠气温差和灌溉前累计 3 d 冠气温差与植株含水量全生育期模型的模拟值与实测值的拟合决定系数 R^2 分别为 0.781 6 和 0.636 8（图 2-11），MAE 分别为 4.26 和 5.49，RMSE 分别为 5.24 和 6.48，COC 分别为 0.94 和 0.87。灌溉前的模型检验结果优于灌溉前累计 3 d 的模拟结果。

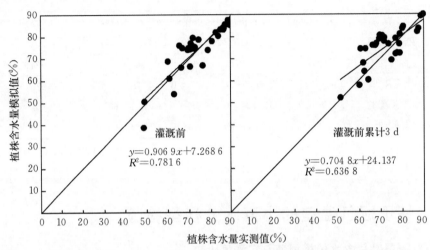

图 2-11　基于冠气温差的滴灌冬小麦植株含水量模型模拟值与实测值比较

3. 滴灌冬小麦冠层等效水厚度模拟值与实测值比较

灌溉前冠气温差与冠层等效水厚度拔节期模型的模拟值与实测值的拟合决定系数 R^2 为 0.739 7，MAE 为 0.034，RMSE 为 0.04，COC 为 0.91，拔节后模拟值与实测值拟合决定系数 R^2 为 0.835 5，MAE 为 0.16，RMSE 为 0.2，COC 为 0.95。灌溉前累计 3 d 冠气温差与冠层等效水厚度拔节期模型的模拟值与实测值的拟合决定系数 R^2 为 0.672 5，

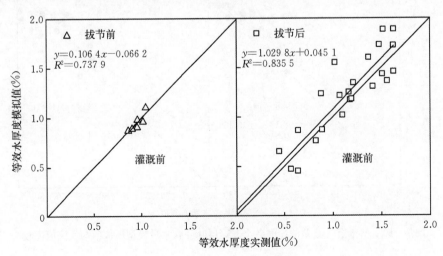

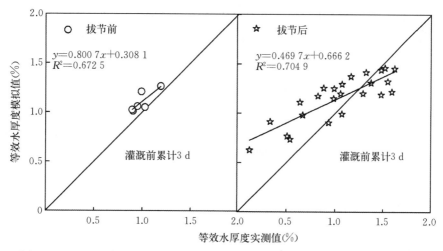

图 2 - 12　基于冠气温差的滴灌冬小麦冠层等效水厚度模型模拟值与实测值比较

MAE 为 0.11，RMSE 为 0.12，COC 为 0.7，拔节后模拟值与实测值拟合决定系数 R^2 为 0.704 9，MAE 为 0.23，RMSE 为 0.27，COC 为 0.82。灌溉前和灌溉前累计 3 d 的模拟模型均表现为拔节后的拟合结果优于拔节期。灌溉前的模型检验优于灌溉前累计 3 d 的模拟结果（图 2 - 12）。

4. 基于冠气温差的滴灌冬小麦土壤水分模型检验

由图 2 - 13、表 2 - 11 可知，土壤水势的模拟值与实测值 R^2、RMSE、COC 和 MAE，灌溉前和灌溉后正下方分别为 0.687 2～0.804 6 和 0.653 5～0.772 3，6.84～11.36 和 7.59～16.54，0.88～0.96 和 0.90～0.92，8.71～13.59 和 11.86～16.31；距离 15 cm 处分别为 0.678 6～0.781 1 和 0.618 0～0.660 6，11.36～20.17 和 23.48～27.43，0.88～0.96 和 0.87～0.91，12.07～14.70 和 16.31～19.16；距离 30 cm 处分别为 0.724 4～0.810 7 和 0.456 5～0.839 1，16.70～21.78 和 22.49～34.46，0.92～0.94 和 0.74～0.94，12.62～16.67 和 15.09～18.66。灌溉前和灌溉后上述各检验指标及 1：1 图均较好，表明灌溉前和灌溉后的冠气温差均可以反映土壤水势的变化。

土壤水势实测值（kPa）

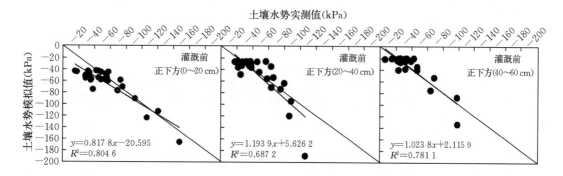

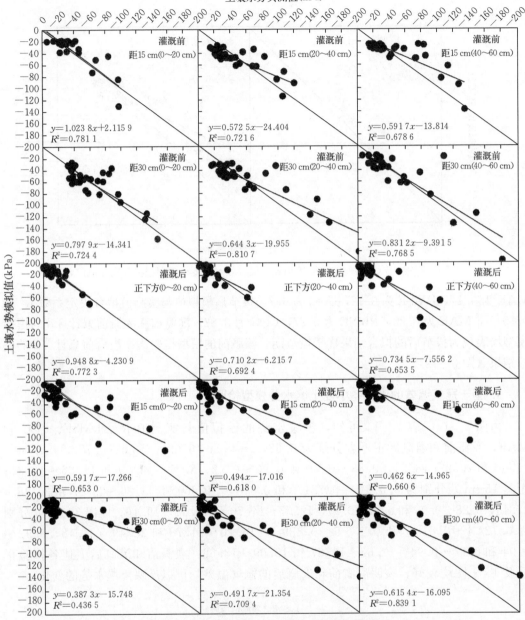

图 2-13 基于冠气温差的滴灌冬小麦土壤水势模型模拟值与实测值比较

表 2-11 基于冠气温差的土壤水势检验结果

测定时间	位置	深度（cm）	均方根误差（RMSE）	一致性系数（COC）	平均绝对误差（MAE）
		0~20	6.84	0.91	13.59
灌溉前	正下方	20~40	9.82	0.88	12.07
		40~60	11.36	0.96	8.71

（续）

测定时间	位置	深度（cm）	均方根误差（RMSE）	一致性系数（COC）	平均绝对误差（MAE）
灌溉前	15 cm	0～20	11.36	0.96	12.07
		20～40	16.51	0.88	14.12
		40～60	20.17	0.89	14.70
	30 cm	0～20	16.70	0.93	12.80
		20～40	21.78	0.92	16.67
		40～60	20.15	0.94	12.62
灌溉后	正下方	0～20	7.59	0.92	16.15
		20～40	9.02	0.90	16.31
		40～60	16.54	0.91	11.86
	15 cm	0～20	23.48	0.91	6.31
		20～40	24.64	0.87	17.17
		40～60	27.43	0.87	19.16
	30 cm	0～20	22.49	0.79	15.09
		20～40	34.46	0.89	25.14
		40～60	23.59	0.94	18.66

为了进一步筛选最佳监测位点，分别将灌溉前和灌溉后水平方向的土壤水势与冠气温差做逐步回归，灌溉前和灌溉后距离滴灌带 30 cm 处土壤水势对冠气温差的影响差异不显著。由表 2-12 可知，滴灌带正下方和距离 15 cm 处均达到显著或极显著水平，其中以滴灌带正下方表现最优。在此基础上继续选择滴灌带正下方和距离 15 cm 处垂直方向的土壤水势与冠气温差做逐步回归，由表 2-13 可知，灌溉前滴灌带正下方 40～60 cm、距离滴灌带 15 cm 处 0～20 cm 土层土壤水势对冠气温差的影响达到显著或极显著水平，灌溉后只有滴灌带正下方 40～60 cm 土层的影响达到极显著水平。因此本研究认为，灌溉前、灌溉后冠气温差均可以较好地反映滴灌带正下方 40～60 cm 土层土壤水势的变化，且灌溉前拟合效果优于灌溉后。

表 2-12 基于冠气温差的水平方向土壤水势逐步回归结果

测定时间	逐步回归方程	相关系数	偏相关系数	
			X_1	X_2
灌溉前	$y = -0.109X_1 - 2.435$	0.802**	-0.882**	—
	$y = -0.065X_1 - 0.033X_2 - 2.615$	0.895**	-0.424**	-0.323*
灌溉后	$y = -0.066X_1 - 0.248$	0.802**	-0.802**	—
	$y = -0.038X_1 - 0.026X_2 - 0.306$	0.817**	-0.307*	-0.259*

注：表中 X_1 为滴灌带正下方土壤水势，X_2 为距离滴灌带 15 cm 处土壤水势；**极显著水平（$P < 0.01$），*显著水平（$P < 0.05$）。

表 2 - 13　基于冠气温差的垂直方向土壤水势逐步回归结果

测定时间	逐步回归方程	相关系数	偏相关系数	
			X_1	X_2
灌溉前	$y = -0.074X_1 - 3.009$	0.882**	-0.882**	—
	$y = -0.049X_1 - 0.036X_2 - 2.832$	0.912**	-0.664**	-0.491*
灌溉后	$y = -0.043X_1 - 0.101$	0.812**	-0.812**	—

注：表中 X_1 为滴灌带正下方 40~60 cm 土壤水势，X_2 为距离滴灌带 15 cm 处 0~20 cm 土壤水势；** 极显著水平（$P<0.01$），* 显著水平（$P<0.05$）。

5. 基于冠层温度的滴灌冬小麦气象因子模型检验

分别对基于气象因子的冠层温度和冠气温差回归方程的模拟值与实测值进行分析，全生育期的拟合相关系数 R^2 分别为 0.840 7 和 0.381 5（图 2 - 14），MAE 为 2.03 和 1.53，

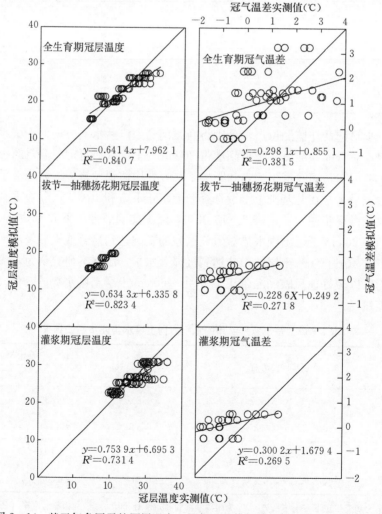

图 2 - 14　基于气象因子的冠层温度、冠气温差模拟模型模拟值与实测值比较

RMSE 为 2.56 和 1.91，COC 为 0.82 和 0.59。拔节至抽穗扬花期的拟合相关系数 R^2 分别为 0.823 4 和 0.271 8（图 2 - 14），MAE 为 1.06 和 0.94，RMSE 为 1.23 和 1.16，COC 为 0.99 和 0.84。灌浆期拟合相关系数 R^2 分别为 0.731 4 和 0.269 5（图 2 - 14），MAE 为 2.71 和 1.68，RMSE 为 2.8 和 2.03，COC 为 0.91 和 0.63。从检验结果来看，冠层温度和冠气温差拟合结果均表现为拔节至抽穗扬花期拟合结果最优，灌浆期次之，全生育期结果最差。比较冠层温度和冠气温差的检验结果发现，冠气温差较冠层温度的 RMSE 和 MAE 分别小 19.4% 和 19.6%，R^2 和 COC 分别小 49.4% 和 24.5%，虽然冠气温差的 RMSE 和 MAE 较冠层温度的小，但 COC 和 R^2 的结果与冠层温度相差太多，表明运用气象因子模拟冠气温差波动性较大，效果较差。综合以上分析结果，本研究认为各生育期相结合的基于气象因子的冠层温度拟合结果较好。

六、讨论

1. 冠气温差与植株水分状况的关系

冠气温差能够反映植株吸水能力的强弱，是评价植物响应干旱胁迫重要的指标之一（Bolota et al.，2007）。同样，叶片相对含水量是反映植株水分盈亏程度的最佳指标（Zhang et al.，2018；王纪华 等，2001）。本研究通过分析滴灌冬小麦冠气温差与冠层叶片含水量、植株含水量之间的关系发现：相同灌溉量条件下，冠层叶片含水量、植株含水量随着生育进程的推进逐渐下降，相同生育期，一定灌溉量范围内，冠层叶片含水量、植株含水量、冠层随着灌溉量的增加逐渐增加，超过一定范围冠层叶片含水量和植株含水量不再增加；充足的灌溉量会对冠层叶片含水量、植株含水量有一定的保持作用，但灌溉量不足会导致冠层叶片含水量和植株含水量持续下降；W2 和 W3 处理间全生育期差异不显著，但显著高于 W1 处理的时间最早为抽穗扬花期，最晚为灌浆初期。

叶片等效水厚度是反映作物水分状况的重要指标（Catherine et al.，2003）。本研究冠层等效水厚度呈单峰曲线变化，一般峰值出现在抽穗扬花期，当灌溉量不足，环境温度较高时，峰值提前，柴金伶（2011）研究认为，冠层等效水厚度干旱条件下是单峰曲线，而高灌溉量处理则呈双峰曲线，可能是取样时间的差异性所致。在本研究中，可能是综合考虑灌溉和小麦生育时期进行取样，所以没有取抽穗扬花期进行试验所致。

通过分析灌溉前、灌溉后、灌溉前累计 3 d 冠层叶片含水量、植株含水量、冠层等效水厚度与冠气温差的关系，认为冠气温差与冠层叶片含水量、植株含水量、冠层等效水厚度呈负相关，模型构建与检验表现为灌溉前的拟合效果优于灌溉前累计 3 d，拔节后的拟合效果优于拔节期，因此可以采用冠气温差预测冠层叶片含水量、植株含水量和冠层等效水厚度，但关于不同测定时间与植株水分状况的比较研究较少。

2. 冠气温差与土壤水分的关系

农田生态系统与作物冠层温度紧密相关，是判断农田是否缺水的重要评估指标（Akkuzu et al.，2013；邓强辉 等，2009）。通过分析滴灌冬小麦土壤水分动态变化，发现滴灌小麦整个生育期不同灌溉量条件下，水平方向和垂直方向 SWP 均表现为 W3>

W2＞W1，从波动的剧烈性来看，水平方向表现为：正下方＞距离 15 cm＞距离 30 cm。垂直方向表现为 0～20 cm＞20～40 cm＞40～60 cm，即靠近滴灌带的表层土壤水分变化最为剧烈。滴灌带正下方 20～40 cm 处 SWP 最先表现出不能恢复的现象，随着距离滴灌带位置的增加，出现 SWP 不能恢复现象的土层会上移至 0～20 cm 土层，且发生该现象的生育进程会有所提前。一般该现象在整个生育期中最早在抽穗扬花期发生，最迟在灌浆初期。因此，本研究认为滴灌冬小麦在抽穗扬花后，20～60 cm 土层滴灌带正下方 SWP 低于－63.3 kPa，距离滴灌带 15 cm 处低于－70.7 kPa，距离滴灌带 30 cm 处低于－63.9 kPa 时，滴灌冬小麦会表现出不同程度的水分胁迫。

关于冠气温差与土壤水分之间的关系目前的研究存在一定的分歧，王东豪等（2018）认为枣树 14:00 冠气温差与根区土壤水分关系达到极显著水平。刘云等（2004）则认为 14:00 冠气温差能够反映 40 cm 以上土层土壤含水量变化，与其他土层相关性波动性较大。司南（2016）认为 0～70 cm 土壤体积含水率与冬小麦冠层温度相关性较高，该土层土壤体积水量可以用冠层温度来监测。本研究认为灌溉前后冠气温差与土壤水势的拟合效果随着距离滴灌带位置的增加，拟合效果下降，通过拟合验证认为，冠气温差能够反映土壤水势的变化，但以灌前的拟合效果最优。通过比较水平方向和垂直方向土壤水势与冠气温差的关系，认为灌溉前、灌溉后冠气温差均可以较好地反映滴灌带正下方 40～60 cm 土层土壤水势的变化。之所以本研究的结论与其他研究结论不一致，主要是灌溉方式的差异所致，本研究中采用滴灌，表层土壤因受多种因素的影响较大，从而影响了拟合的效果，导致表层土壤拟合效果不佳。而滴灌带正下方是小麦根系吸收的主要区间，40～60 cm 土层 SWP 波动虽然较小，但该层土壤的消耗情况反映了小麦的胁迫情况，因此本研究以滴灌带正下方 40～60 cm 土层最优。

3. 冠气温差与环境因子的关系

目前针对水稻、番茄、小麦开展了众多关于冠层温度与气象因子之间关系的研究，大都认为冠层温度与大气温度和太阳辐射呈显著正相关，与风速和湿度呈负相关，但差异显著性存在一定的分歧（陈佳 等，2009；刘婵 等，2012），因此冠层温度与气象因子密切相关，但区域的不同会导致气象因子对冠层温度的影响存在一定的差异性。本研究认为在干旱半干旱地区气象因子对冠层温度的影响表现为大气温度＞太阳辐射＞相对湿度＞风速。整个生育期冠层温度与大气温度和太阳辐射呈显著正相关，与相对湿度呈显著负相关，与平均风速呈负相关，但仅在灌浆末期达到显著水平，与冠气温差在灌浆后呈显著正相关。通过比较冠层温度、冠气温差与气象因子的拟合效果，以分生育阶段采用环境因子拟合冠层温度模型最优。

第二节　小麦冠气温差对生理指标的影响

水分是作物生产和发育的重要限制因子，也是决定干旱半干旱地区小麦产量的重要因素。水分亏缺条件下，不仅会抑制作物的生长，同时也会影响作物的产量、形态、生理和生化过程（Upadhyaya et al.，2004）。与水分相关的生理指标主要有：叶水势、茎水势、气孔特性、叶片或冠层光合速率、蒸腾速率、茎流速率、叶绿素含量、细胞液浓度以及渗透调节物质等（史宝成 等，2006）。有研究认为，光合作用是作物产量形成的物质基础和生产力构成的主要因素，水是影响和提高光合速率的重要因素，水分亏缺条件会抑制光合从而影响作物产量（Subrahmanyam et al.，2006），而干旱导致减产的原因就是净光合速率和气孔导度下降从而降低光合作用（Lafitte et al.，2007；Araus et al.，2002），使叶绿素荧光动力学参数发生变化（Tung et al.，2013；Ye et al.，2012；Vadez et al.，2011）。此外，水分亏缺时，作物气孔关闭，蒸腾消耗减缓，从而使得冠层温度升高（Wang et al.，2010），而冠层温度和冠气温差与光合、呼吸、蒸腾等代谢消耗密切相关，因此冠层温度和冠气温差是反映植物胁迫的重要评价指标（Karimizadeh et al.，2011；Balota et al.，2007）。而小麦的冠气温差与光合速率、气孔导度等生理指标之间关系密切，因此研究不同水分条件下它们之间的关系对于小麦水分的快速监测和诊断具有重要意义（施伟 等，2012；Reynolds et al.，1997）。

一、试验设计与数据处理

1. 研究区基本概况

参考本章第一节试验基地情况。

2. 试验材料与设计

选择'新冬 22 号'和'新冬 43 号'为供试品种，第一个生长季节为 2016 年 9 月 24 日播种，2017 年 6 月 30 日收获。第二个生长季节为 2017 年 9 月 23 日播种，2018 年 6 月 28 日收获。其他种植、施肥及田间管理同第一节的试验处理。

试验设置 5 个灌水处理，225 mm（W1）、375 mm（W2）、525 mm（W3）、675 mm（W4）、825 mm（W5），整个生育期灌水 10 次，播种后各处理均滴出苗水 60 mm，冬前均灌越冬水 90 mm，各处理从返青后开始进行水分处理，返青至拔节共灌水 8 次，每 10 d 灌 1 次，分别灌水 9.38 mm、28.13 mm、46.88 mm，65.63 CWSI，84.38 mm，用水表控制灌溉量（表 2 - 14）。

表 2 - 14　不同灌溉处理灌溉量

单位：mm

处理	1	2	3	4	5	6	7	8	9	10	总计
W1	60.00	90.00	9.38	9.38	9.38	9.38	9.38	9.38	9.38	9.38	225.00
W2	60.00	90.00	28.13	28.13	28.13	28.13	28.13	28.13	28.13	28.13	375.00
W3	60.00	90.00	46.88	46.88	46.88	46.88	46.88	46.88	46.88	46.88	525.00
W4	60.00	90.00	65.63	65.63	65.63	65.63	65.63	65.63	65.63	65.63	675.00
W5	60.00	90.00	84.38	84.38	84.38	84.38	84.38	84.38	84.38	84.38	825.00

因前期的试验设计中水分梯度较少，为了避免在寻找适宜灌溉量、分析适宜灌溉量下各生理指标的下限值时造成偏差，在前期试验基础上增加了灌溉的处理，减小了灌溉的梯度。

3. 测试指标及方法

（1）光合生理指标的测定

选择抽穗扬花期、灌浆初期、灌浆中期和灌浆末期 4 个关键生育时期，灌溉前天气晴朗的 11：00—13：00，在每个小区选取代表性的 5 株小麦旗叶进行测量。上样时叶面朝上，夹在叶室的有效部分，即 3 cm×2 cm 的标准叶室内，测定同时记录每株小麦旗叶的叶宽。采用 Li - 6400 测定各个水分处理的净光合速率（Pn，$\mu mol \cdot m^{-2} \cdot s^{-1}$），蒸腾速率（Tr，$mmol \cdot m^{-2} \cdot s^{-1}$），气孔导度（Cond，$mol \cdot m^{-2} \cdot s^{-1}$），$CO_2$ 浓度（Ci，$mmol \cdot m^{-2} \cdot s^{-1}$）。测量采用开放式气路，光强设定为 1 200 $\mu mol \cdot m^{-2} \cdot s^{-1}$。

（2）叶水势的测定

采用 SKPM 1400 便携式植物压力室分别在小麦抽穗扬花期、灌浆初期、灌浆中期和灌浆末期的灌溉前 1 d 的早上 9：00—10：00，在各处理中选取长势一致的小麦植株 5 株，测定旗叶水势（kPa）。

（3）渗透调节物质的测定

选择小麦抽穗扬花期、灌浆初期、灌浆中期和灌浆末期，在灌溉前 1 d 取旗叶对叶绿素、渗透调节物质等进行测定。其中一部分鲜样直接带回实验室进行叶绿素含量的测定，具体测定方法如下：将新鲜旗叶叶片擦拭干净并剪碎，取 0.1 g 叶片样品放入 25 mL 容量瓶中，加混合浸提液（无水乙醇：丙酮＝1：1）20 mL，放置在黑暗处。当叶片浸泡至发白时，用浸提液定容至 25 mL 摇匀备用。将叶绿素提取液倒入 1 cm 比色皿中，进行测定。选择波长 663 nm 和 646 nm，采用浸提试剂为空白对照测定吸光值。

$$叶绿素含量 = \frac{(C_{叶绿素a} + C_{叶绿素b}) \times 提取液总量}{(叶片重量 \times 1\,000)} \qquad (2-7)$$

$$C_{叶绿素a} = 12.1OD_{663} - 2.81OD_{646} \qquad (2-8)$$

$$C_{叶绿素b} = 20.13OD_{646} - 5.03OD_{663} \qquad (2-9)$$

式中：$C_{叶绿素a}$ 为叶绿素 a 的浓度，$C_{叶绿素b}$ 为叶绿素 b 的浓度，OD_{663} 和 OD_{664} 分别为 UV - 5200 分光光度计在663 nm 和 664 nm 波长处的吸光度值。

另一部分采用液氮保存并带回实验室，称样后用锡纸保存，用于测定丙二醛、脯氨酸、可溶性糖。丙二醛采用硫代巴比妥酸法测定，可溶性糖采用蒽酮比色法测定，脯氨酸采用磺基水杨酸浸提-酸性茚三酮显色法测定（李合生，2000）。

（4）丙二醛含量的测定

采用硫代巴比妥酸法测定丙二醛含量。称取 0.5 g 叶片鲜样剪碎置于研钵中，加 10 mL 的 10％三氯乙酸溶液及少量的石英砂进行研磨，匀浆以 8 000 $r \cdot min^{-1}$ 离心 20 min，取上清液。吸取 5 mL 上清液于干净的试管中，加入 5 mL 0.6％的硫代巴比妥酸溶液，沸水浴加热 30 min，迅速冷却后，以 8 000 $r \cdot min^{-1}$ 离心 10 min，取上清液分别在 532 nm 和 600 nm 波长下测定吸光度值 OD_{532} 和 OD_{600}。丙二醛含量（$nmol \cdot L^{-1}$）＝[（$OD_{532} - OD_{600}$）×反应液总量（mL）×提取液总量（mL）/实用提取液的量（mL）]/1.55×0.1×样品质量（g）。

（5）脯氨酸含量的测定

采用磺基水杨酸法测定脯氨酸含量。称取 0.1 g 叶片，置于试管中，加入 3 mL 5％磺基水杨酸；在沸水浴中提取 10 min，冷却后过滤到另外干净的试管中，滤液即为脯氨酸的提取液。吸取 2 mL 提取液＋2 mL 冰醋酸＋2 mL 酸性茚三酮试剂于有盖试管中，在沸水浴中保温 30 min，冷却后加入 4 mL 甲苯，摇荡 30 s，静置片刻，用吸管轻轻地吸取上层溶液于比色皿中，在 520 nm 波长处比色，记录吸光值。根据回归方程计算出 2 mL 测定液中脯氨酸含量 X（$\mu g \cdot 2\ mL^{-1}$），然后计算出样品中脯氨酸含量。脯氨酸含量（$\mu g \cdot g^{-1}$）＝（X・5/2）×样品质量（g）。

（6）可溶性糖含量的测定

采用苯酚法测定可溶性糖含量。取 0.1 g 叶片并剪碎，放入带有刻度的试管中，加入 5～10 mL 蒸馏水（添加 2 次），用封口膜封住，于沸水中提取 30 min（提取 2 次），将提取液过滤至 25 mL 容量瓶中，反复漂洗试管及残渣，定容。吸取 0.5 mL 样品液于试管中，加蒸馏水1.5 mL，向试管内加入 1 mL 9％苯酚溶液，再从试管液正面缓缓加入 5 mL 浓硫酸，摇匀。比色液总体积为 8 mL，在室温下放置 30 min。然后以空白为参比，在 485 nm 波长下比色，用典型回归方程计算可溶性糖浓度，样品中可溶性糖含量（$mg \cdot g^{-1}$）＝［从标准曲线上查得的糖浓度（mg）×提取液的体积（mL）×稀释倍数］/［测定用样品液体积（mL）×样品重量（g）］。

4. 数据分析

参照本章第一节的数据分析方法。

二、不同水分处理下光合生理参数的变化

1. 净光合速率的变化

净光合速率（Pn）是反映作物光合能力强弱的重要指标，体现了作物固定 CO_2 的速度，该指标受到环境和作物生理特性的影响。由图 2-15 可知，相同灌溉量条件下，滴灌冬小麦 Pn 随着生育进程的推进呈现逐渐下降的趋势，即抽穗扬花期最大，灌浆末期最小。同一生育阶段，在一定灌溉量范围内，随着灌溉量的增加 Pn 逐渐增加，超过一定灌溉量 Pn 逐渐下降。两品种 Pn 2016 年表现为 W2＞W3＞W1，W3、W2 显著高于 W1 处理，W2 和 W3 之间差异不显著（$P>0.05$）。'新冬 22 号'和'新冬 43 号'W1 处理 Pn 在抽穗扬花期、灌浆初期、灌浆中期、灌浆末期分别较 W2 处理低 20.8％、16.5％、24.3％、43.9％和 15％、13.7％、18％、26.8％。2017 年表现为 W3＞W4＞W5＞W2＞W1，W3、W4 显著高于 W5、W1 和 W2，W3 和 W4 间差异不显著，W1、W2、W5 之间差异显著（$P<0.05$），'新冬 22号'和'新冬 43 号'W1 处理 Pn 在抽穗扬花期、灌浆初期、灌浆中期、灌浆末期分别较 W3 处理低 43.6％、52.7％、62.7％、66.4％和 36.6％、37.2％、52％、45.9％。

品种间比较，'新冬 43 号'Pn 显著高于'新冬 22 号'，同时随着灌溉量的减少，'新冬 22 号'Pn 降低的程度更大，也反映出'新冬 22 号'较'新冬 43 号'对水分更敏感。通过分析两年的灌溉处理结果发现，当灌溉定额超过 675 mm 时滴灌冬小麦的 Pn 开始下降，Pn 表现最优的处理分别为 W2（2016 年）和 W3（2017 年），因此初步认为灌溉定额为 525～600 mm 时 Pn 结果最优。该灌溉量条件下，在抽穗扬花期、灌浆初期、灌浆中期、灌浆末期，'新冬 22 号'的 Pn 分别为 23.47～23.75 $\mu mol \cdot m^{-2} \cdot s^{-1}$、19.79～

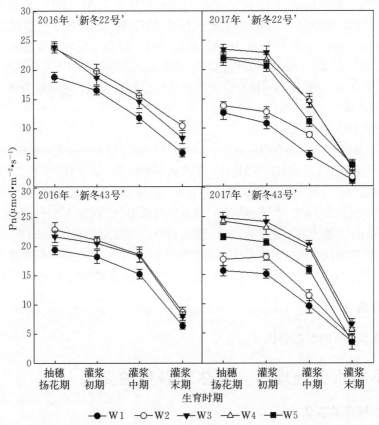

图 2-15 不同水分处理下不同生育期小麦旗叶净光合速率变化

22. 86 μmol · m^{-2} · s^{-1}、14. 52～15. 62 μmol · m^{-2} · s^{-1}、3. 50～10. 44 μmol · m^{-2} · s^{-1}，'新冬 43 号'的 Pn 分别为 22. 88～24. 76 μmol · m^{-2} · s^{-1}、21. 10～24. 12 μmol · m^{-2} · s^{-1}、18. 60～20. 13 μmol · m^{-2} · s^{-1}、6. 54～8. 73 μmol · m^{-2} · s^{-1}。

2. 气孔导度的变化

作物冠层温度受气孔导度（Cond）开放程度的影响，气孔的开放度越强，蒸腾作用越高，热量散失越快，冠层温度下降越快，反之冠层温度就会升高。由图 2-16 可知，相同灌溉量条件下，滴灌冬小麦 Cond 随着生育进程的推进呈现先上升后下降的趋势，峰值出现的时间均为灌浆初期，两年试验灌浆初期 Cond 的最大值均为 W2 和 W3，'新冬 22号' 2016 年、2017 年分别为 0. 34 mol · m^{-2} · s^{-1} 和 0. 42 mol · m^{-2} · s^{-1}，'新冬 43 号' 2016 年、2017 年分别为 0. 37 mol · m^{-2} · s^{-1} 和 0. 48 mol · m^{-2} · s^{-1}。

同一生育阶段，Cond 随着灌溉量的增加而增加，超过一定范围则不再增加反而逐渐下降，与净光合速率一致。两品种的 Cond 2016 年表现为 W2＞W3＞W1，W3、W2 显著高于 W1 处理，W2 和 W3 之间差异不显著（$P＞0.05$）。'新冬 22 号'和'新冬 43 号' W1 处理 Cond 在抽穗扬花期、灌浆初期、灌浆中期、灌浆末期分别较 W2 处理分别低 17. 9％、40％、51. 2％、61. 53％和 21％、32. 2％、27. 3％、58. 8％。2017 年表现为 W3＞

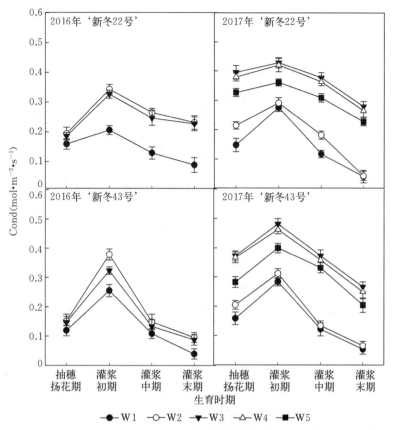

图 2-16　不同水分处理下不同生育期小麦旗叶气孔导度变化

W4＞W5＞W2＞W1，W3、W4 显著高于 W5、W1 和 W2，W3 和 W4 间差异不显著，W1 和 W2 之间的显著性存在品种差异性，'新冬 22 号'差异显著，'新冬 43 号'差异不显著（P ＞0.05）。'新冬 22 号'和'新冬 43 号'W1 处理 Cond 在抽穗扬花期、灌浆初期、灌浆中期、灌浆末期分别较 W3 处理分别低 57.6％、33.3％、63.7％、85.5％和 36.6％、37.2％、52％、45.9％。Cond 的最优处理与 Pn 一致，因此灌溉定额为 525～600 mm 时 Cond 结果最优。W3 灌量条件下，'新冬 22 号'在 2016 年和 2017 年抽穗扬花期、灌浆初期、灌浆中期、灌浆末期 Cond 分别为 0.19 mol·m^{-2}·s^{-1} 和 0.39 mol·m^{-2}·s^{-1}，0.34 mol·m^{-2}·s^{-1} 和 0.42 mol·m^{-2}·s^{-1}，0.26 mol·m^{-2}·s^{-1} 和 0.38 mol·m^{-2}·s^{-1}，0.23 mol·m^{-2}·s^{-1} 和 0.27 mol·m^{-2}·s^{-1}；'新冬 43 号'的 Cond 分别为 0.15 mol·m^{-2}·s^{-1} 和 0.37 mol·m^{-2}·s^{-1}，0.37 mol·m^{-2}·s^{-1} 和 0.48 mol·m^{-2}·s^{-1}，0.24 mol·m^{-2}·s^{-1} 和 0.37 mol·m^{-2}·s^{-1}，0.19 mol·m^{-2}·s^{-1} 和 0.26 mol·m^{-2}·s^{-1}。

3. 蒸腾速率的变化

蒸腾速率（Tr）反映了单位时间作物单位面积叶片蒸腾消耗的水量，受自身遗传特性和环境因子的综合影响。由图 2-17 可知，Tr 与 Cond 变化规律一致，相同灌溉量条件下随着生育进程的推进先上升后下降。

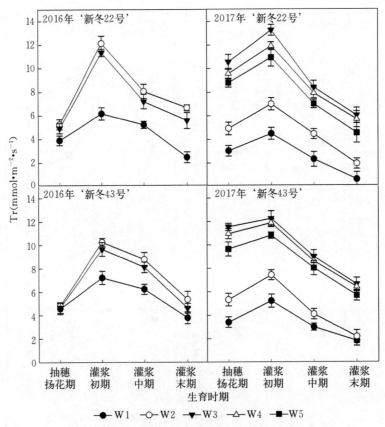

图 2-17 不同水分处理下不同生育期小麦旗叶蒸腾速率变化

峰值出现的时间均为灌浆初期，两年试验灌浆初期 Tr 的最大值均为 W2 和 W3，'新冬22号'和'新冬43号'最大值分别为 12.1 mmol·m^{-2}·s^{-1}、10.25 mmol·m^{-2}·s^{-1}（2016 年）和 13.26 mmol·m^{-2}·s^{-1}，12.25 mmol·m^{-2}·s^{-1}（2017 年）。同年'新冬22号'的 Tr 高于'新冬43号'，表明'新冬22号'耗水量大于'新冬43号'。同一生育阶段，不同灌溉量的变化规律与 Pn、Cond 变化一致。'新冬22号'和'新冬43号'W1 处理 Tr 在抽穗扬花期、灌浆初期、灌浆中期、灌浆末期分别较 W2 处理低 25.8%、49.1%、35.2%、63.1% 和 4.9%、29.6%、28.9%、29.1%（2016 年）。Tr 也表现为灌溉定额为 525～600 mm 时最优。该灌溉量条件下，在抽穗扬花期、灌浆初期、灌浆中期、灌浆末期，'新冬22号'的 Tr 分别为 5.24～10.55 mmol·m^{-2}·s^{-1}、12.12～13.36 mmol·m^{-2}·s^{-1}、8.05～8.40 mmol·m^{-2}·s^{-1}、6.03～6.65 mmol·m^{-2}·s^{-1}，'新冬34号'的 Tr 分别为 4.83～11.54 mmol·m^{-2}·s^{-1}、10.25～12.3 mmol·m^{-2}·s^{-1}、8.71～8.99 mmol·m^{-2}·s^{-1}、5.34～6.63 mmol·m^{-2}·s^{-1}。

4. 胞间 CO_2 浓度的变化

由图 2-18 可知，相同灌溉量条件下，胞间 CO_2 浓度（Ci）与 Pn 变化规律一致，随着生育进程的推进逐渐下降。同一生育阶段，在一定灌溉量范围内，随着灌溉量的

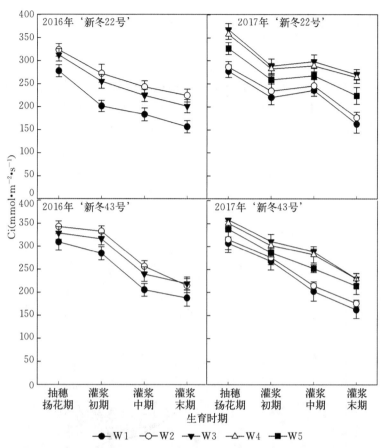

图 2-18　不同水分处理下不同生育期小麦旗叶胞间 CO_2 浓度变化

增加 Ci 逐渐增加，超过一定灌溉量 Ci 逐渐降低。两品种 Ci 2016 年表现为 W2＞W3＞W1，W3、W2 显著高于 W1 处理，W2 和 W3 之间差异不显著（$P<0.05$）。'新冬 22 号'和'新冬 43 号'W1 处理 Ci 在抽穗扬花期、灌浆初期、灌浆中期、灌浆末期分别较 W2 处理低 14.1%、17.6%、36.7%、31.1% 和 9.7%、14.4%、19.8%、12.5%（2016 年）。2017 年表现为 W3＞W4＞W5＞W2＞W1，W3、W4 显著高于 W5、W1 和 W2，W3 与 W4 之间差异不显著，W5 显著高于 W1、W2，W1 与 W2 之间差异不显著（$P<0.05$）。'新冬 22 号'和'新冬 43 号'W1 处理 Ci 在抽穗扬花期、灌浆初期、灌浆中期、灌浆末期分别较 W3 处理低 24.6%、23.5%、20.9%、39.8% 和 42.59%、13.9%、19.2%、29.7%。Ci 表现最优的灌溉定额也为 525～600 mm。该灌溉量条件下，在抽穗扬花期、灌浆初期、灌浆中期、灌浆末期，'新冬 22 号'的 Ci 分别为 323.41～367.9 mmol·m^{-2}·s^{-1}、272.44～288.56 mmol·m^{-2}·s^{-1}、243.29～298.4 mmol·m^{-2}·s^{-1}、224.49～270.08 mmol·m^{-2}·s^{-1}；'新冬 34 号'的 Ci 分别为 342.81～357.95 mmol·m^{-2}·s^{-1}、311.4～332.70 mmol·m^{-2}·s^{-1}、256.27～288.56 mmol·m^{-2}·s^{-1}、214.58～230.08 mmol·m^{-2}·s^{-1}。

三、不同水分处理下叶片水势的变化

叶水势（LWP）是判断作物水分亏缺、衡量作物抗旱性的重要生理指标，反映了作物水分运动的能量水平，研究作物水势是了解作物水分状况最直接的方法（Li，2020）。由图2-19可知，相同灌溉量条件下，滴灌冬小麦叶水势随着生育进程的推进，逐渐降低。相同生育期，随着灌溉量的增加 LWP 逐渐增加。

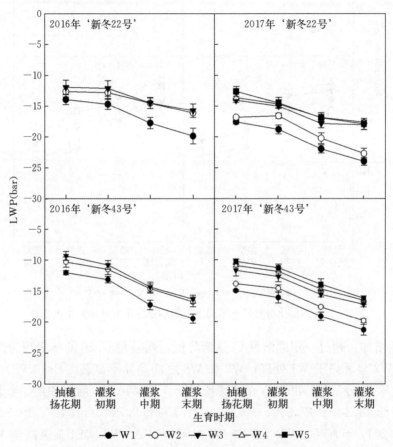

图2-19 不同水分处理下不同生育期小麦旗叶叶水势变化

两品种 LWP 在2016年表现为 W3＞W2＞W1，W3、W2 显著高于 W1 处理，W2 和 W3 之间差异不显著（$P<0.05$），'新冬22号'和'新冬43号'W1 处理 LWP 在抽穗扬花期、灌浆初期、灌浆中期、灌浆末期分别较 W2 处理低，分别低1.29 bar[*]、1.89 bar、3.24 bar、3.74 bar 和1.72 bar、1.64 bar、2.63 bar、2.71 bar。2017年表现为 W5＞W4＞W3＞W2＞W1，W3、W4、W5 显著高于 W1 和 W2，W3、W4 和 W5 间差异不显著，W1 与 W2 之间差异显著（$P<0.05$）。'新冬22号'和'新冬43号'W1 处理 LWP 在抽穗扬花期、灌浆初

---

[*] 注：bar 为非法定计量单位，1 bar＝$1×10^5$ Pa。——编者注

期、灌浆中期、灌浆末期分别较 W3 处理低，分别低 3.53 bar、3.79 bar、4.12 bar、5.91 bar 和 3.26 bar、3.39 bar、3.52 bar、4.12 bar。品种间各生育期叶水势均表现为'新冬 43 号'高于'新冬 22 号'，且同一生育阶段'新冬 22 号'较'新冬 43 号'降幅更大，表明'新冬 22 号'对水分更敏感，'新冬 43 号'较'新冬 22 号'耐旱。随着生育进程的推进两品种均表现为处理间的差距增加，表明减少灌溉会导致叶水势下降幅度增加，水分胁迫程度加剧。LWP 表现最优的灌溉定额也为 525～600 mm。该灌溉量条件下，在抽穗扬花期、灌浆初期、灌浆中期、灌浆末期，'新冬 22 号'的 LWP 分别为－14.63～－12.6 bar、－15.4～－12.7 bar、－17.8～－14.5 bar、－18.0～－15.74 bar；'新冬 43 号'的 LWP 分别为－11.3～－10.3 bar、－12.14～－11.5 bar、－15.3～－14.6 bar、－17.2～－16.7 bar。

四、不同水分处理下叶绿素、渗透调节物质等的变化

1. 叶绿素含量的变化

由图 2-20 可知，滴灌冬小麦叶绿素含量，在相同灌溉量条件下随着生育进程的推进呈现先上升后下降的趋势，各水分处理叶绿素含量的峰值出现在灌浆中期。同一生育阶段随着灌溉量的增加叶绿素含量逐渐增加，两品种叶绿素含量均以灌浆中期 W5 处理最高，'新冬 22 号'和'新冬 43 号'分别为 7.02～7.9 mg·g^{-1} 和 7.96～9.5 mg·g^{-1}。灌浆末期 W1 处理最低，

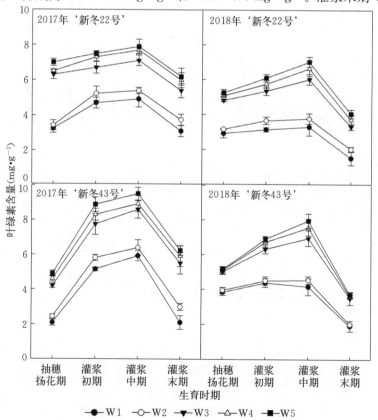

图 2-20　不同水分处理下不同生育期小麦旗叶叶绿素含量变化

'新冬22号'和'新冬43号'分别为1.5～3.1 mg·g^{-1}和1.9～2.09 mg·g^{-1}。表明在冬小麦叶绿素含量随着生育进程的推移逐渐升高，而生育后期随着叶片的逐渐衰老，叶绿素含量逐渐降低。全生育期各处理之间叶绿素含量表现为 $W_5 > W_4 > W_3 > W_2 > W_1$，各生育时期 W_5 处理叶绿素含量始终最高，而 W_1 处理始终最低，且 W_1 与 W_2 显著低于 W_3、W_4、W_5，而 W_3 与 W_4、W_5 之间差异不显著。表明在一定范围内增加灌溉量有利于叶绿素含量的提高，但超过一定范围增加灌溉量叶绿素含量不会持续升高。因此适宜的水分有利于叶绿素含量的提高，本研究中以 W_3 处理叶绿素含量表现最优。该灌溉量条件下，在抽穗扬花期、灌浆初期、灌浆中期、灌浆末期，'新冬22号'的叶绿素含量分别为4.81～6.3 mg·g^{-1}、5.35～6.7 mg·g^{-1}、6.02～7.1 mg·g^{-1}、3.3～5.4 mg·g^{-1}；'新冬34号'的叶绿素含量分别为4.2～5.01 mg·g^{-1}、6.32～7.75 mg·g^{-1}、6.95～8.6 mg·g^{-1}、3.5～5.5 mg·g^{-1}。品种间比较'新冬43号'叶绿素含量高于'新冬22号'，这也是'新冬43号'净光合速率高于'新冬22号'的原因。

2. 丙二醛含量的变化

由图 2 - 21 可知，丙二醛含量在相同灌溉量条件下，随着生育进程的推移逐渐上升，同一生育期，随着灌溉量的增加丙二醛含量逐渐下降。全生育期，各处理间丙二醛含量为 W1＞W2＞W3＞W4＞W5，以灌浆末期 W1 处理丙二醛含量最高，'新冬22号'和'新

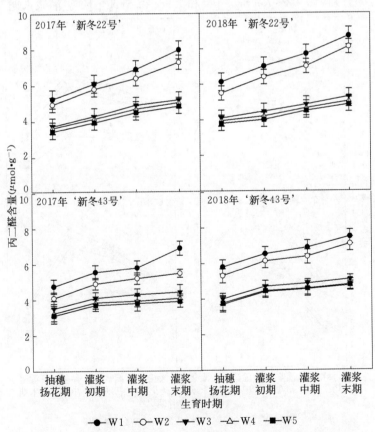

图 2 - 21 不同水分处理下不同生育期小麦旗叶丙二醛含量变化

冬 43 号'分别为 7.99～8.7 $\mu mol \cdot g^{-1}$ 和 6.9～7.5 $\mu mol \cdot g^{-1}$，抽穗扬花期 W5 处理最低，'新冬 22 号'和'新冬 43 号'分别为 3.45～3.8 $\mu mol \cdot g^{-1}$ 和 3.12～3.77 $\mu mol \cdot g^{-1}$，且 W1 与 W2 显著高于 W3、W4、W5，但 W3、W4、W5 之间差异不显著。表明低灌溉量处理条件下，叶片细胞膜脂过氧化程度加重，导致丙二醛含量升高，随着生育进程的推进，细胞膜受到的伤害加重，胁迫程度逐渐加剧，但持续增加灌溉量不能使丙二醛含量持续下降，因此适宜的灌溉量就可以维持丙二醛含量在一定范围，本研究以 W3 处理表现最优，在该灌溉量条件下，抽穗扬花期、灌浆初期、灌浆中期、灌浆末期'新冬 22 号'的丙二醛含量分别为 3.75～4.1 $\mu mol \cdot g^{-1}$、4.3～4.47 $\mu mol \cdot g^{-1}$、4.85～4.92 $\mu mol \cdot g^{-1}$、5.2～5.29 $\mu mol \cdot g^{-1}$；'新冬 43 号'的叶绿素含量分别为 3.52～4.0 $\mu mol \cdot g^{-1}$、4.1～4.7 $\mu mol \cdot g^{-1}$、4.3～4.8 $\mu mol \cdot g^{-1}$、4.42～5.0 $\mu mol \cdot g^{-1}$。品种间比较'新冬 22 号'始终高于'新冬 43 号'，表明'新冬 43 号'抗旱能力高于'新冬 22 号'。

3. 可溶性糖含量的变化

由图 2-22 可知，可溶性糖含量在相同灌溉量条件下，随着生育进程的推进呈现先上升后下降的趋势，峰值出现的时间与叶绿素含量均在灌浆中期。同一生育阶段随着灌溉量的增加可溶性糖含量先增加后下降。两品种可溶性糖均以灌浆中期 W3 处理最高，'新冬

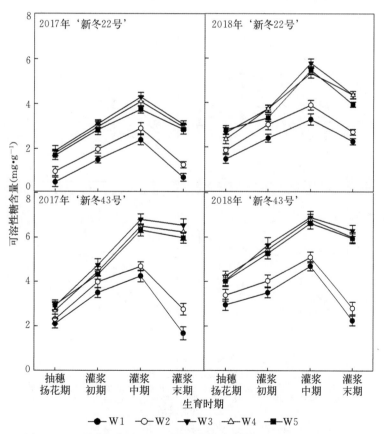

图 2-22 不同水分处理下不同生育期小麦旗叶可溶性糖含量变化

22 号'和'新冬 43 号'分别为 4.3～5.78 mg·g^{-1}和 6.8～6.9 mg·g^{-1}，抽穗扬花期 W1 处理最低。全生育期各处理之间可溶性糖含量表现为 W$_3$＞W$_4$＞W$_5$＞W$_2$＞W$_1$，各生育时期 W$_3$ 处理可溶性糖含量始终最高，而 W$_1$ 处理始终最低，且 W$_1$ 与 W$_2$ 显著低于 W$_3$、W$_4$、W$_5$，W$_3$ 与 W$_4$、W$_5$ 之间差异不显著，表明在一定范围内增加灌溉量有利于可溶性糖含量的增加，但继续增加灌溉量对可溶性糖含量的增加反而不利。本研究中可溶性糖以 W3 处理表现最优，在该灌溉量条件下，在抽穗扬花期、灌浆初期、灌浆中期、灌浆末期，'新冬 22 号'的可溶性糖含量分别为 1.9～2.65 mg·g^{-1}、3.11～3.73 mg·g^{-1}、4.3～5.78 mg·g^{-1}、3.09～4.35 mg·g^{-1}；'新冬 43 号'的可溶性糖含量分别为 2.89～4.05 mg·g^{-1}、4.75～5.65 mg·g^{-1}、6.8～6.9 mg·g^{-1}、6.54～6.3 mg·g^{-1}。品种间'新冬 43 号'高于'新冬 22 号'，表明'新冬 43 号'较'新冬 22 号'抗旱。

4. 脯氨酸含量的变化

脯氨酸是水溶性最大的氨基酸，作物受到干旱胁迫时它会参与叶绿素的合成，对蛋白质起保护作用，且干旱时脯氨酸的含量会明显增加，抗性越强脯氨酸积累越多（Sigh et al.，1972）。由图 2-23 可知，脯氨酸含量在相同灌溉量条件下，随着生育进程的推进逐

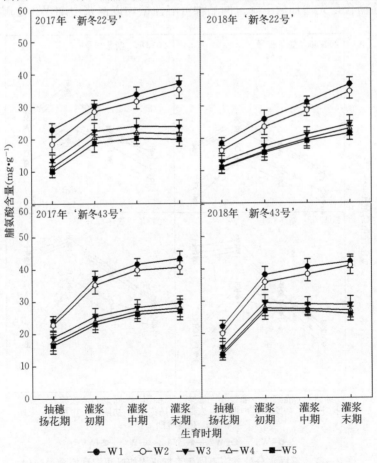

图 2-23 不同水分处理下不同生育期小麦旗叶脯氨酸含量变化

渐上升，相同生育阶段随着灌溉量的增加，呈现逐渐下降的趋势。

两品种脯氨酸含量，各灌溉量处理全生育期均以灌浆末期 W1 处理最高，'新冬 22 号'和'新冬 43 号'分别为 37.3～36.7 mg·g⁻¹ 和 42.2～43.3 mg·g⁻¹，抽穗期 W5 处理最低，分别为 10.0～11.0 mg·g⁻¹ 和 13.5～16.5 mg·g⁻¹。表明冬小麦在全生育期随着生育进程的推移，脯氨酸含量逐渐升高，冬小麦整个生育期随着需水量的增加，低灌溉量处理出现明显的供水量不足，脯氨酸含量急剧上升。全生育期各处理之间脯氨酸的含量表现为 W1＞W2＞W3＞W4＞W5，各生育时期 W1 处理脯氨酸含量始终最高，而 W5 处理始终最低，且 W1 与 W2 显著高于 W3、W4、W5，W3、W4、W5 之间差异不显著。表明 W1 与 W2 处理在整个生育时期始终受到水分胁迫，导致脯氨酸含量升高。W3 处理显著降低了脯氨酸的含量，表明在该灌溉量条件下能够有效缓解水分胁迫对小麦的影响，且超过该灌溉量脯氨酸含量不会继续降低。该灌溉量条件下，在抽穗扬花期、灌浆初期、灌浆中期、灌浆末期，'新冬 22 号'的脯氨酸含量分别为 12.5～12.8 mg·g⁻¹、17.6～21.5 mg·g⁻¹、21.5～23 mg·g⁻¹、23.5～24.3 mg·g⁻¹；'新冬 43 号'的脯氨酸含量分别为 15.9～19 mg·g⁻¹、25.5～29.5 mg·g⁻¹、28.2～29 mg·g⁻¹、29.5～29.6 mg·g⁻¹。品种间'新冬 43 号'高于'新冬 22 号'，表明'新冬 43 号'较'新冬 22 号'抗旱。

五、冠气温差与光合生理参数的定量关系和模型检验

1. 冠气温差与旗叶净光合速率的定量关系和模型检验

由图 2-24（a）可知，净光合速率（Pn）与冠气温差呈线性负相关（$P < 0.05$），抽穗扬花期和灌浆期决定系数接近，R^2 分别为 0.502 2 和 0.501 8。比较不同生育阶段基于冠气温差的 Pn 定量关系方程，抽穗扬花期的斜率较大，表明抽穗扬花期 Pn 对冠气温差

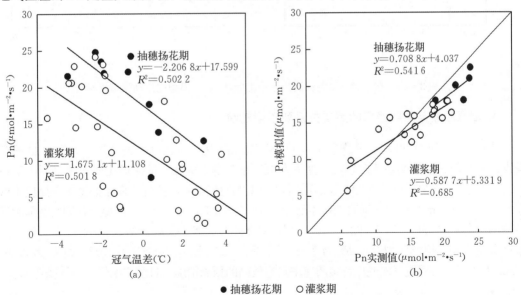

图 2-24　基于冠气温差的滴灌冬小麦旗叶 Pn 模型构建和模型检验

注：图（b）中拟合模型越接近直线 $y = x$，表明精度越高，下同。

的变化较敏感，若保持冠气温差不超过 $0\,℃$，Pn 在抽穗扬花期应不低于 17.599 $\mu mol\cdot$ $m^{-2}\cdot s^{-1}$，灌浆期应不低于 11.108 $\mu mol\cdot m^{-2}\cdot s^{-1}$。抽穗扬花期实测值和模拟值的拟合度 R^2 为 0.541 6 [图 2-24（b）]，RMSE 为 2.68，COC 为 0.65，MAE 为 2.34。灌浆期实测值和模拟值的拟合度 R^2 为 0.685 [图 2-24（b）]，RMSE 为 2.67，COC 为 0.97，MAE 为 2.32。表明冠气温差拟合旗叶净光合速率具有较高的预测精度，且灌浆期优于抽穗扬花期。

2. 冠气温差与气孔导度的定量关系和模型检验

由图 2-25（a）可知，气孔导度（Cond）与冠气温差呈线性负相关（$P<0.05$），抽穗扬花期和灌浆期测定结果较集中，因此可以将各时期合并为一个方程。全生育期拟合方程决定系数 R^2 为 0.768 7。抽穗扬花期和灌浆期气孔导度实测值和模拟值的拟合度 R^2 为 0.721 3 [图 2-25（b）]，RMSE 为 0.049，COC 为 0.92，MAE 为 0.039。表明冠气温差拟合旗叶气孔导度具有较高的预测精度。若维持小于 $0\,℃$ 的冠气温差，气孔导度应不低于 0.256 3 $mol\cdot m^{-2}\cdot s^{-1}$。

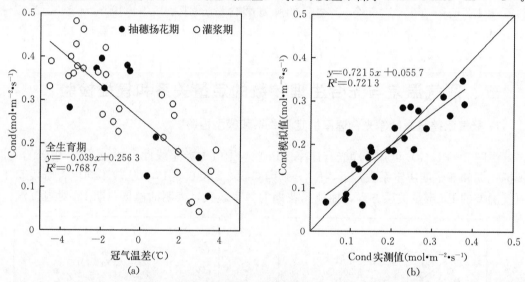

图 2-25 基于冠气温差的滴灌冬小麦旗叶 Cond 模型构建和模型检验

3. 冠气温差与蒸腾速率的定量关系和模型检验

由图 2-26（a）可知，蒸腾速率（Tr）与冠气温差呈线性负相关（$P<0.05$），抽穗扬花期的斜率较大，表明在该时期蒸腾速率对冠气温差较为敏感。抽穗扬花期和灌浆期决定系数 R^2 分别为 0.620 3 和 0.703 2。若维持小于 $0\,℃$ 的冠气温差，蒸腾速率在抽穗扬花期应不低于 6.765 $mmol\cdot m^{-2}\cdot s^{-1}$，灌浆期应不低于 5.910 5 $mmol\cdot m^{-2}\cdot s^{-1}$。抽穗扬花期实测值和模拟值的拟合度 R^2 为 0.694 4 [图 2-26（b）]，RMSE 为 0.25，COC 为 0.87，MAE 为 0.20。灌浆期实测值和模拟值的拟合度 R^2 为 0.732 7 [图 2-26（b）]，RMSE 为 1.17，COC 为 0.96，MAE 为 0.96。表明冠气温差拟合蒸腾速率具有较高的预测精度，且灌浆期优于抽穗扬花期。

4. 冠气温差与胞间 CO_2 浓度的定量关系和模型检验

由图 2-27（a）可知，胞间 CO_2 浓度（Ci）与冠气温差呈线性负相关（$P<0.05$），

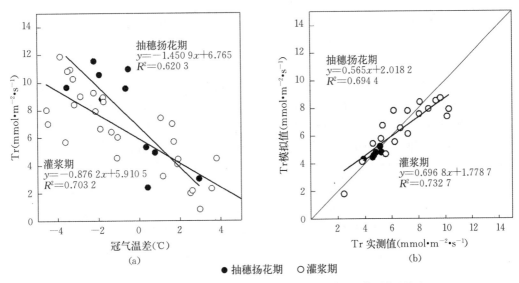

图 2-26 基于冠气温差的滴灌冬小麦旗叶 Tr 模型构建和模型检验

抽穗扬花期的斜率较大，表明在该时期蒸腾速率对冠气温差较为敏感。抽穗扬花期和灌浆期决定系数 R^2 分别为 0.646 9 和 0.479 4。抽穗扬花期 Ci 实测值和模拟值的拟合度 R^2 为 0.207 9 [图 2-27 (b)]，RMSE 为 38.13，COC 为 0.48，MAE 为 31.4。灌浆期实测值和模拟值的拟合度 R^2 为 0.205 8 [图 2-27 (b)]，RMSE 为 63.81，COC 为 0.91，MAE 为 54.08。表明冠气温差拟合旗叶 Ci 的预测精度较低，虽然在抽穗扬花期决定系数较高，但检验结果精度较低，表明 Ci 在年际间及生育前期和后期波动较大，不宜采用冠气温差进行拟合。

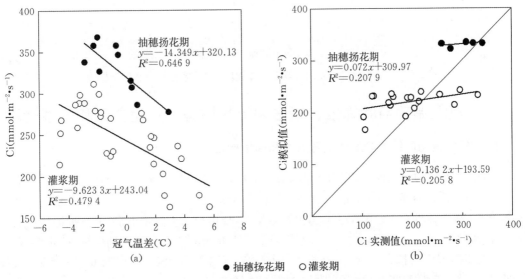

图 2-27 基于冠气温差的滴灌冬小麦旗叶 Ci 模型构建和模型检验

六、冠气温差与叶水势的定量关系和模型检验

由图 2-28（a）可知，叶水势（LWP）与冠气温差呈显著负相关（$P<0.05$），叶水势随着冠气温差的增加而降低，当冠气温差接近 0 ℃时，叶水势为 $-16.988\sim-13.504$ bar。抽穗扬花期和灌浆期决定系数 R^2 分别为 0.851 2 和 0.722 5。比较不同生育阶段基于冠气温差的 LWP 定量关系方程，抽穗扬花期的斜率较大，表明抽穗扬花期 LWP 对冠气温差的变化较敏感。若维持小于 0 ℃的冠气温差，LWP 在抽穗扬花期应不低于 -13.504 bar，灌浆期应不低于 -16.988 bar。抽穗扬花期实测值和模拟值的拟合度 R^2 为 0.866 2 ［图 2-28（b）］，RMSE 为 1.2，COC 为 0.88，MAE 为 1.15。灌浆期实测值和模拟值的拟合度 R^2 为 0.739 4 ［图 2-28（b）］，RMSE 为 2.36，COC 为 0.96，MAE 为 2.14。表明冠气温差拟合旗叶水势具有较高的预测精度，且抽穗扬花期优于灌浆期。

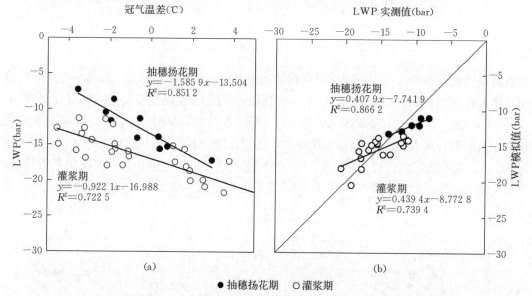

图 2-28　基于冠气温差的滴灌冬小麦旗叶 LWP 模型构建和模型检验

七、冠气温差与叶绿素、渗透调节物质等的定量关系和模型检验

1. 冠气温差与叶绿素含量的定量关系和模型检验

由图 2-29（a）可知，叶绿素含量与冠气温差呈显著负相关（$P<0.05$），冠气温差越大，叶绿素含量越低，抽穗扬花期和灌浆期决定系数 R^2 分别为 0.537 9 和 0.709 3，且抽穗扬花期的斜率较大，表明该时期叶绿素对冠气温差较敏感。若要维持冠气温差小于 0 ℃，抽穗扬花期叶绿素含量应不低于 4.005 6 mg · g^{-1}，灌浆期应不低于 6.083 7 mg · g^{-1}。抽穗扬花期叶绿素含量实测值和模拟值的拟合度 R^2 为 0.676 ［图 2-29（b）］，RMSE 为 0.754 6，COC 为 0.87，MAE 为 0.58。灌浆期实测值和模拟值的拟合度 R^2 为 0.802 3 ［图 2-29（b）］，RMSE 为 0.84，COC 为 0.93，MAE 为 0.26。表明冠气温差拟合旗叶叶绿素具有较高的预测精度。

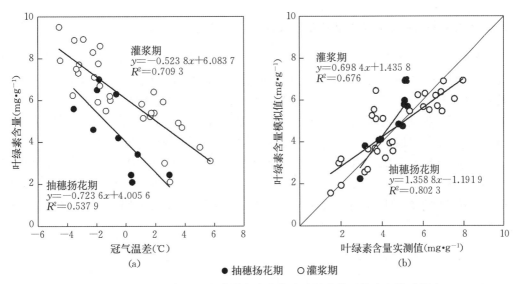

图 2-29　基于冠气温差的滴灌冬小麦旗叶叶绿素模型构建和模型检验

2. 冠气温差与丙二醛含量的定量关系和模型检验

由图 2-30（a）可知，丙二醛含量与冠气温差呈显著正相关（$P<0.05$），冠气温差越高，丙二醛含量越高，抽穗扬花期和灌浆期决定系数 R^2 分别为 0.878 6 和 0.845 8，整个生育期丙二醛与冠气温差相关性都较高，表明冠气温差在整个生育期都会显著影响丙二醛含量的变化。若要维持冠气温差小于 0℃，旗叶丙二醛含量抽穗扬花期应不超过 4.257 9 $\mu mol \cdot g^{-1}$，灌浆期不超过 5.197 4 $\mu mol \cdot g^{-1}$。抽穗扬花期叶绿素含量实测值和模拟值的拟合度 R^2 为 0.836 7 [图 2-30（b）]，RMSE 为 0.86，COC 为 0.74，MAE 为 0.74。灌浆期实测值和模拟值的拟合度 R^2 为 0.907 6 [图 2-30（b）]，RMSE 为 0.84，COC 为 0.90，MAE 为 0.46。表明冠气温差拟合旗叶丙二醛含量具有较高的预测精度，灌浆期优于抽穗扬花期。

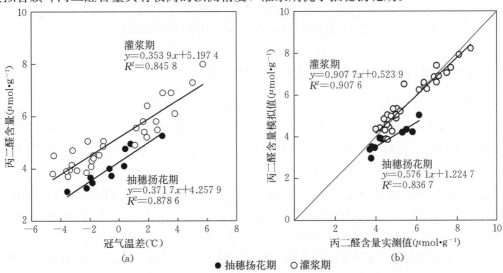

图 2-30　基于冠气温差的滴灌冬小麦旗叶丙二醛模型构建和模型检验

3. 冠气温差与可溶性糖含量的定量关系和模型检验

由图 2-31（a）可知，可溶性糖含量与冠气温差呈显著负相关（$P<0.05$），冠气温差越高，可溶性糖含量越低，抽穗扬花期和灌浆期决定系数 R^2 分别为 0.510 5 和 0.554 3，且灌浆期的斜率较大，表明该时期可溶性糖含量对冠气温差较敏感。若要维持冠气温差小于 0 ℃，旗叶抽穗扬花期可溶性糖含量应不低于 1.791 8 mg·g^{-1}，灌浆期应不低于 3.780 9 mg·g^{-1}。抽穗扬花期可溶性糖含量实测值和模拟值的拟合度 R^2 为 0.457 6 [图 2-31（b）]，RMSE 为 1.21，COC 为 0.61，MAE 为 1.01。灌浆期实测值和模拟值的拟合度 R^2 为 0.518 [图 2-31（b）]，RMSE 为 1.15，COC 为 0.88，MAE 为 0.47。从检验结果看，灌浆期优于抽穗扬花期，从 1∶1 图可以看出拟合结果较准确，但模拟值结果总体低于实测值。

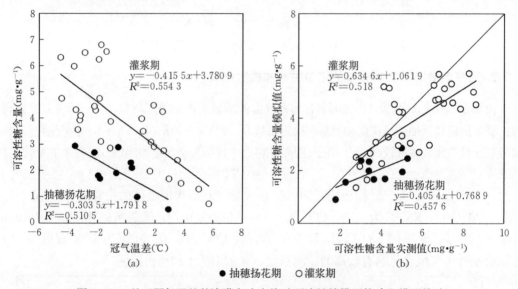

图 2-31　基于冠气温差的滴灌冬小麦旗叶可溶性糖模型构建和模型检验

4. 冠气温差与脯氨酸含量的定量关系和模型检验

由图 2-32（a）可知，冠气温差与脯氨酸含量呈显著正相关（$P<0.05$），冠气温差越高，脯氨酸含量越高，抽穗扬花期和灌浆期决定系数 R^2 分别为 0.567 2 和 0.640 0，灌浆期高于抽穗扬花期，但抽穗扬花期斜率较大，表明该时期脯氨酸对冠气温差较敏感。若要维持冠气温差小于 0 ℃，抽穗扬花期旗叶脯氨酸含量应不超过 18.505 mg·g^{-1}，灌浆期不超过 29.674 mg·g^{-1}。抽穗扬花期脯氨酸含量实测值和模拟值的拟合度 R^2 为 0.625 5 [图 2-32（b）]，RMSE 为 2.54，COC 为 0.88，MAE 为 2.3。灌浆期实测值和模拟值的拟合度 R^2 为 0.662 6 [图 2-32（b）]，RMSE 为 4.66，COC 为 0.97，MAE 为 2.21。表明冠气温差拟合旗叶脯氨酸含量具有较高的预测精度，灌浆期优于抽穗扬花期。

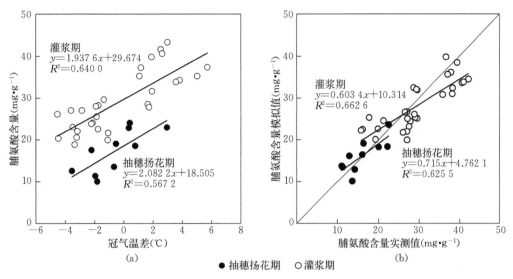

图 2-32 基于冠气温差的滴灌冬小麦旗叶脯氨酸模型构建和模型检验

八、讨论

1. 冠气温差与叶片光合生理参数

光合作用是作物重要的合成代谢过程，直接影响作物的生长状况、产量及品质，受土壤水分状况的影响。本研究分析了 2 个冬小麦品种，在采用滴灌时不同水分处理下各光合生理指标的变化情况，Pn 和 Ci 在整个生育期变化一致，均呈现逐渐下降的趋势，Cond 和 Tr 一致，均呈现先升高后下降的趋势。研究认为当 Pn 下降时，如果 Cond 和 Ci 同时降低则表明光合速率降低是气孔因素造成的；反之，Cond 下降而 Ci 升高则表示 Pn 的下降是非气孔因素限制所致（Flexas *et al.*，2002）。因此认为，从灌浆期开始 Pn 的降低是气孔因素所致，而抽穗扬花期受非气孔因素的限制。该结论与柴金伶（2011）前期光合速率的下降是气孔限制，而后期下降是气孔和非限制性因素共同引起的存在一些分歧。本研究中抽穗扬花期各水分处理间的差异较小，并未表现出明显的干旱胁迫，且在该时期叶绿素含量也较低，可能是叶肉细胞光合能力低所致。结合各光合生理指标的在不同灌溉量条件下的结果，认为在 525～600 mm 灌溉定额条件下 Pn、Cond、Tr、Ci 表现最优。

叶片光合生理参数与冠层温度关系密切。本研究表明冠气温差与小麦旗叶 Pn、Cond、Tr、Ci 呈显著负相关关系，Pn 抽穗扬花期与灌浆期相关性接近，Cond、Tr 相关性均表现为生育后期优于生育前期，Ci 与之相反。生育后期的相关性优于生育前期的结论与水稻、玉米、小麦结论一致（彭世彰 等，2006；刘亚 等，2009）。而冠气温差与的 Ci 关系的研究较少。本研究对冠气温差与光合参数进行了定量分析，构建了基于冠气温差的光合参数模型，Pn、Cond、Tr、Ci 与冠气温差拟合决定系数 R^2 分别达 0.501 8、0.768 7（全生育期）、0.703 2 和 0.479 4。对上述模型进行检验预测精度 R^2 分别为 0.685、0.721 3（全生育期）、0.732 7、0.205 8，RMSE 分别为 2.67、0.049（全生育期）、1.17 和 63.81，COC 分别为 0.97、0.92（全生育期）、0.96 和 0.91，MAE 分别为 2.32、0.039（全生育期）、0.96 和

54.08。以 Cond 与 Tr 的拟合结果和模型的预测性最好，Pn 次之，Ci 虽然拟合结果较好，但检验结果较差，可能与年际间的波动性较大有关，因此不建议用冠气温差对 Ci 进行预测。

2. 冠气温差与叶片水势

LWP 是反映作物水分状况的较好的生理指标（罗卫红 等，2004）。它不仅与品种遗传特性相关，也受土壤、气象及栽培措施的影响，作物的抗旱性和节水性既独立又相关，作物对影响因子的适应通过生理适应实现，而作物器官的水分状况决定水分的转运、吸收过程（IAnnuccia et al.，2000；Abraham et al.，2000；Alerfasi et al.，2001）。本研究分析的 2 个小麦品种，在滴灌条件下，均表现为随着灌溉量的增加 LWP 增加，但增加到一定程度继续增加灌溉量对水势的影响不显著（$P < 0.05$），表明灌溉量对水势的影响是有限的。与光合参数一致，LWP 也以 525~600 mm 的灌溉定额表现最优。关于水势反映植物抗旱性的研究认为：耐旱型作物品种受水势影响较小，且水分胁迫时间越长 LWP 下降越多，但抗旱性较强的品种下降较少（张春霞 等，2009；Hafid et al.，1998）。本研究中'新冬 22 号'和'新冬 43号'的 LWP 存在品种间的差异性，同样灌溉量'新冬 43 号'较'新冬 22 号'高，且低水处理与适水处理比较时'新冬 22 号'降幅较大，因此认为'新冬 43 号'较'新冬 22 号'抗旱。

分析冠气温差与叶水势之间的关系发现，冠气温差与叶水势呈显著线性负相关（$P < 0.05$）。通过分析滴灌冬小麦冠气温差与叶水势的定量关系发现，抽穗扬花期和灌浆期决定系数 R^2 分别为 0.851 2 和 0.722 5，且当叶水势为 $-16.9 \sim -13.5$ bar 时冠气温差为 0 ℃。Millar 和 Ehrler 等认为小麦叶水势为 -1.9 bar 时冠气温差接近 0 ℃，造成该结论存在分歧的原因，一方面可能是地域的差异性，另一方面可能是灌溉方式的改变。对模型进行检验发现抽穗扬花期和灌浆期模型均具有较高的预测精度。

3. 冠气温差与渗透调节物质

当植物发生水分胁迫时，自身细胞为了适应不利的环境会积累一些渗透调节物质，如可溶性糖、脯氨酸等，并且抗旱性越强，积累越多（Tamura et al.，2003）。丙二醛是植物器官在逆境时，膜脂过氧化的最终产物，其含量的高低反应植物遭受逆境的伤害程度（Mirzzaee et al.，2013；Aredstani et al.，2007）。叶绿素含量则是反映光合能力的重要指标，常用该指标判断作物的早衰情况（任学敏 等，2008）。本研究选择以上 4 种生理指标分析，发现丙二醛与脯氨酸含量变化趋势一致，均随着生育进程的推进逐渐升高，随着灌溉量的增加逐渐下降。该结论与齐永青等（2003）的研究结论一致。叶绿素与可溶性糖均随着生育进程的推进呈现先上升后下降的趋势，随着灌溉量的增加叶绿素含量表现为逐渐增加，可溶性糖为先上升后下降，该结论与孙岩等（2007）的研究结论一致。通过比较认为，叶绿素、丙二醛、可溶性糖和脯氨酸均以 W3（525 mm）处理表现最优。品种间比较'新冬 43 号'叶绿素含量、可溶性糖、脯氨酸的含量均高于'新冬 22 号'，而丙二醛的含量低于'新冬 22 号'，因此，'新冬 43 号'较'新冬 22 号'抗旱。

在分析变化规律的基础上进一步分析了各生理指标与冠气温差的关系，认为丙二醛、脯氨酸与冠气温差呈显著正相关，叶绿素、可溶性糖与冠气温差呈显著负相关。若保持小于 0 ℃ 的冠气温差，抽穗扬花期叶绿素和可溶性糖含量应不低于 4.005 6 mg·g^{-1}

和 1.791 8 mg・g^{-1}，灌浆期不低于 6.083 7 mg・g^{-1} 和 3.780 9 mg・g^{-1}；丙二醛和脯氨酸抽穗扬花期应分别不超过 4.257 9 μmol・g^{-1} 和 18.505 mg・g^{-1}，灌浆期不超过 5.197 4 μmol・g^{-1} 和 29.674 mg・g^{-1}。通过对方程进行构建和检验，认为冠气温差能够反映渗透调节物质的变化，拟合方程以丙二醛最优，叶绿素次之，然后是脯氨酸，最后是可溶性糖含量。

第三节　基于热红外成像技术的冠层温度最佳监测时间

作物冠层温度是指作物冠层茎、叶表面温度的平均值，是衡量作物水分多少和有效性的重要指标（Jackson *et al.*，1981），它可以反映农田作物的蒸腾蒸发情况和水分亏缺状况，因此，以作物本身的相关情况作为诊断其水分状况的依据比土壤水分状况更为可靠（张瑞美 等，2006）。近年来，随着遥感红外监测技术的进步，该指标的研究也取得了长足的进步（Wang *et al.*，2010；赵福年，2012）。然而，冠层温度受环境因子的影响较大，存在较大的区域性，因此目前关于监测冠层温度的最佳时间仍存在一定的分歧。董振国（1995）提出连续 3 d 13:00—15:00 冠气温差的累加值可以用于测算小麦田水分亏缺指标，且当冬小麦拔节—灌浆期的冠气温差超过 5 ℃时，麦田应灌溉。刘云（2004）研究认为 14:00 左右的冠气温差能反映冬小麦的水分特征。蔡甲冰等（2007）研究认为，冬小麦冠气温差的变化规律是在 10:00 和 14:00 出现峰值，且 14:00 出现的峰值往往与 10:00 的实测值接近或稍微偏高。周颖等（2011）研究认为，冬小麦主要生长期内 12:00—14:00 时的冠层温度和叶水势最能反映土壤的供水能力和麦田受水分胁迫的严重程度。综上所述，冠气温差已成为诊断作物水分亏缺状况的重要指标之一（邓强辉，2009）。很多学者针对该问题开展了大量的研究，然而，目前的研究大都针对传统灌溉，采用滴灌后灌溉方式的改变使得田间微环境发生了很大的变化，冠层温度在滴灌条件下会发生怎么样的变化？在新疆典型的干旱半干旱区何时监测冠层温度最具代表性？本试验以滴灌小麦为研究对象，采用红外热像仪监测小麦各生育期冠层温度，分析冠、气温度的变化规律，探寻冠层温度的最佳监测时间，对于农田水分状况的科学监测和诊断具有重要意义。

一、试验设计与数据处理

1. 研究区概况

参考本章第一节试验地基本情况。

2. 试验材料与设计

参考本章第一节试验材料与设计。

3. 测定指标与方法

（1）冠层温度的测定

采用美国 FLUKE 公司的红外热成像仪获取小麦冠层图像，在拔节期、抽穗扬花期、灌浆初期、灌浆中期、灌浆末期，选择每个生育期的一个灌水周期，于灌溉前 1 d 和灌溉后 1 d 采用红外热像仪进行测定。测定时间分别在 9:00、11:00、13:00、15:00、17:00 和 19:00。三角梯上镜头距离冠层垂直高度为 1 m，向下方拍摄，采集红外热图像，每个处理随机拍摄 5 次，拍摄图片见图 2-33。

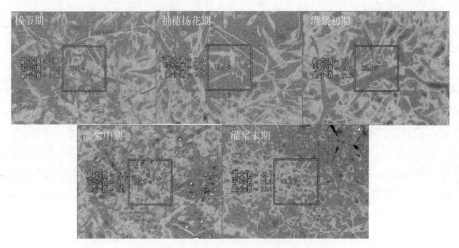

图 2-33　不同生育期红外热像仪

注：2015 年'新冬 22 号'W1 处理各生育期红外热像仪拍摄图。

（2）冠层温湿度、大气温湿度定点监测

冠层温湿度和大气温湿度定点观测均采用温湿度记录仪 HOBO 自动记录冠层和大气的温湿度，仪器于拔节前安装于田间。每个处理安装 3 个，每天 24 h 进行监测，每隔 1 h 自动记录一次数据。记录冠层温湿度的仪器安装于每个小区的中间，距离冠层 10～15 cm 处。记录大气温湿度的仪器距安装于离地面 1.5 m 处，采用红外热像仪测定冠层温度的同时采用温湿度记录仪测定大气温湿度。

二、全生育期不同水分处理冠层温度变化

由图 2-34 可知，冬小麦全生育期不同水分处理冠层温度的日变化在灌溉前后均呈现先上升后下降的趋势，且在 13:00—17:00 达到峰值。全生育期内，同一水分处理，随着生育进程的推进冠层温度逐渐升高，表现为灌浆末期＞灌浆中期＞灌浆初期＞抽穗扬花期＞拔节期。同一生育时期，不同水分处理，随着灌溉量的增加，冠层温度逐渐降低，表现为 W1＞W2＞W3。其中，以灌溉前灌浆末期 W1 处理冠层温度最高，W1 处理灌浆末期'新冬 22 号'和'新冬 43 号'的冠层温度峰值分别为 41.65 ℃、39.29 ℃（2015 年）和 39.98 ℃、36.63 ℃（2016 年），该时期处理间的最大温差两品种分别为 7.5 ℃、4.55 ℃（2015 年）和 6.72 ℃、4.1 ℃（2016 年）。两品种全生育期各水分处理冠层温度均表现为'新冬 22 号'高于'新冬 43 号'，一方面可能是品种间的耐旱差异性所致，另一方面'新冬 22 号'较'新冬 43 号'生育进程稍快，从而导致整个生育期'新冬 43 号'的冠层温度普遍低于'新冬 22 号'。比较灌溉前后的冠层温度发现，各水分处理除了 2015 年拔节期和抽穗扬花期的冠层温度表现为灌溉后＞灌溉前，其余各时期两年的冠层温度均表现为灌

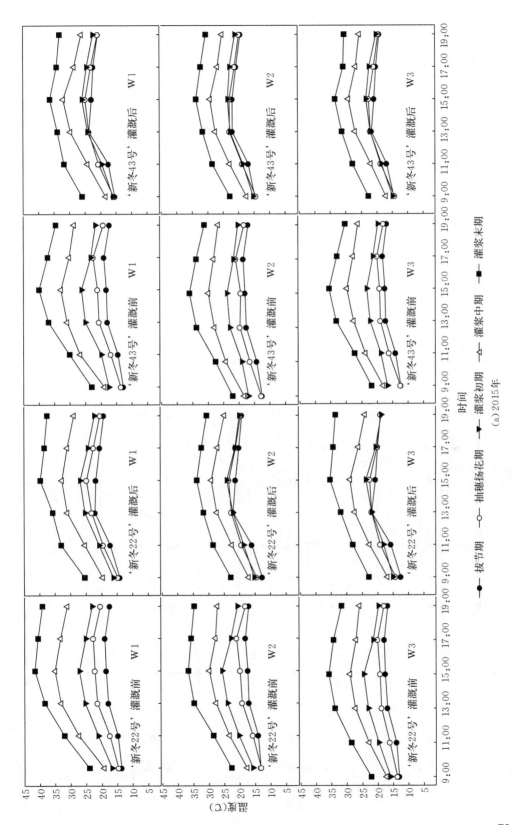

(a) 2015 年

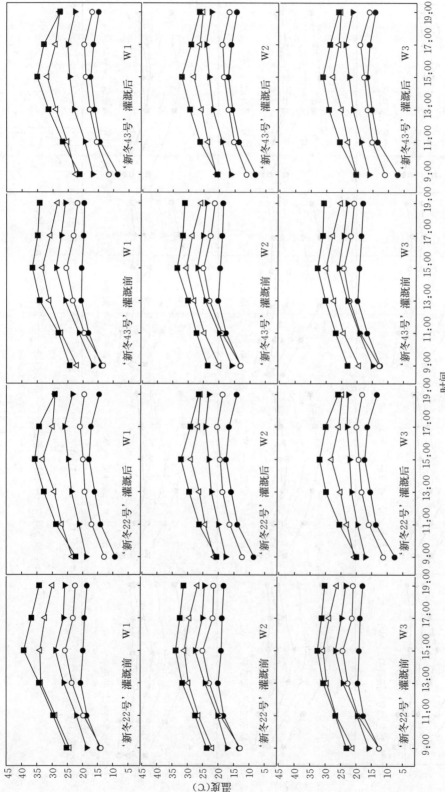

图2-34　全生育期冠层温度日变化

溉后＜灌溉前，表明灌溉能够调节冠层温度，但后期灌溉对冠层温度的影响更大，而在生育前期，环境因子对冠层温度的影响大于灌溉，这主要是因为冬小麦在前期需水量较少，水分对作物冠层温度的调节作用表现不明显，从而表现出灌溉后的冠层温度较灌溉前高的现象，因此在小麦生育前期，灌溉后的冠层温度高于灌溉前并不能作为水分不足的依据。冬小麦进入灌浆期后，灌溉后的冠层温度均低于灌溉前，但随着生育进程的推进，灌溉后与灌溉前冠层温度的差距逐渐缩小，当冬小麦进入灌浆中期以后，灌溉后的冠层温度与灌溉前基本接近，尤其是在 13：00—17：00 冠层温度出现峰值的时间表现更为突出。表明冬小麦进入灌浆期后，灌溉对冠层温度的影响较大，但随着小麦需水量的增加以及环境温度的逐渐升高，冠层温度的逐渐下降，也说明了灌溉虽然会降低冠层温度，但调节的范围会随着外界环境条件和自身需水量的变化而变化，这也是作物自我适应、自我调节的表现。由此可知，相同灌溉量水平下，滴灌冬小麦随着生育进程的推进冠层温度逐渐升高。相同生育阶段，随着灌溉量的增加滴灌冬小麦冠层温度逐渐下降。在生育前期，环境条件对冠层温度的影响大于灌溉，在该时期灌溉后的冠层温度不一定低于灌溉前。而进入抽穗扬花期后，灌溉对冠层温度的影响大于外界环境，但灌溉对冠层温度的调节是有限的，尤其是灌浆末期，随着生育进程的推移，植株吸水能力不断下降，从而导致灌溉对冠层温度的调节能力逐渐下降。

三、不同生育时期冠层温度变化

由图 2-35 可知，各生育期大气温度与冠层温度变化一致，均呈现先上升后下降的趋势。一天中冠层温度和大气温度最低值出现的时间一致为上午 9：00，最高值出现的时间在晴天时间一致在 13：00—15：00，而多云的天气最高冠层温度出现的时间比大气温度推迟约 2 h，表明云层对冠层温度的监测有较大的影响。各水分处理间，大气温度和冠层温度间有明显差异性的时期存在差异。W2、W3 处理仅在灌浆后期表现出冠层温度高于大气温度的情况，此时小麦处于成熟后期，黄叶较多，植株对温度的调节能力下降，因此，即使在较高的水分条件下冠层温度仍然较高。其他生育期的冠层温度均接近或低于大气温度，整个生育期 W2 与 W3 之间差异均不显著，表明小麦整个生育期在 W2 和 W3 处理下水分供应充足，没有出现水分亏缺现象。W1 处理冠层温度与大气温度存在年际间的差异性，拔节期两品种在灌溉前后冠层温度与大气温度差异不大，年际间均表现为接近或略低于大气温度，且 W1 与 W2、W3 之间差异不显著，表明 W1 处理在拔节期能够满足小麦的水分需求。从抽穗扬花期（2015 年）和灌浆初期（2016 年）开始，无论灌溉前还是灌溉后 W1 的冠层温度始终显著高于大气温度，且显著高于 W2，W3。表明从该时期起，W1 处理已无法满足小麦对水分的需求，因此冠层温度持续高于大气温度。2016 年出现水分胁迫的时间较 2015 年有所延迟，主要是 2016 年在小麦抽穗扬花期持续一段时间的低温所致，因此小麦是否受到水分胁迫是灌溉量和环境条件共同作用的结果，而前期环境条件的影响较大。此后，随着生育进程的推进，W1 处理水分胁迫加剧，冠层温度与大气温度差异性逐渐增加，从灌浆初期开始灌溉对冠层温度的影响达到极显著水平（表 2-15）。此外，品种也显著影响冠层温度，本研究中全生育期两品种相同生育阶段不论灌溉前还是灌溉后，'新冬 22 号'的冠层温度始终高于

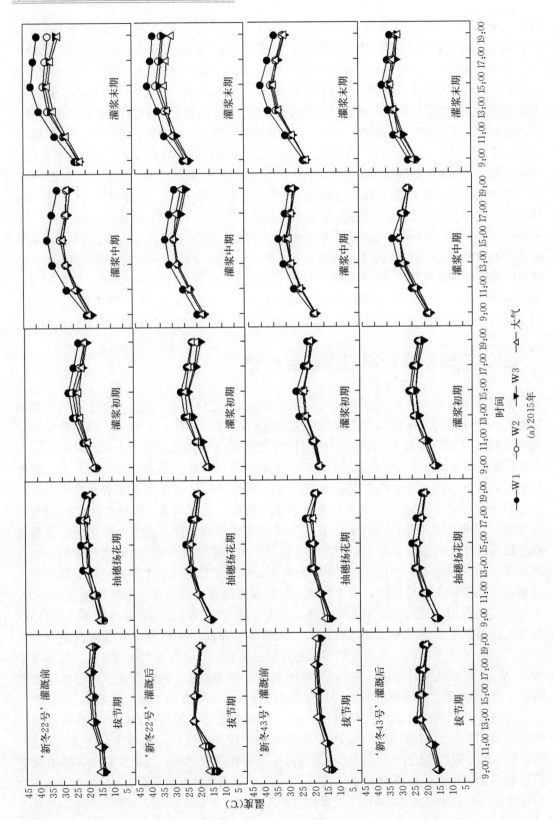

(a) 2015年

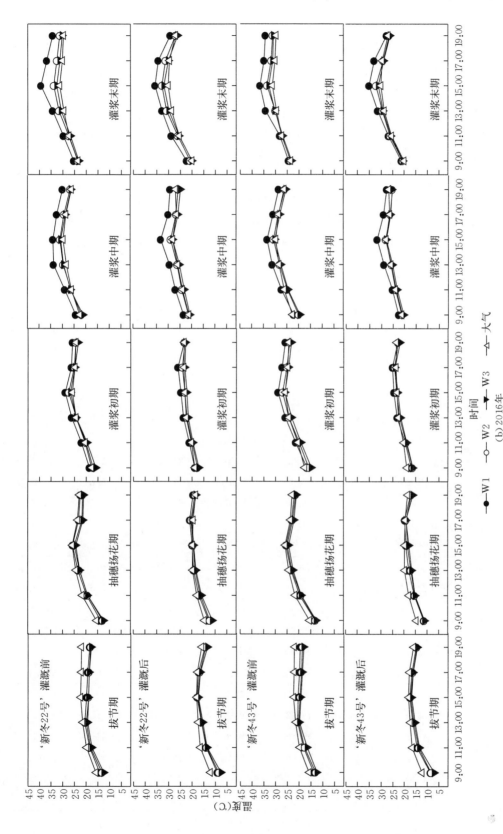

—— W1 —○— W2 —▼— W3 —△— 大气

时间

(b) 2016年

图2-35　不同生育期冠、气温度日变化

'新冬43号'，但直至灌浆初期品种对冠层温度的影响尚不显著，灌浆中期开始品种对冠层温度的影响达显著水平，灌浆后期最大冠层温度与大气温度之间的差距达到最大值，'新冬22号'和'新冬43号'灌溉前分别相差 6.82℃、5.15℃（2015年）和 7.95℃、5.28℃（2016年），灌溉后分别相差 7.07℃、3.67℃（2015年）和 5.55℃、4.90℃（2016年）。表明在生育前期品种间冠层温度没有明显的差异性，但对冠层温度的影响会在水分胁迫和环境温度的共同作用下逐渐表现，而灌溉和品种间并不存在互作效应，整个生育期两品种灌溉量和品种间的互作对冠层温度的影响均不显著。因此，本研究认为，灌溉量和品种在中后期显著影响小麦冠层温度，滴灌小麦返青后灌水定额低于 35 mm，冠层温度在抽穗扬花期就开始表现出一定程度的水分胁迫，当环境温度出现持续低温时，胁迫出现的时间会推迟，但最迟到灌浆初期冠层温度就会有较为明显的表现，而品种对冠层温度的显著影响一般在灌浆中期。

表 2-15　不同处理对小麦不同生育期灌溉前最大冠层温度影响的显著性水平

年份	时期	品种	处理	最大冠层温度				
				拔节期	抽穗扬花期	灌浆初期	灌浆中期	灌浆末期
2015年	灌溉前	'新冬22号'	W1	19.09a	22.8a	27.22a	35.1a	41.65a
			W2	18.2a	21.03b	25.76b	29.94b	36.68b
			W3	17.95a	20.17b	24.6b	29.04b	35.81b
		'新冬43号'	W1	19.06a	22.57a	26.22a	32.84a	39.98a
			W2	18.57a	21.03b	23.2b	29.93b	35.98b
			W3	18.22a	20.08b	23.38b	29.73b	35.43b
	灌溉后	'新冬22号'	W1	22.13a	24.8a	26.83a	32.72a	39.76a
			W2	22.02a	23.4b	24.06b	29.15b	36.42b
			W3	21.97a	22.57b	23.78b	28.88b	35.27b
		'新冬43号'	W1	23.8a	24.97a	25.96a	32.04a	36.37a
			W2	21.97b	22.97b	23.5b	29.3b	33.8b
			W3	21.77b	22.7b	23.54b	29.16b	33.4b
2016年	灌溉前	'新冬22号'	W1	20.6a	25.74a	29.03a	34.01a	39.29a
			W2	19.93a	24.98a	27.53a	31.07b	33.68b
			W3	19.4a	24.35a	26.73a	30.73b	32.58b
		'新冬43号'	W1	20.63a	25.53a	28.98a	33.4a	36.63a
			W2	20.23a	25.01a	27.05a	30.67b	33.65b
			W3	19.83a	24.34a	26.03a	30.1b	32.86b
	灌溉后	'新冬22号'	W1	17.9a	20.93a	26.12a	33.17a	35.73a
			W2	17.53a	20.38a	24.23b	28.97b	32.83b
			W3	17.3a	20.03a	23.17b	28.13b	32b
		'新冬43号'	W1	17.55a	19.7a	25.18a	31.87a	35.08a
			W2	17.15a	18.99a	24.27b	28.3b	32.23b
			W3	16.75a	19.1a	24.03b	27.97b	31.23b

（续）

年份	时期	品种	处理	最大冠层温度				
				拔节期	抽穗扬花期	灌浆初期	灌浆中期	灌浆末期
			灌溉	ns	ns	**	**	**
			品种	ns	ns	ns	*	*
			灌溉×品种	ns	ns	ns	ns	ns

注：同列数据不同小写字母表示不同处理间差异显著（$P<0.05$）。

四、不同生育时期冠气温差变化

有研究认为作物冠气温差可以排除大气温度的干扰，更能直观地反映土壤水势和植物受水分胁迫的状况（Fan *et al.*，2005）。由图 2-36 可知，各生育期不同水分处理冠气温差均表现为先上升后下降的趋势，冠气温差峰值大都分布在 13:00—15:00。同一生育时期不同水分处理冠气温差均表现为 W1＞W2＞W3。各生育期灌溉前最大冠气温差均为W1 处理，拔节期、抽穗扬花期、灌浆初期、灌浆中期、灌浆末期，'新冬 22 号'分别为—0.53 ℃、3.15 ℃、4.10 ℃、6.34 ℃、8.67 ℃（2015 年）和—0.92 ℃、—0.16 ℃、3.06 ℃、5.39 ℃、7.95 ℃（2016 年）；'新冬 43 号'分别为—0.57 ℃、2.92 ℃、3.10 ℃、4.08 ℃、6.00 ℃（2015 年）和—2.45 ℃、—1.03 ℃、3.01 ℃、3.66 ℃、5.28 ℃（2016年），全生育期以灌浆末期灌溉前 W1 处理冠气温差最大。不同生育期不同水分处理冠气温差存在明显的差异性。W2 与 W3 处理冠气温差在各生育时期变化规律一致，拔节期冠气温差均小于 0 ℃，灌浆初期至灌浆中期两品种冠气温差仅在灌溉前的 13:00—15:00 出现大于 0 ℃的现象，其他均小于 0 ℃。到灌浆末期，两品种 11:00 后的冠气温差均大于0 ℃。表明 W2、W3 处理全生育期灌水充分，小麦未受到水分胁迫。灌浆末期出现冠气温差大于 0 ℃提前发生的现象，主要是因为灌浆中后期小麦吸水能力下降，停水后随着大气温度的升高使冠层温度持续升高，从而导致冠气温差在灌浆中期 13:00—15:00 出现大于 0 ℃的现象，灌浆末期提前至 11:00。W1 处理拔节期冠气温差变化与 W2、W3 一样，均小于 0 ℃，抽穗扬花期冠气温差存在年际间差异，2015 年灌溉前冠气温差在 11:00 后大于 0 ℃，而灌溉后则在 13:00 后出现大于 0 ℃，表明该在抽穗扬花期 W1 灌溉量条件对小麦有一定的恢复作用，但干旱胁迫在该时期已经有所表现。而 2016 年该时期冠气温差均小于 0 ℃，造成 W1 处理在该时期未出现大于 0 ℃的原因是该时期持续低温所致。灌浆前期灌溉前后 11:00 以后的冠气温差均大于 0 ℃，表明该灌溉量条件灌溉后不能降低冠气温差，因此灌浆前期该灌溉量条件已无法满足作物的需水要求，且随着水分的不断消耗，小麦在该时期开始受到水分亏缺加剧的影响。灌浆中期以后，一天的冠气温差均大于 0℃，至灌浆末期 17:00 以后的冠气温差持续升高不再下降，表明滴灌冬小麦在 W1 灌溉量条件下，分别在抽穗扬花期（2015 年）和灌浆初期（2016 年）开始出现水分亏缺，并随着生育进程的推进亏缺程度不断加剧。

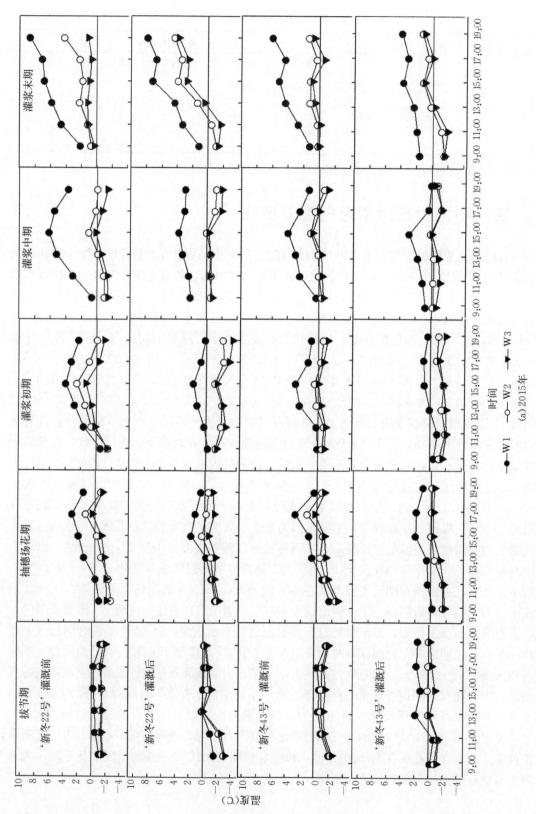

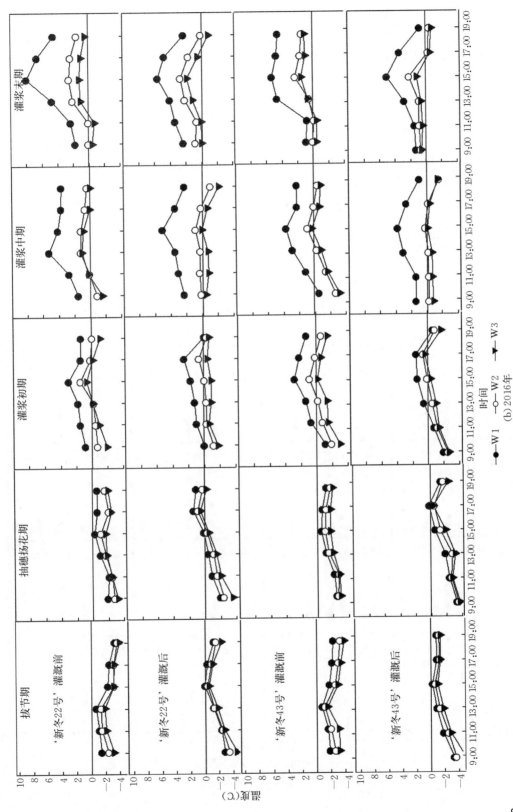

图2-36 冠气温差日变化

两品种冠气温差表现为'新冬 22 号'高于'新冬 43 号',表明'新冬 43 号'更耐旱,而'新冬 22 号'对水分更为敏感。由以上分析可知,冠气温差能够有效地反应作物受到水分胁迫的情况,水分胁迫越严重冠气温差越大,滴灌小麦返青后灌水定额高于 56 mm 不会受到水分胁迫。因此,'新冬 22 号'和'新冬 43 号'两品种在各生育阶段灌溉前最大冠气温差应不超过以下范围:拔节期分别为 $-1.59 \sim -1.43$ ℃ 和 $-1.3 \sim -1.08$ ℃,抽穗扬花期分别为 $-0.92 \sim 1.38$ ℃ 和 $-0.89 \sim 1.38$ ℃,灌浆前期分别为 $1.56 \sim 2.64$ ℃ 和 $0.68 \sim 1.08$ ℃,灌浆中期分别为 $1.18 \sim 1.36$ ℃ 和 $0.93 \sim 1.17$ ℃,灌浆末期分别为 $2.53 \sim 4.25$ ℃ 和 $1.32 \sim 2.31$ ℃。各水分处理最大冠气温差可能出现的时间区间为 13:00—15:00,品种对水分的敏感性不同使得冠气温差存在明显的差异性,尤其是在灌浆期以后差异不断增加,这是大气温度逐渐升高和作物需水量逐渐增加共同作用的结果。

五、冠层温度最佳监测时间

比较灌溉前、灌溉后、灌溉前 3 d 和灌溉前累计 3 d 最大冠气温差值出现的时间区间(图 2 - 37),各分布区间存在一定的差异性,其分散程度表现为灌溉前 3 d > 灌溉后 > 灌

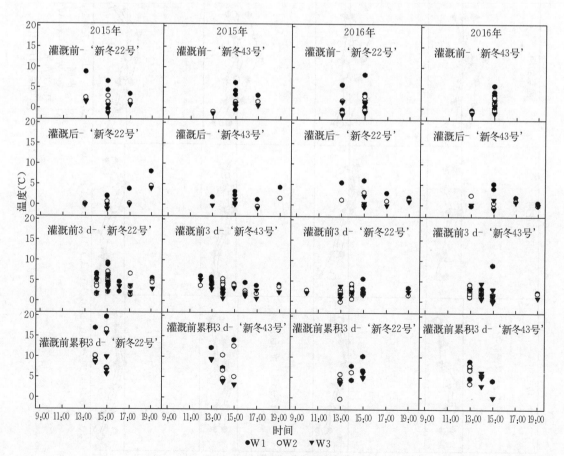

图 2 - 37 最大冠气温差分布

溉前＞灌溉前累计 3 d。由此可知，灌溉前 3 d 最大冠气温差出现的区间结果最为分散，表明多日统计结果较单日分散，最大冠气温差受天气变化的影响较大。灌溉后最大冠气温差较分散，表明灌溉会增加植物体调节冠层温度的能力，使得最大冠气温差出现的时间区间分散。灌溉前累计 3 d 最大冠气温差的计算结果最为集中，主要是因为灌溉前 3 d 在 13:00—15:00 时间区间的冠气温差最大或相对较大，因此累计后结果最为集中。

通过进一步计算发现，不同时间测定最大冠气温差的分布区间以 13:00—15:00 出现的频次最高，其中灌溉前累计 3 d 最大冠气温差出现在该时间区间的频次，两品种均为 100%。灌溉前 3 d、灌溉后和灌溉前分布的频次，'新冬 22 号'和'新冬 43 号'两品种 2015 年分别为 71.1%、60%、80% 和 62.2%、67%、80%，2016 年分别为 78.3%、60%、100% 和 85%、60%、100%，各测定时间在该时间区间的分布均占 60% 以上。灌溉前累计 3 d 分布在 13:00—15:00 时间区间的最大冠气温差达 100%，灌溉前占到 80%～100%，灌溉后占 60% 左右，灌溉前 3 d 占 62%～85%。因此，从最大冠气温差分布区间来看，无论是单日监测还是多日监测均以 13:00—15:00 表现最优，该区间最大冠气温差至少占 60% 以上。从单日和多日监测来看，最佳冠层温度监测时间以灌溉前累计 3 d 最大冠气温差表现最优，灌溉前表现次之。因此，从最大冠气温差分布的集中程度来看，采用灌溉前累积 3 d 13:00—15:00 最大冠气温差进行冠层温度监测最佳，采用单日监测在灌溉前 13:00—15:00 进行冠层温度监测也较科学。

六、讨论

1. 冠层温度变化规律

本研究认为滴灌冬小麦的冠层温度和冠气温差，在相同灌溉量水平下，随着生育进程的推进逐渐上升；相同生育阶段，随着灌溉量的增加逐渐下降。冠层温度和冠气温差有明显的日变化，呈现先上升后下降的趋势，该结论与史宝成等（2008）和刘云等（2004）的研究结论一致。但关于冠层温度和冠气温差达到最大值的时间存在分歧，目前的研究结果分别为 9:00（彭志功 等，2003），11:30—12:00（董振国 等，1984），11:00—13:00（郭子卿，2014；李丽，2012），14:00 前后（Sushil et al.，2018；司南，2016），13:00—15:00（刘婵，2012；张喜英，2002），本研究发现晴天和多云的天气冠层温度、冠气温差最大值出现的时间不一致，晴天在 13:00—15:00，该结论与 Toshiyuki（2010），张喜英等（2002）、史宝成等（2008）、刘婵等（2014）的研究结论一致，但多云的天气峰值会推迟约 2 h。由此可知，冠层温度、冠气温差最大值出现的时间会因作物及外界环境条件的不同而存在一定的差异性，晴天条件下一般都会出现在大气温度较高，太阳辐射较强的时间段，这是太阳辐射、环境温度和作物蒸腾作用共同作用的结果。

2. 灌溉量对冠层温度的影响

关于不同生育阶段不同灌溉条件下，冠层温度出现明显差异性的时间，刘建军等（2009）认为，不同基因型冬小麦在不同灌溉条件下，在开花期的中后期冠层温度差异极为显著。该结论与本研究有一定的相似处。本研究发现冠层温度、冠气温差出现明显差异性的时间与外界环境条件密切相关，一般情况下，北疆滴灌冬小麦冠层温度、冠气温差在抽穗扬花期就开始出现明显的差异性，尤其是冠气温差表现较为突出。但当环境温度持续走低的情况下，出现明显差异性的时间会推迟，但不管天气状况如何，在灌浆初期一定会表现出明显的差异性。本研究通过分析灌溉前后的冠层温度发现，生育前期环境条件对滴灌小麦冠层温度的影响大于灌溉条件，因此出现灌溉后的冠层温度高于灌溉前的现象时，不能作为小麦水分不足的依据。进入抽穗扬花期后灌溉条件对冠层温度的影响大于外界环境，但灌溉对冠层温度的调节是有限的，尤其是灌浆末期，灌溉对冠层温度的调节能力逐渐下降。

董振国等（1992）研究认为小麦灌浆期（5 月 21—25 日）不缺水麦田作物冠层温度比大气温度低，冠气温差是负值，而缺水麦田作物冠层温度高于大气温度，冠气温差是正值。与董振国结论不同，本研究中不同灌溉条件下，拔节期的冠气温差均小于 0 ℃，但当灌溉量低于 W1 处理时抽穗扬花期、灌浆初期冠气温差大于 0 ℃，一天中最早发生的时间在 13:00—15:00，此后逐渐提前，直至全天均大于 0 ℃。当灌溉量高于 W2 处理时，在灌浆初期至中期仅在灌溉前 13:00—15:00 出现大于 0 ℃的现象，灌溉后即可恢复，灌浆末期会在 11:00 后均出现大于 0 ℃的现象。因此，本研究认为滴灌冬小麦即使是不缺水的情况下，在其生育中期冠气温差也会在温度较高、太阳辐射较强的时间段出现短暂的大于 0 ℃的现象，而在生育后期，随着植株的衰老，冠气温差出现大于 0 ℃的时间延长。因此本研究认为不同的灌溉方式、不同的环境条件冠气温差的临界阈值会存在一定的差异性，该结论还需要做进一步的验证。

关于灌溉量对冠层温度的影响，本研究认为灌溉和品种在中后期显著影响小麦冠层温度，但二者没有互作效应。一般情况下，滴灌冬小麦返青后灌水定额高于 56 mm 不会受到水分胁迫，'新冬 22 号'和'新冬 43 号'两品种在各生育阶段灌溉前最大冠气温差应不超过以下范围：拔节期 -1.59～-1.43 ℃和 -1.3～-1.08 ℃，抽穗扬花期 -0.92～1.38 ℃和 -0.89～1.38 ℃，灌浆初期 1.56～2.64 ℃和 0.68～1.08 ℃，灌浆中期 1.18～1.36 ℃和 0.93～1.17 ℃，灌浆末期 2.53～4.25 和 1.32～2.31。有研究认为冠层灌溉量达到一定程度后冠层温度不再下降，反而呈现上升趋势。高鹭（2005）等也认为喷灌每次灌溉量超过 300 $m^3 \cdot hm^{-2}$ 时冠层温度不再下降反而上升。而本研究发现，在相同生育阶段随着灌溉水量的增加冠层温度逐渐下降，与赵春江和高鹭的结论不一致，但与李丽等（2012）的研究结论一致。原因一方面可能是不同试验区环境条件的差异性，另一方面可能是滴灌采用小流量方式灌溉，灌水时间长，根系有较长的时间适应水分较多的土壤环境，而传统灌溉较大的水量在很短的时间流入土壤，容易导致根系吸收受阻，吸水能力下降。因此灌水方式、环境条件和单次灌溉量都会在一定程度上影响冠层温度的变化。

3. 冠层温度最佳监测时间

关于冠层温度最佳监测时间的研究，目前的研究存在一定的分歧，梁银丽等（2002）认为选择 1 d 内作物冠层温度差异最大时测定便于应用冠层温度方法准确评价作物缺水状况。蔡焕杰等（1997）认为土壤水分对冠层温度的影响全天在 12:00—15:00 最大，因此采用该时段监测较好。彭致功等（2003）在温室茄子上的研究认为 10:00—15:00 是较好的测定冠气温差的时段，且以 11:00 和 12:00 为最佳时段。Walter Bausch 等（2011）认为 13:00—15:00 为最佳的监测时间,该时段冠气温差能够较好地反映土壤水分的环境。高明超(2013)在水稻上的研究也认为 13:00—15:00 冠层温度差异最为明显,可以作为观测的最佳时间。张文忠等(2007)认为采用某一天某一时间的冠气温差很难反映作物水分亏缺状况,采用连续 3 d 13:00—15:00 冠气温差累积值的绝对值最小时的时刻 13:00 测定冠气温差能够较好地反映水稻亏缺状况。本研究通过比较灌溉前、灌溉后、灌溉前 3 d 和灌溉前累计 3 d 最大冠气温差值出现的时间发现在 13:00—15:00 出现的频次较高,为 60%～100%。表明在北疆地区在该时段进行冠气温差的监测是比较科学的。但最大冠气温差出现的时间区间受灌溉和环境条件的影响较大,从分布的集中性来看,采用多日监测的结果优于单日,但灌溉前累积 3 d 和灌溉前 1 d 的监测结果哪个更优还需要做进一步的验证。

第四节　小麦 CWSI 模型构建

作物水分胁迫指数(CWSI)是利用作物冠层温度来监测作物是否遭受水分胁迫的一个有效指标(袁国富 等,2002),该指标适宜在田间应用,且针对该指标的改进研究内容丰富。早在 1973 年,Ehrler(1973)就发现晴天供水充足条件下,棉花冠气温差与空气饱和水汽压呈线性相关。此后,Idso(1982)在苜蓿、大豆等作物上开展研究,得出了与 Ehrle 相同的结论,因此 Idso 将这种线性关系定义为"非水分胁迫下基线",即作物水分胁迫指数,并将该指标作为水分胁迫监测的指标,该模型被称为经验模型。此后,Jackson 等(1981)在此基础上引入太阳辐射、作物最小冠层阻力微气象因子,提出了理论模型,对经验模型进行了进一步的理论解释。在理论模型和经验模型的基础上,Susan 等(2012)利用水分胁迫指数构建了高粱灌溉模型,实现了利用 CWSI 进行自动灌溉。张立元等(2018)开展了玉米水分胁迫指数基线建立的方法研究。边江等(2019)利用热红外技术提出了棉花 CWSI 的简化算法,提高了作物水分胁迫指数的诊断精度。

综上所述,目前针对不同作物开展的 CWSI 研究较多,但大都针对传统灌溉,针对滴灌条件下的相关研究较少,因此针对滴灌冬小麦开展水分胁迫指数的相关研究具有重要意义。此外,目前关于 CWSI 机理模型和经验模型的评价基本为:机理模型理论背景丰富,但使用的变量和参数较多,因此应用难度较大。经验模型需要的变量和参数较少,在生产中易于实现。但机理模型的提出加强了 CWSI 的理论依据,并使其具有了更好的物理意义。因此,本试验将以 CWSI 为切入点,以滴灌冬小麦为研究对象,开展北疆地区滴灌冬小麦 CWSI 理论模型和经验模型的构建研究,为滴灌冬小麦的旱情监测诊断提供理论依据。

一、试验设计与数据处理

1. 研究区概况

参考本章第一节试验基地情况。

2. 试验材料与设计

参考本章第二节试验材料与设计。

3. 测试指标及方法

（1）冠层温度的测定

参考本章第三节冠层温度的测定。

（2）土壤含水量的测定

参考本章第一节土壤含水量的测定。

（3）叶水势的测定

参考本章第二节叶水势的测定。

（4）气孔导度的测定

参考本章第二节光合生理指标的测定。

（5）丙二醛含量的测定

参考本章第二节丙二醛含量的测定。

4. CWSI 模型构建方法

（1）理论模型构建方法

参照 Idso 的定义（Yuan，2004），可以将 CWSI 表示如下：

$$CWSI = \frac{(T_c - T_a) - D_2}{D_1 - D_2} \qquad (2-10)$$

式中，T_c 为作物冠层温度（℃）；T_a 为大气温度（℃）；D_2 是冠气温差的下限，为充分供水条件下的冠气温差；D_1 为冠气温差的上限，为作物最大冠气温差。理论方法与经验方法最大的区别在于 D_1 和 D_2 的计算方法，理论方法的具体计算公式如下：

$$D_1 = \frac{r_a(R_n - G)}{\rho c_p} \qquad (2-11)$$

$$D_2 = \frac{r_a(R_n - G)}{\rho c_p} \cdot \frac{\gamma(1 + r_s/r_a)}{\Delta + \gamma(1 + r_s/r_a)} - \frac{VPD}{\Delta + \gamma(1 + r_s/r_a)} \qquad (2-12)$$

$$r_a = \frac{4.72\left[\ln \dfrac{Z - d}{Z_0}\right]}{1 + 0.54U} \qquad (2-13)$$

$$r_s = \frac{r_{\min}}{LAI} \qquad (2-14)$$

$$R_n = (1 - \infty)R_s + \Delta R_l \qquad (2-15)$$

$$\Delta R_l = \left(0.4 + \frac{0.6R_s}{R_{so}}\right)(R_{l\downarrow} - R_{l\uparrow}) \qquad (2-16)$$

$$R_{l\downarrow} - R_{l\uparrow} = \varepsilon\sigma(T_a + 273.2)^4 - \varepsilon\sigma T^4 \qquad (2-17)$$

$$\varepsilon_B = 9.2 \times 10^{-6} T_a \qquad (2-18)$$

$$\Delta = 45.03 + 3.014T + 0.053\,45T^2 + 0.002\,24T^3 \qquad (2-19)$$

式中，r_a 为空气动力学阻力（$s \cdot m^{-1}$）；R_n 为冠层净辐射（$W \cdot m^{-2}$）；G 为土壤热通量密度（$W \cdot m^{-2}$）；U 为 2 m 高处风速（$m \cdot s^{-1}$）；$r_{\min}$ 为叶片最小阻力，一般取值 100 $s \cdot m^{-1}$；R_s、ΔR_l 分别为太阳总辐射和净长波辐射（$J \cdot m^{-2} \cdot s^{-1}$）；$R_{so}$ 为观测当天太阳总辐射最

大值（J・m^{-2}・s^{-1}）；$R_{l\downarrow}$ 和 $R_{l\uparrow}$ 分别表示入射和反射长波辐射（J・m^{-2}・s^{-1}）；ε_B 为空气放射率；LAI 为叶面积指数；Δ 为空气饱和水汽压随温度变化的斜率（Pa・℃$^{-1}$）；T 为田间观测时冠层温度与冠层上方气温的平均值（℃）；ρ 为空气密度，取值 1.244 7 kg・m^{-3}；c_p 空气比热，取值 1×10^3 J・kg^{-1}・℃$^{-1}$；Z 为参考高度，取值 2 m；d 为零平面位移，取值 0.63 m；γ 为干湿表常数，取值 65.19 Pa・℃$^{-1}$；Z_0 为粗糙度，取值 0.13 m，α 为地表反照率，取值 0.22；ε 为红外测温放射率，取值 0.96；r_s 为最小冠层阻力，取值 100 s・m^{-1}；σ 为斯蒂芬玻尔兹曼常数，为 5.675×10^{-8} J・m^{-2}・K^{-4}・s^{-1}；T_a 为大气温度（℃）；VPD 为空气饱和水汽压（kPa）。

（2）经验模型构建方法

经验模型是利用经验关系式计算非水分胁迫下基线，这个基线值为上、下限温度，其中作物处于完全水分胁迫时为上限温度，作物达到潜在蒸腾速率时是下限温度，研究认为供水充分时冠气温差（T_c-T_a）与空气饱和水汽压（VPD）存在线性关系，因此被定义为下基线。然后根据上、下限温度计算 CWSI。CWSI 计算公式如下：

$$CWSI=\frac{(T_c-T_a)-T_{camin}}{T_{camax}-T_{camin}} \tag{2-20}$$

$$T_{camin}=A+B\times VPD \tag{2-21}$$

$$T_{camax}=A+B\times VPG \tag{2-22}$$

$$VPD=0.611\times e^{\frac{17.27T_a}{T_a+237.3}}\times\left(1-\frac{RH}{100}\right) \tag{2-23}$$

式中，T_c 为作物冠层温度（℃），T_a 为大气温度（℃），T_{camin} 为冠气温差下限（℃），T_{camax} 为冠气温差上限（℃），VPD 为空气饱和水汽压（kPa），VPG 为空气温度分别为 T_a 和（T_a+A）时的空气饱和水汽压 VPD 之差，A、B 为线性回归系数，RH 为空气相对湿度（%）。

当供水充分时，冠气温差位于下基线，则（T_c-T_a）$=T_{camax}$，CWSI$=0$。当水分胁迫逐渐增加时，冠气温差位于上下基线之间，$0<$CWSI<1。当作物严重缺水，冠气温差位于上基线，则（T_c-T_a）$=T_{camin}$，CWSI$=1$。因此，CWSI 的变化范围为 $0\sim1$，CWSI 值越大作物缺水越严重。

二、CWSI 经验模型的构建

1. 冠气温差与 VPD 的关系

为了建立滴灌冬小麦冠气温差模型，首先根据大气温度和湿度数据，利用公式（2-23）计算大气饱和水汽压（VPD），然后采用统计回归的方法，结合充分供水条件下的冠气温差和 VPD，建立冠气温差与 VPD 的回归模型，求得公式（2-21）中的参数。通过建立冠气温差和 VPD 之间的回归模型，发现各生育阶段样点较分散，采用统一的下基线必定造成拟合结果的偏差，张振华等（2005）研究也认为 CWSI 中的下基线随作物形态的改变而变化，若在计算作物某一阶段的 CWSI 时没有采用相对应的下基线势必会影响作物水分状况的评价。

因此本研究按照不同品种将生育期划分为拔节—抽穗扬花期和灌浆期两个阶段进行冠气温差和 VPD 的拟合，由图 2-38 可知 T_c-T_a 与 VPD 呈显著负相关（$P<0.05$），'新

冬22号'和'新冬43号'在拔节—抽穗扬花期的决定系数分别为0.736 6和0.757 1，灌浆期分别为0.824 6和0.852 8，两品种不同生育阶段的冠气温差模型见表2-16。

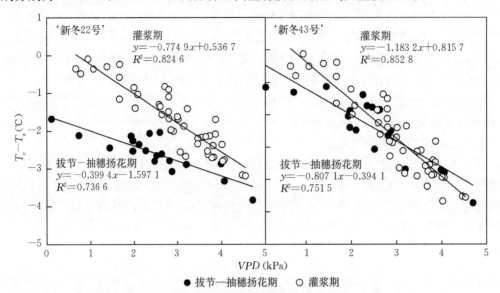

图2-38　不同生育时期滴灌冬小麦冠气温差与VPD的关系

表2-16　不同生育时期滴灌冬小麦冠气温差与VPD拟合方程

品种	拔节—抽穗扬花期	灌浆期
'新冬22号'	$T_c - T_a = -0.399\ 4VPD - 1.597\ 1$	$T_c - T_a = -0.774\ 9VPD + 0.536\ 7$
'新冬43号'	$T_c - T_a = -0.807\ 1VPD - 0.394\ 1$	$T_c - T_a = -1.183\ 2VPD + 0.815\ 7$

2. 滴灌冬小麦 CWSI 经验模型

根据冠气温差与VPD的关系，通过计算可知，北疆滴灌冬小麦VPD的变化区间为0~4.7 kPa，当饱和水汽压VPD为4.7时，冠气温差值最小，以此计算CWSI的下基线T_{camin}。按照表2-16中的拟合方程求得'新冬22号'和'新冬43号'在拔节—抽穗扬花期的T_{camin}分别为：-3.47℃和-4.19℃，灌浆期T_{camin}分别为-3.1℃和-4.74℃。同时结合冠气温差各生育阶段的上限值求得滴灌冬小麦两品种不同生育阶段CWSI模型，本研究采用严重胁迫处理W1的实验结果进行计算。求得的滴灌冬小麦CWSI模型见表2-17。

表2-17　不同生育时期滴灌冬小麦CWSI经验模型

品种	拔节—抽穗扬花期	灌浆期
'新冬22号'	$CWSI = (T_c - T_a + 3.47)/6.41$	$CWSI = (T_c - T_a + 3.1)/8.8$
'新冬43号'	$CWSI = (T_c - T_a + 4.18)/5.32$	$CWSI = (T_c - T_a + 4.7)/9$

三、CWSI 理论模型和经验模型比较

由图2-39可知，利用理论模型和经验模型构建的CWSI具有相似的变化趋势。理论模

型和经验模型的 CWSI 值均在 0～1 范围变化。理论模型下两品种 CWSI 结果变化差异不大，可能主要是因为理论模型计算 CWSI 时冠气温差的上限是一样的，没有考虑品种间的差异性。而采用经验模型计算 CWSI 时，实际测定的冠气温差存在品种间的差异，因此两品种的 CWSI 表现出的变化趋势不完全一致，'新冬 22 号'在 W1、W2 处理条件下，CWSI 在灌浆末期达到或接近 1，而'新冬 43 号'在灌浆期仅达到或接近 0.8，表明同样的灌溉处理'新冬 22 号'受胁迫较严重，表明'新冬 22 号'对水分更敏感，而'新冬 43 号'更抗旱。该结果与论文前面分析的结论一致。由此可知，经验模型较理论模型在滴灌冬小麦上的应用更为敏感。

此外，陈四龙（2005）针对小麦提出，不同供水条件下 CWSI＝0.4 是指示冬小麦发生水分胁迫的关键性指标。由图 2-39 可知，W2 处理的 CWSI 基本在灌浆初期开始接近或大于 0.4，W1 处理的 CWSI 基本在拔节期或抽穗扬花期开始接近或大于 0.4，表明 W1、W2 处理受到了严重的水分胁迫。不同模型间比较发现，经验模型较理论模型表现出 CWSI＞0.4 的时间较早，也表明经验模型较理论模型更为敏感。

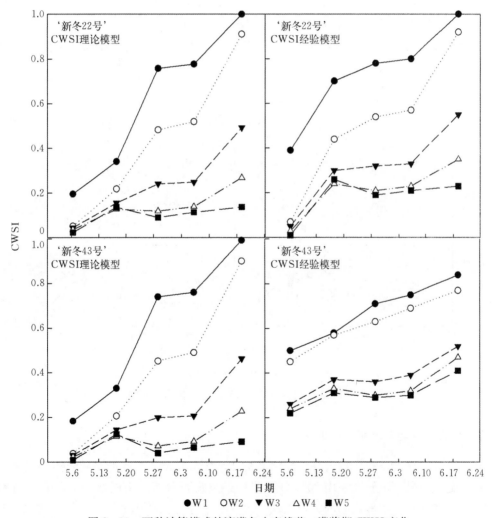

图 2-39 两种计算模式的滴灌冬小麦拔节—灌浆期 CWSI 变化

四、不同计算方法的 CWSI 模型与各因子之间的关系

1. CWSI 模型与土壤水分之间的关系

本文在第三节分析了土壤水分与冠气温差的关系，认为冠气温差能够较好地反映滴灌带正下方 40～60 cm 土层土壤水势的变化，因此，本研究采用 2017 年滴灌带正下方 40～60 cm 土壤水势进一步分析与 CWSI 之间的关系。由图 2-40 可知，两种计算方法的 CWSI 与土壤水势之间的关系表现基本一致，土壤水势与 CWSI 呈显著负相关（$P < 0.05$），即 CWSI 随着土壤水势的增加而逐渐降低，反之，土壤水势越小，CWSI 越大。表明 CWSI 结果能够反映土壤水势的变化情况。不同品种间不同计算方法比较，'新冬 22 号'经验法与理论法计算的 CWSI 与土壤水势之间的相关系数分别为 0.893 1 和 0.887 3。'新冬 43'经验法与理论法计算的 CWSI 与土壤水势的相关系数分别为 0.912 和 0.863 7。结果均表现为：经验法的相关系数接近或大于理论法的计算结果。同一品种、不同计算方法间比较发现 CWSI 经验法计算结果均普遍大于理论法计算结果，表明相同的土壤水势条件下经验模型计算的 CWSI 值较高，表明 CWSI 经验模型在反映土壤水势变化时比理论模型敏感。

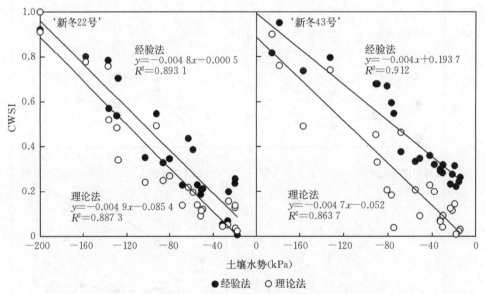

图 2-40　两种计算方法的 CWSI 与土壤水势的关系

2. CWSI 模型与叶水势之间的关系

叶水势能够直接反映作物水分状况，分析叶水势与 CWSI 之间的关系能够直观地反映作物水分变化情况。本研究采用 2017 年叶水势结果进行分析，由图 2-41 可知，两种计算方法的 CWSI 与叶水势之间的关系表现一致，叶水势与 CWSI 呈显著负相关关系（$P < 0.05$），叶水势随着 CWSI 的升高逐渐下降，表明干旱胁迫越严重，植株叶片水势越低，

因此，CWSI 能够较好地反映叶水势的变化情况。不同品种间不同计算方法比较，'新冬 22 号'经验法与理论法计算的 CWSI 与叶水势之间的相关系数分别为 0.762 和 0.767 8。'新冬 43 号'经验法与理论法计算的 CWSI 与叶水势之间的相关系数分别为 0.846 3 和 0.784 7。结果均表现为：经验法的相关系数接近或大于理论法计算结果。同一品种，不同计算方法间比较发现 CWSI 经验法计算结果均普遍大于理论法计算结果，表明相同叶水势条件下经验模型计算的 CWSI 值较高，表明 CWSI 经验模型在反映叶水势变化时比理论模型敏感。

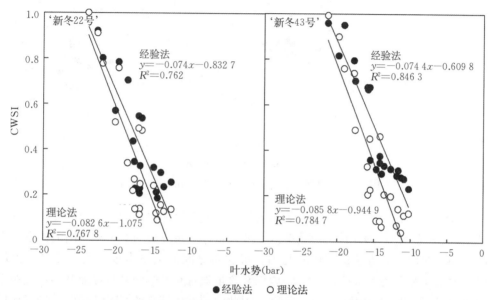

图 2-41 两种计算方法的 CWSI 与叶水势的关系

3. CWSI 模型与气孔导度之间的关系

气孔导度是表征作物水分亏缺的常用指标，冬小麦遭受水分胁迫时，气孔会缩小，气孔导度值会下降（Iriti，2009）。由图 2-42 可知，两种计算方法的 CWSI 与气孔导度之间的关系表现一致，气孔导度与 CWSI 呈显著负相关关系（$P<0.05$），气孔导度随着 CWSI 的升高逐渐减低，表明干旱胁迫越严重，气孔导度越小，因此，CWSI 能够较好地反映气孔导度的变化情况。不同品种间不同计算方法比较，'新冬 22 号'经验法与理论法计算的 CWSI 与气孔导度之间的相关系数分别为 0.747 7 和 0.664 3。'新冬 43 号'经验法与理论法计算的 CWSI 与气孔导度之间的相关系数分别为 0.714 2 和 0.635 3。结果均表现为：经验法的相关系数大于理论法计算结果。同一品种、不同计算方法间比较发现 CWSI 经验法计算结果均普遍大于理论法计算结果，表明相同的气孔导度条件下经验模型计算的 CWSI 值较高，表明 CWSI 经验模型在反映气孔导度变化时比理论模型敏感。

4. CWSI 模型与丙二醛之间的关系

丙二醛含量是能够反映作物受旱情况的渗透调节物质之一，当作物受到水分胁迫时，叶片细胞的膜脂过氧化程度会加重，从而导致丙二醛含量升高。本文在第四章中分析了渗

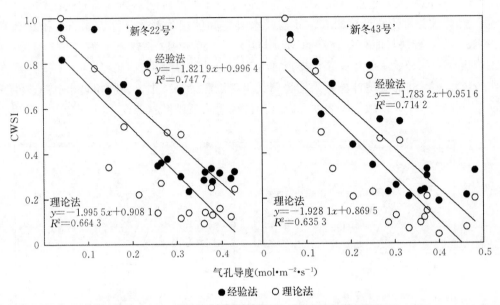

图 2－42　两种计算方法的 CWSI 与气孔导度的关系

透调节物质与冠气温差的关系，研究表明冠气温差能够反映渗透调节物质的变化，其中以丙二醛含量表现最优，因此该部分选择丙二醛含量进一步分析与 CWSI 之间的关系。由图 2－43 可知，两种计算方法的 CWSI 与丙二醛含量之间的关系表现一致，丙二醛含量与 CWSI 呈显著正相关关系（$P<0.05$），丙二醛含量随着 CWSI 的升高逐渐升高，表明作物水分胁迫越严重，叶片中丙二醛含量越高，因此两种方法计算的 CWSI 均能够较好地反映丙二醛含量的变化情况。不同品种间不同计算方法比较，'新冬 22 号' 经验法与理论法计

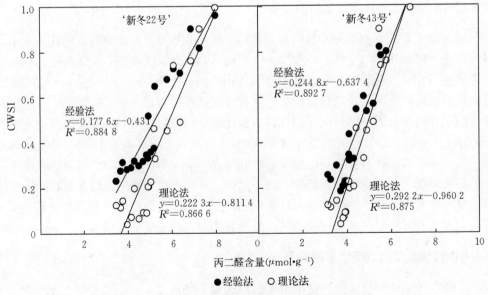

图 2－43　两种计算方法的 CWSI 与丙二醛的关系

算的 CWSI 与丙二醛含量之间的相关系数分别为 0.884 8 和 0.866 6。'新冬 43 号'经验法与理论法计算的 CWSI 与丙二醛含量之间的相关系数为 0.892 7 和 0.875。结果均表现为：经验法的相关系数大于理论法的计算结果。同一品种，不同计算方法间比较发现 CWSI 经验法的计算结果均普遍大于理论法的计算结果，表明相同的丙二醛含量条件下经验模型计算的 CWSI 值较高，表明 CWSI 经验模型在反应丙二醛含量变化时比理论模型敏感。

五、讨论

1. CWSI 模型研究

作物水分胁迫指数（CWSI）能够有效反映作物是否遭受水分胁迫。本研究采用 CWSI 经验模型的方法，研究了经验模型中冠气温差和饱和水汽压之间的关系，分别按照不同品种和不同生育阶段进行了 CWSI 的下基线研究，之所以将 CWSI 按照不同品种和不同生育阶段分别研究，主要是考虑到有研究认为不同基因型小麦在不同的灌溉条件下，CWSI 的下基线各不相同（Alderfasi et al.，2001；Fan et al.，2005）。此外还有研究提出作物不同生长发育阶段，下基线也存在差异（Bernardo et al.，2007；Gontia et al.，2008）。通过计算发现品种间的下基线存在一定的差异性，与前人研究结论一致，从而明确了在拔节—抽穗扬花期和灌浆期'新冬 22 号'的下基线分别为－3.47 ℃和 3.1 ℃，'新冬 43 号'分别为－4.19 ℃和－4.74 ℃。

同时利用理论方法进行了 CWSI 的研究，并将经验法和理论法进行了比较，发现经验法和理论法计算的 CWSI 具有相似的变化趋势，且均在 0～1 波动。但理论法计算的 CWSI 在品种间的差异性较小，而经验法在品种间差异较大，可能是理论法计算 CWSI 时品种间采用了相同的冠气温差上限所致，而经验法采用的上、下限品种间均不相同所致。通过比较不同计算方法获得的 CWSI 发现 W1 处理在拔节或抽穗扬花期，W2 处理在灌浆初期开始 CWSI 接近或大于 0.4，表明 W1、W2 在相应的生育阶段受到了严重的水分胁迫，该结论与陈四龙（2005）研究结论一致。但与他研究结论不一致的地方表现在本研究中经验法和理论法计算出的 CWSI 值两品种 W3、W4 和 W5 处理在灌浆末期均会出现大于 0.4 的情况，但前面章节的分析结果表明 W3、W4 和 W5 分别为充足或者过量灌溉，因此本研究认为在灌浆末期不能采用相同的标准。关于 CWSI 的阈值研究张小雨（2015）提出小麦的 CWSI 阈值为 0.26（经验模式）和 0.23（理论模式），张喜英（2002）提出小麦 CWSI 的阈值为 0.2（经验模式）。通过上述分析，CWSI 会因区域和品种存在很大的差异性，因此应充分考虑品种、灌溉方式及区域的差异性，在生产中应该更科学。本研究认为在北疆滴灌冬小麦，在拔节至灌浆中期'新冬 22 号'CWSI 阈值为 0.25（经验法）和 0.17（理论法），'新冬 43 号'CWSI 阈值为 0.35（经验法）和 0.14（理论法）。灌浆末期，'新冬 22 号'CWSI 阈值为 0.55（经验法）和 0.49（理论法），'新冬 43 号'CWSI 阈值为 0.52（经验法）和 0.46（理论法）。

2. CWSI 模型与各因子之间的关系

本研究中分别选取了土壤水势、叶水势、气孔导度及丙二醛 4 个因子，分析了各个因子与理论法和经验法计算的 CWSI 之间的关系，结果表明：理论法和经验法计算的 CWSI 均与土壤水势、叶水势和气孔导度呈显著负相关，与丙二醛含量变化呈显著正相关，表明理论法和经验法计算的 CWSI 均能较好地反映作物的水分状况。该结论与 Howell 等（1986）、Cohen 等（2005）、崔晓等（2005）、王卫星等（2006）通过分析叶水势与 CWSI 的关系得出的 CWSI 能够反映作物本身的水分状况的结论有所差异，与吴晓磊（2016）、程麒（2012）得出的 CWSI 与气孔导度、土壤水分呈显著负相关，CWSI 能与土壤水分、气孔导度等指标同步反映作物水分胁迫状况的结论一致。但针对丙二醛含量变化与 CWSI 之间的关系研究较少。

通过比较理论法和经验法计算的 CWSI 与各因子之间的关系，结果表现为，经验法的相关系数均接近或显著高于理论法，且在相同的土壤水势、叶水势、气孔导度及丙二醛含量条件下，经验法的 CWSI 均高于理论法计算的 CWSI，表明经验法计算的 CWSI 较理论法敏感。

▶ 小结

滴灌冬小麦冠层温度、冠气温差全天峰值出现的时间一致，晴天在 13：00—15：00，多云天气峰值出现的时间推迟 2 h 左右。在小麦生育前期环境条件对冠层温度和冠气温差的影响较大，因此灌溉后的冠层温度和冠气温差并非低于灌溉前，生育后期灌溉影响较大，灌溉后的冠层温度和冠气温差低于灌溉前，但灌浆末期灌溉对冠层温度的调节能力下降。一般情况下，滴灌冬小麦返青后灌水定额低于 35 mm，在抽穗扬花期冠层温度、冠气温差就开始表现出一定程度的水分胁迫响应，但灌溉后可以恢复，而灌浆后该灌溉量则无法满足小麦的需水要求，水分胁迫加剧。

相同灌溉量条件下，滴灌冬小麦冠层叶片、植株含水量随生育进程推进逐渐下降，冠层等效水厚度呈单峰曲线，峰值一般出现在抽穗扬花期。同一生育期，随着灌溉量的增加，冠层叶片含水量、植株含水量和冠层等效水厚度逐渐增加，超过一定灌溉量后不再增加。冠气温差能够较好地预测叶片含水量、植株含水量和等效水厚度，且灌溉前 1 d 的拟合效果优于灌溉前累计 3 d 的结果，拔节后的拟合效果优于拔节期。

土壤水势（SWP）波动的剧烈程度水平方向表现为正下方＞距离 15 cm＞距离 30 cm，垂直方向表现为（0～20）cm＞（20～40）cm＞（40～60）cm。滴灌带正下方 20～40 cm 处 SWP 最先表现出不能恢复的现象，随着与滴灌带位置距离的增加，土壤水势不能恢复至灌溉前水平的土层上移至 0～20 cm。灌溉前 1 d、灌溉后 1 d 滴灌带正下方 40～60 cm 土层土壤水势能够较好地反映冠气温差的变化，且灌溉前 1 d 拟合效果优于灌溉后 1 d。

冠层温度与冠气温差和气象因子密切相关，冠层温度与大气温度和太阳辐射在整个生育期均呈显著正相关，与冠气温差在灌浆期呈显著正相关（$P<0.05$），与相对湿度在灌浆期呈显著负相关（$P<0.05$），在灌浆末期与平均风速呈显著负相关（$P<0.05$），气象因子对冠层温度的影响表现为大气温度＞太阳辐射＞相对湿度＞风速。采用温度、湿度、风速和太阳辐射能够反映冠层温度和冠气温差的变化，但分生育阶段拟合冠层温度的结果最优。

冠气温差与 Pn、Cond、Tr、Ci、LWP、叶绿素含量、可溶性糖含量均呈显著负相关，与丙二醛含量和脯氨酸含量呈显著正相关（$P<0.05$）。$525\sim600$ mm 灌溉定额下 Pn、Cond、Tr、Ci、LWP 与冠气温差拟合结果均表现较好。基于冠气温差的光合参数 Cond 与 Tr 的模型预测性最好，Pn 次之，Ci 虽拟合结果较好，但检验结果较差，因此不建议用冠气温差对 Ci 进行预测。冠气温差能够反映渗透调节物质的变化，拟合最优结果依次为丙二醛含量、叶绿素含量、脯氨酸含量和可溶性糖含量。

利用理论法和经验法在滴灌冬小麦整个生育期构建的 CWSI 模型变化趋势相似，数值在 $0\sim1$ 波动。经验法和理论法均能较好地反映土壤水势、叶水势、气孔导度和丙二醛含量的变化，但经验法的相关系数显著高于理论法，且经验法较理论法更为敏感。北疆滴灌冬小麦适宜灌溉量为 $525\sim600$ mm，在该灌溉量条件下能够获得较高的产量和较好的籽粒品质。

▶ 主要参考文献

蔡焕杰，1997. 棉花冠层温度的变化规律及其用于缺水诊断研究 [J]. 灌溉排水，16 (1)：1-5.

蔡甲冰，刘钰，许迪，等，2007. 基于作物冠气温差的精量灌溉决策研究及其田间验证 [J]. 中国水利水电科学研究院学报，5 (4)：262-268.

柴金伶，2011. 基于植气温差的小麦水分状况监测研究 [D]. 南京：南京农业大学.

陈佳，张文忠，赵晓彤，等，2009. 水稻灌浆期冠气温差与土壤水分和气象因子的关系 [J]. 江苏农业科学 (2)：284-285，314.

陈四龙，张喜英，陈素英，等，2005. 不同供水条件下冬小麦冠气温差、叶片水势和水分亏缺指数的变化及其相互关系 [J]. 麦类作物学报，25 (5)：28-43.

程麒，黄春燕，王登伟，等，2012. 基于红外热图像的棉花冠层水分胁迫指数与光合特性的关系 [J]. 棉花学报 (4)：341-347.

崔晓，许利霞，袁国富，等，2005. 基于冠层温度的夏玉米水分胁迫指数模型的试验研究 [J]. 农业工程学报，21 (8)：22-24.

邓强辉，潘晓华，石庆华，2009. 作物冠层温度的研究进展 [J]. 生态学杂志，28 (6)：1162-1165.

董振国，于沪宁，1995. 农田作物冠层环境生态 [M]. 北京：中国农业出版社，103-104.

高鹭，陈素英，胡春胜，2005. 喷灌条件下冬小麦冠层温度的试验研究 [J]. 干旱地区农业研究，23 (2)：1-5.

高明超，2013. 水稻冠层温度特性及基于冠层温度的水分胁迫指数研究 [D]. 沈阳：沈阳农业大学.

李合生，2000. 植物生理生化实验原理和技术 [M]. 北京：高等教育出版社，167-261.

李丽，申双和，李永秀，等，2012. 不同水分处理下冬小麦冠层温度、叶片水势和水分利用效率的变化及相关关系 [J]. 干旱地区农业研究，30 (2)：68-72，106.

梁银丽，张成峨，2002. 冠层温度-气温差与作物水分亏缺关系的研究 [J]. 生态农业研究，8 (1)：24-26.

刘婵，2012. 温室番茄生长期水分诊断研究 [D]. 北京：中国科学院研究生院（教育部水土保持与生态环境研究中心）.

刘建军，肖永贵，祝芳彬，等，2009. 不同基因型冬小麦冠层温度与产量性状的关系 [J]. 麦类作物学报，29 (2)：283-288.

刘亚，丁俊强，苏巴钱德，等，2009. 基于远红外热成像的叶温变化与玉米苗期耐旱性的研究 [J]. 中国农业科学，42 (6)：2192-2201.

刘云，宇振荣，孙丹峰，等，2004. 冬小麦遥感冠层温度监测土壤含水量的试验研究 [J]. 水科学进展，15（3）：352-356.

罗卫红，曹卫星，姜东，等，2004. 短期干旱对水稻叶水势、光合作用及干物质分配的影响 [J]. 应用生态学报，15（1）：63-67.

梅旭荣，黄桂荣，严昌荣，等，2019. 水分亏缺冬小麦近等基因系冠气温差与群体总耗水量的关系 [J]. 生态学报，39（1）：244-253.

彭世彰，2006. 节水灌溉条件下水稻叶气温差变化规律与水分亏缺诊断试验研究 [J]. 水利学报，37（12）：1503-1508.

彭致功，杨培岭，段爱旺，2003. 日光温室茄子冠气温差与环境因子之间的关系研究 [J]. 华中农学报，18（4）：111-113.

齐永青，2003. 不同小麦品种的抗旱生理特性及其抗旱性评价的研究 [D]. 保定：河北农业大学.

任学敏，朱雅，王长发，等，2014. 花生生理和农艺性状对冠层温度的影响 [J]. 西北农林科技大学学报（自然科学版）（10）：81-86.

施伟，昌小平，景蕊莲，2012. 不同水分条件下小麦生理性状与产量的灰色关联度分析 [J]. 麦类作物学报，32（4）：653-659.

史宝成，2006. 作物缺水诊断指标及灌溉控制指标的研究 [D]. 北京：中国水利水电科学研究院.

司南，2016. 北京大兴区冬小麦冠层温度变化规律及相关影响因素研究 [D]. 泰安：山东农业大学.

孙岩，2007. 水分胁迫对冬小麦的生长发育、生理特征及其养分运输的影响 [D]. 北京：中国农业科学院农业环境与可持续发展研究所.

王东豪，张江辉，白云岗，等，2018. 基于冠气温差的枣树根区土壤水分预报模型 [J]. 水资源与水工程学报，29（5）：255-260.

王纪华，赵春江，黄文江，等，2001. 土壤水分对小麦叶片含水量及生理功能的影响 [J]. 麦类作物学报，21（4）：42-47.

王卫星，宋淑然，许利霞，等，2006. 基于冠层温度的夏玉米水分胁迫理论模型的初步研究 [J]. 农业工程学报，22（5）：194-196.

吴晓磊，张寄阳，刘浩，等，2016. 基于红外热像仪的棉花水分状况诊断方法 [J]. 应用生态学报（1）：165-172.

张春霞，谢惠民，王婧，等，2009. 小麦品种叶片水势与抗旱节水性的关系 [J]. 麦类作物学报（3）：453-459.

张文忠，韩亚东，杜宏绢，等，2007. 水稻开花期冠层温度与土壤水分及产量结构的关系 [J]. 中国水稻科学，21（1）：99-102.

张振华，蔡焕杰，杨润亚，2005. 基于 CWSI 和土壤水分修正系数的冬小麦田土壤含水量估算 [J]. 土壤学报，42（3）：373-378.

赵福年，王瑞君，张虹，等，2012. 基于冠气温差的作物水分胁迫指数经验模型研究进展 [J]. 干旱气象，30（4）：522-528.

周颖，刘钰，蔡甲冰，等，2011. 冬小麦主要生长期内冠气温差与蒸腾速率的关系 [J]. 山西农业科学，（9）：939-942.

Abraham N，Hema P S，Saritha E K，2000. Irrigation automation based onsoil electrical conductivity and leaf temperature [J]. Agricultural Water Management，45：145-157.

Akkuzu E，Kayau，Camoglug，*et al*，2013. Determi-nation of crop water stress index and irrigation timing on olive trees using a handheld infrared thermometer [J]. Journal of irrigation and drainage engineering，139（9）：728-737.

Alderfasi A, Nielsen D C, 2001. Use of crop water stress index for monitoring water status and scheduling irrigation in wheat [J]. Agricultural Water Management, 47 (1): 69 – 75.

Araus J L, Slafer G A, Reynolds M P, et al, 2002. Plant breeding and drought in C3 cereals: What should we breed for [J]. Ann Bot, 89: 925 – 940.

Aredstani A, Yazdanparast R, 2007. Antioxidant and free radical scavenging potential of Achilles santolina extracts [J]. Food Chemistry, 104 (1): 21 – 29.

Balota M, Payne W A, Evett S R, et al, 2007. Canopy temperature depression sampling to assess grain yield and genotypic differentiation in winter wheat [J]. Crop Science, 47 (4): 1518 – 1529.

Bernardo B S, Jose A F, Tantravahi V R R, et al, 2007. Crop water stress index and water use efficiency for melon on different irrigation regimes [J]. Agricultural Journal, 2 (1): 31 – 37.

Bolota M, Payne W, Evett S, et al, 2007. Canopy temperature desspression sampling to assess grain yield and genotypic differentiation in winter wheat [J]. Crop science, 47 (4): 1518 – 1529.

Catherine M C, Karl S, Abdou B, et al, 2003. Validation of a hyperspectral curve – fitting model for the estimation of plant water content of agricultural canopies [J]. Remote Sensing of Environment, 87 (2 – 3): 148 – 160.

Cohen Y, Alchanatis V, Meron M, et al, 2005. Estimation of leaf water potential by thermal imagery and spatial analysis [J]. Journal of Experimental Botany, 56: 1843 – 1852.

Ehrler W L, 1973. Cotton leaf temperature as related to soil water depletion and metrological factors [J]. Agronomy Journal, 65: 404 – 409.

Fan T L, Maria B, Rudd J, et al, 2005. Canopy temperature depressions a potential selection criterion for drought resistance in wheat [J]. Agricultural Sciences in China, 4 (10): 793 – 800.

Feng B L, Yu H, Hu Y G, et al, 2009. The physiological characteristics of the low canopy temperature wheat (Tritium aestivum L.) genotypes under simulated drought condition [J]. Acta Physiologies Plantarum, 31 (6): 1229 – 1235.

Flexas J, Medrano H, 2002. Drought inhibition of photosynthesis in C3 plants: stomata and non – stomata limitations revisited [J]. Annals of Botany, 89 (2): 183 – 189.

Gontia N K, Tiwari K N, 2008. Development of crop water stress index of wheat crop for scheduling irrigation A using infrared thermometry [J]. Agricultural Water Management, 95 (10): 1144 – 1152.

Hafid R E L, Smith D H, Karrou M, et al, 1998. Physiological responses of spring durum wheat cultivars to early season drought in a Mediterranean environment [J]. Annals of Botany, 81 (2): 363 – 370.

Howell T, Musick J T, Tolk J A, 1986. Canopy temperature of irrigated winter wheat [J]. Transactions of the ASAE, 29: 1692 – 1698.

IAnnuccia, Rascioa, Russom, et al, 2000. Physiological responses to water stress following a conditioning period in berseem clover [J]. Plant and Science, 223: 217 – 227.

Idso S B, 1982. Non – water – stressed baselines: a key to measuring and interpreting plant water stress [J]. Agricultural Meteorology, 27 (1 – 2): 59 – 70.

Iriti M, Picchi V, Rossoni M, et. al, 2009. Chitosan antitranspirantactivity is due to abscise acid – dependent stomatal closure [J]. Environmental and Experimental Botany, 66 (3): 493 – 500.

Jackson R D, Idso S B, Reginato R J, et al, 1981. Canopy temperature as a crop water stress indicator [J]. Water Resources Research, 17 (4): 1133 – 1138.

Karimizadeh R, Mohammadi M, 2011. Association of canopy temperature depressing with yield of durum wheat genotypes under supplementary irrigated and rainfed condition [J]. Australian Journal of Crop Science，5 (2)：138 - 146.

Lafitte H R，Guan Y S，Shi Y，*et al*，2007. Whole plant responses，key processes，and adaptation to drought stress：The case of rice [J]. J Exp Bot，58：169 - 175.

Li Y，Song X，Li S，*et al*，2020. The role of leaf water potential in the temperature response of mesophyll conductance [J]. New phytologist，225 (3)：1193 - 1205.

Mirzaee M，Moieni A，Ghanati F，2013. Effects of drought stress on the lipid peroxidation and antioxidant enzyme activities in two canola (Brassica napus L.) cultivars [J]. Journal of Agricultural Science &Technology，15 (3)：593 - 602.

Motohiko K，Maddala V R，Murty，*et al*，2000. Aragones，Characteristic of root growth and water uptake from soil in upland rice and maize under water stress [J]. Taylor & Francis，43 (3)：721 - 732.

Rashid A，Stark J C，Tanveer A，*et al*，1999. Use of canopy temperature measurements as a screening tool for drought tolerance in spring wheat [J]. Journal of Agronomy and Crop Science，182 (4)：231 -238.

Reynolds M P，Nagarajan S，Razzaque M A，*et al*，1997. Using canopy temperature depression to select for yield potential of wheat in heat stressed environment [J]. Mecxico D (Mexico)，CIMMYT，51：119 -129.

Singh T N，Aspinallf，Paley G，1972. Praline accumulation and varietal adaptability to drought in barley：a potential metabolic measure of drought resistance [J]. Nature，New Bio，236：188 - 190.

Tung J，Good win P H，Hsiang T，2013. Chlorophyll fluorescence for quantification of an induced systemic resistance activator [J]. Eur J Plant Pathol，136 (2)：301 - 315.

Upadhyaya S K，Panda S K，2004. Responses of camellia sinensis to drought and rehydration [J]. Biologia Plantarum，48 (4)：597 - 600.

Vadez V，Deshpande S P，Kholova J，*et al*，2011. Stay - green quantitative tea it loci's effects on water extraction，transpiration efficiency and seed yield depend on recipient parent background [J]. Functional Plant Biology，38 (7)：553 - 566.

Walter B，Thomas T，Gerald B，2011. Evapotranspiration adjustments for deficit - irrigated corn using canopy temperature：A concept [J]. Irrigation and Drainage，60 (5)：682 - 693.

Wang X Z，Yang W P，Ashley W，*et al*，2010. Automated canopy temperature estimation via infrared thermography：A first step towards automated plant water stress monitoring [J]. Computers and Electronics in Agriculture，73 (1)：74 - 83.

Yao X，Jia W Q，Jia W Q，*et al*，2014. Exploring novel bands and key index for evaluating leaf equivalent water thickness in wheat using hyperspectra influenced by nitrogen [J]. Plos One，9 (6)：1 - 11.

Ye Z P，Yu Q，Kang H J，2012. Evaluation of photosynthetic electron flow using simultaneous measurements of gas exchange and chlorophyll fluorescence under photorespiratory conditions [J]. Photosynthetica，50 (3)：472 - 476.

Zhang C，Liu J G，Shang J L，*et al*，2018. Capability of crop water content for revealing variability of winter wheat grain yield and soil moisture under limited irrigation [J]. Science of the total environment，631 (8)：677 - 687.

第三章

基于高光谱成像的小麦水分含量监测

第一节　不同水分处理小麦农艺性状变化特征

水是作物的重要组成部分，是作物生命活动的基本因子，水分胁迫会严重影响作物的生长，具体表现在作物干物质积累量、叶面积指数、叶绿素含量/SPAD 值、含水量等农艺性状上（李萌，2018）。这将直接影响作物的产量与品质，导致粮食危机（Marianna *et al.*，2018）。不同灌溉条件和生育阶段，作物的叶面积指数、干物质积累量、SPAD 值、含水量也会有较大差异。因此，分析不同灌水处理下冬小麦各生育时期叶面积指数、干物质积累量、SPAD 值、含水量的变化规律和差异性，可以为冬小麦水分状况的实时监测、精确诊断和定量管理提供科学依据。

一、试验设计与数据处理

1. 研究区概况

研究区（也称试验区）位于石河子大学农学院试验站（45°19′N，86°03′E，海拔440 m），试验地点属典型的温带大陆性气候，冬季长而严寒，夏季短而炎热，平均年降水量为 156 mm，年均气温 7 ℃，无霜 160～180 d，≥10 ℃积温 3 500～3 700 ℃。

试验气象数据由石河子气象局气象观测站提供，该站与研究区（也称试验区）的直线距离为500 m，自动监测小麦整个生育期内每日的降水、风速、气温、湿度、土壤温度、相对湿度等。

如图 3-1 所示为 2017—2019 年研究区降水和温度情况。

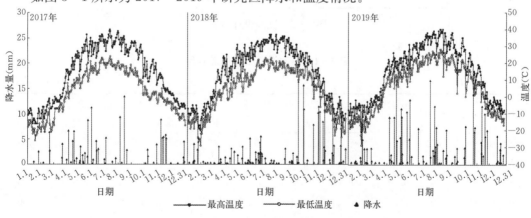

图 3-1　2017—2019 年研究区降水和温度情况

2. 试验设计

本研究进行田间小区控制试验，涉及不同年份、不同株型品种和不同水分处理，具体试验设计如下。

试验1：于2017—2018年在石河子大学农学院试验站进行。供试品种为'新冬22号'和'新冬43号'（新疆农垦科学院选育），试验区在1 m深土层内，土壤质地为沙壤土，含有机质22.65 mg·kg^{-1}、碱解氮60.5 mg·kg^{-1}、速效磷24.86 mg·kg^{-1}、速效钾195.7 mg·kg^{-1}，pH 7.58。试验共15个小区，每个小区面积为40 m^2（5 m×8 m），播种密度为525万粒·hm^{-2}，播种采用人工条播，行距15 cm（图3-2）。试验共设置5个水分处理，全生育期分别灌溉150 mm（W1）、300 mm（W2）、450 mm（W3）、600 mm（W4）和750 mm（W5），每个处理设置3个重复，播种后各处理均滴出苗水60 mm，冬前均灌越冬水90 mm，各处理从返青后开始进行不同水分处理，W1处理不灌水，其他水分处理在返青至成熟共灌水8次，每10 d灌1次，每次灌溉量通过水表控制（表3-1）。

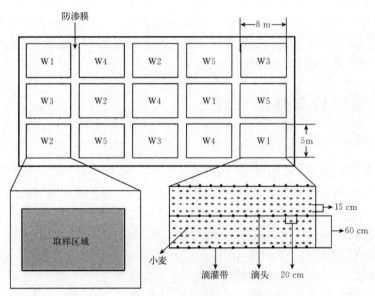

图3-2 试验设计示意

表3-1 不同灌溉处理的灌溉量

单位：mm

处理	出苗水	越冬水	第一次灌水	第二次灌水	第三次灌水	第四次灌水	第五次灌水	第六次灌水	第七次灌水	第八次灌水	总计
W1	60	90	0	0	0	0	0	0	0	0	150
W2	60	90	18.75	18.75	18.75	18.75	18.75	18.75	18.75	18.75	300
W3	60	90	37.5	37.5	37.5	37.5	37.5	37.5	37.5	37.5	450
W4	60	90	56.25	56.25	56.25	56.25	56.25	56.25	56.25	56.25	600
W5	60	90	75	75	75	75	75	75	75	75	750

试验采用北京绿源公司生产的515型内镶式滴灌带，滴头间距20 cm，滴头流量3.2 L·h⁻¹，滴管带间距为60 cm，毛管配置为1管4行，为了防止水分侧渗，各处理间均用埋有1 m深的防渗膜隔开。全生育期基施尿素150 kg·hm⁻²、磷酸二胺375 kg·hm⁻²，追施尿素300 kg·hm⁻²，分别在越冬期、拔节期、孕穗期、抽穗期、灌浆期按照10％、30％、20％、30％、10％的比例随水滴施。追施磷酸二氢钾60 kg·hm⁻²，分别于拔节期和抽穗期均匀滴施。其他田间管理同常规高产田。本试验数据主要用于模型的测试与检验。

试验2：于2018—2019年在石河子大学农学院试验站进行。试验内容、田间管理措施同试验1，本试验数据主要用于模型的构建。

3. 测定项目及方法

（1）SPAD值的测定

与光谱测定时同步采样，每处理随机选取可表征处理平均长势的3株单茎，分顶部第一叶（L1）、第二叶（L2）、第三叶（L3），使用日本MINOLTA公司研发的SPAD-502叶绿素仪测定SPAD值，为了减小误差，在每片叶子的叶尖、叶中和叶基分别测定其SPAD值，计算平均值作为该叶片的SPAD值。

（2）叶面积指数的测定

与光谱测定时同步采样，每处理随机选取可表征处理平均长势的3株单茎，分顶部第一叶（L1）、第二叶（L2）、第三叶（L3）、余叶，快速分样后立即装入已称重的自封袋（可密封），并放入冰盒中，带回室内使用美国LI-COR公司研发的LI-3100C台式叶面积仪测量各叶位层叶片的叶面积，并计算叶面积指数（田永超 等，2005）。

（3）干物质积累量的测定

与光谱测定时同步采样，每小区随机选取可表征小区平均长势的3株单茎，将叶片、茎鞘和穗（成熟期包括籽粒、颖壳）等器官分开，快速分样后立即装入已称重的自封袋（可密封），并放入冰盒中，带回室内用万分之一精度电子天平称取各部分鲜重，并放入105 ℃下杀青30 min，于80 ℃烘干至恒重，后称其干重，单位为g。

光谱数据和农艺性状获取的主要时期如下：

试验1（2018年）：拔节期（4月22日）、抽穗期（5月10日）、扬花期（5月22日）、灌浆期（6月2日，6月10日）；

试验2（2019年）：拔节期（4月27日）、抽穗期（5月15日）、扬花期（5月31日）、灌浆期（6月8日，6月16日）。

二、冬小麦植株农艺性状动态变化特征

1. 冬小麦植株叶面积指数（PLAI）动态变化

表3-2为2018—2019年不同水分条件下'新冬22号'和'新冬43号'小麦PLAI的描述性统计分析。两个品种均为75个样本，最大值分别为5.85和6.29，最小值分别为1.92和2.00，平均值分别为3.46和3.58，'新冬43号'的PLAI整体略高于'新冬22号'。变异系数（CV）又被称为离散系数，系数越大，样本离散程度越大。按照变异

系数的等级划分：CV≥100％为强变异性；10％≤CV＜100％为中变异性；CV＜10％为弱变异性（吕真真 等，2013）。两个品种的变异系数均在10％～100％，为中等变异性，说明数据离散程度较高，可以用来构建估测模型。

表 3-2　冬小麦全生育期 PLAI 的描述性统计分析

品种	样本数	植株叶面积指数			标准差	CV
		最大值	最小值	平均值		
'新冬22号'	75	5.85	1.92	3.46	1.22	35.14
'新冬43号'	75	6.29	2.00	3.58	1.24	34.63

图 3-3 为 2018—2019 年不同水分条件下'新冬22号'和'新冬43号'PLAI 随生育进程的变化趋势。不同水分条件下两个品种的 PLAI 变化趋势基本一致，各处理间差异显著，整个生育时期均表现出 W3＞W4＞W5＞W2＞W1，W3 处理在扬花期达到最大值。不同生育时期小麦 PLAI 差异显著，两品种变化趋势一致，均随生育进程的推进先增高后降低，拔节期 PLAI 最低，分别为 1.92 和 2.00；拔节期至扬花期，PLAI 迅速升高，在扬花期达到最大值，分别为 5.85 和 6.29；而后扬花期至灌浆中期 PLAI 急剧下降。

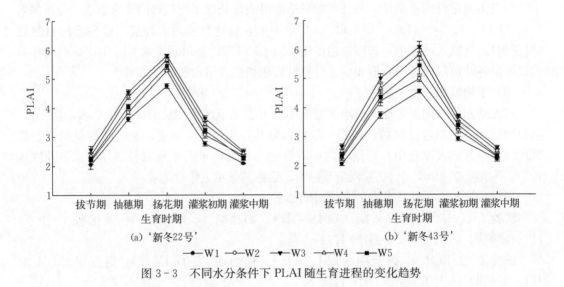

(a) '新冬22号'　　　　　　　　　(b) '新冬43号'

—●— W1　—○— W2　—▼— W3　—△— W4　—■— W5

图 3-3　不同水分条件下 PLAI 随生育进程的变化趋势

2. 冬小麦植株干物质积累量动态变化

表 3-3 为 2018—2019 年不同水分条件下'新冬22号'和'新冬43号'植株干物质积累量（PDMA）的描述性统计分析。两品种均为 75 个样本，灌浆中期出现最大值，分别为 3.92 g·株$^{-1}$和 4.84 g·株$^{-1}$；在拔节期最小，分别为 0.72 g·株$^{-1}$和 0.83 g·株$^{-1}$；平均值分别为 2.49 g·株$^{-1}$和 2.87 g·株$^{-1}$，'新冬43号'的 PDMA 略高于'新冬22号'。两个品种的 CV 均在 10％～100％，为中等变异性，说明数据离散程度较高，可以用来构建估测模型。

表3-3　冬小麦全生育期PDMA的描述性统计分析

品种	样本数	植株干物质积累量（g·株⁻¹）			标准差	CV
		最大值	最小值	平均值		
'新冬22号'	75	3.92	0.72	2.49	1.04	41.77
'新冬43号'	75	4.84	0.83	2.87	1.34	46.69

图3-4为2018—2019年不同水分条件下'新冬22号'和'新冬43号'PDMA随生育进程的变化趋势。不同生育时期小麦PDMA在不同品种间略有差异，生育前期差异不显著，生育后期差异显著，'新冬43号'PDMA明显高于'新冬22号'。不同水分条件下两个品种PDMA都表现出相似的趋势，随着灌溉量的增加，两个品种在不同时期的干物质积累量均增加，在不同生育时期增加幅度也不同，两个品种均在灌浆中期PDMA达到最高，W3>W4>W5>W2>W1，W3处理PDMA最大，两个品种分别为3.92 g·株⁻¹和4.84 g·株⁻¹。

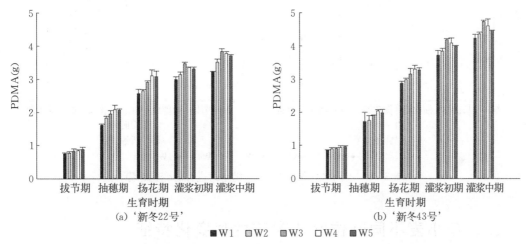

图3-4　不同水分条件下PDMA随生育进程的变化趋势

3. 冬小麦植株含水量动态变化

表3-4为2018—2019年不同水分条件下'新冬22号'和'新冬43号'PWC的描述性统计分析。由表可知，两个品种均为75个样本，含水量最大值分别为86.89%和86.30%，最小值分别为52.45%和54.69%，平均值分别为72.03%和72.81%，两个品种PWC整体差异不大，两个品种的变异系数均在10%～100%，为中等变异性，说明数据离散程度较高，可以用来构建估测模型。

表3-4　冬小麦全生育期PWC的描述性统计分析

品种	样本数	植株含水量（%）			标准差	变异系数
		最大值	最小值	平均值		
'新冬22号'	75	86.89	52.45	72.03	9.88	13.72
'新冬43号'	75	86.30	54.69	72.81	8.56	11.76

图 3-5 为 2018—2019 年不同水分条件下'新冬 22 号'和'新冬 43 号'PWC 随生育进程的变化趋势。不同水分处理和生育时期下小麦 PWC 随品种略有差异，但差异不显著。以水分含量平均值为标准，'新冬 22 号'PWC 降幅为 25.58％～33.65％，'新冬 43 号'为 22.93％～29.04％。各水分处理均表现出随生育时期的推进，PWC 均呈现降低的趋势，PWC 都在拔节期达到最高，之后一直降低，直至灌浆中期降至最低，最低分别为 53.90％和 56.80％；不同水分处理之间的 PWC 在水分处理前期差异较小，后期下降迅速，差异逐渐增大，总体表现为 W5＞W4＞W3＞W2＞W1，两个品种趋势一致。

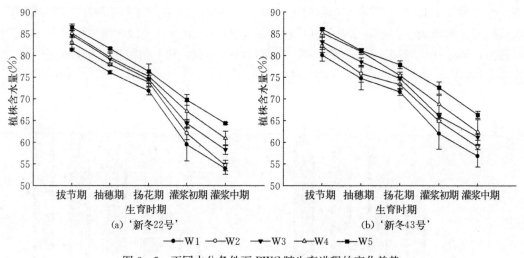

(a) '新冬22号'　　　　　　　　　(b) '新冬43号'

─●─ W1　─○─ W2　─▼─ W3　─△─ W4　─■─ W5

图 3-5　不同水分条件下 PWC 随生育进程的变化趋势

三、冬小麦不同叶位叶片农艺性状变化特征

1. 冬小麦不同叶位叶片 SPAD 值动态变化

图 3-6 为 2018—2019 年不同水分条件下冬小麦不同生育时期不同叶位叶片 SPAD 值的动态变化情况。冬小麦不同叶位叶片 SPAD 值均随生育进程推进而呈现先升高而降低的趋势。生育前期，不同叶位叶片 SPAD 值均呈现升高趋势，在拔节期，L2 的 SPAD 值最大，最大值为 51.66，L3＞L1，但差异不显著，L2 为功能叶；至扬花期 SPAD 值达到最高，L1 为功能叶，SPAD 值最大，最大值为 61.81，L1＞L2＞L3，且差异显著。至生育后期，各叶位叶片 SPAD 值呈下降趋势，但各叶位叶片 SPAD 值仍表现为 L1＞L2＞L3，至灌浆中期降至最低，最低值为 32.11。

各叶位的 SPAD 值在不同水分处理间也存在差异，干旱处理（W1）与灌水处理（W2、W3、W4、W5）之间差异显著，W4 与 W5 处理间略有差异，差异不显著。SPAD 值在一定范围内会随灌溉量的增加而增加，而当灌溉量超过一定范围后，叶片 SPAD 值趋于稳定，甚至会出现略微下降的趋势。

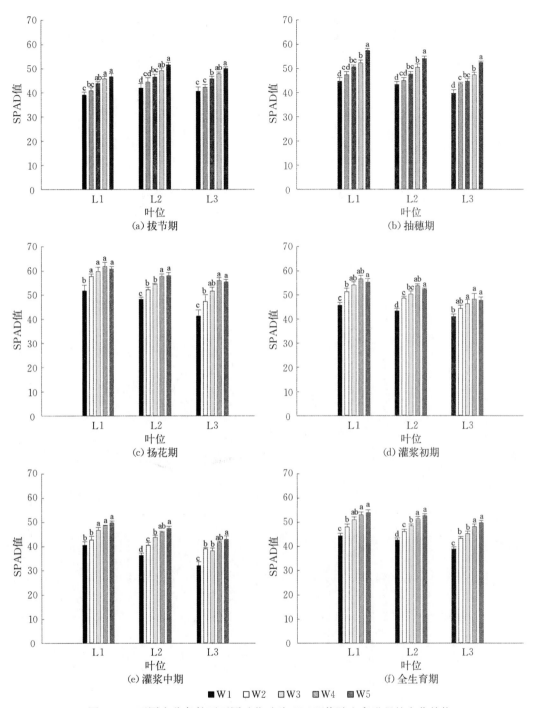

图 3 - 6　不同水分条件下不同叶位叶片 SPAD 值随生育进程的变化趋势

2. 冬小麦不同叶层叶面积指数（LLAI）动态变化

图 3 - 7 为 2018—2019 年不同水分条件下冬小麦不同生育时期不同 LLAI 的动态变化情况。不同生育时期与不同水分处理下的冬小麦 LLAI 的变化趋势不同，不同水分处理

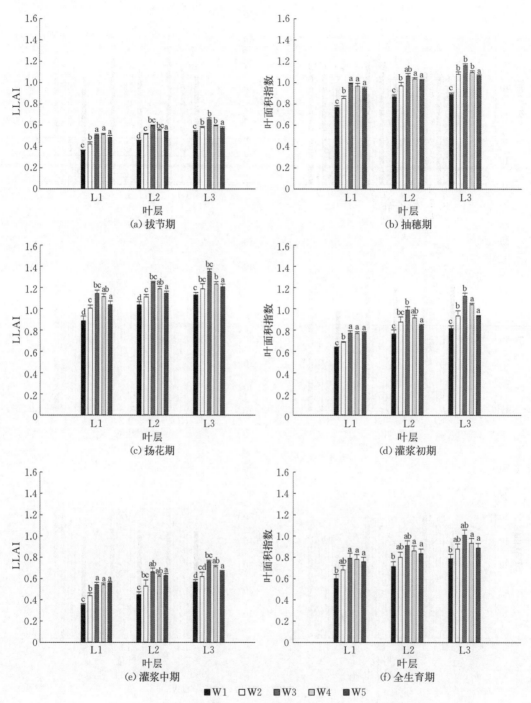

图 3-7 不同水分条件下不同 LLAI 随生育进程的变化趋势

间，冬小麦 LLAI 大小依次为 W3＞W4＞W5＞W2＞W1，灌水处理（W2、W3、W4、W5）与干旱处理（W1）之间差异明显。生育前期，拔节期 LLAI 最低，最小值为 0.35，而后各水分处理 LLAI 迅速升高，至扬花期达到峰值，最高为 1.35，而后至灌浆中期呈降低趋势，其中灌浆前期各水分处理间差异最显著。

不同生育时期不同叶层 LLAI 也有较大差异，拔节期 W1 处理的 LLAI 最低，最小值为 0.35，生育前期各叶层 LLAI 整体较高，拔节期至扬花期，LLAI 迅速升高，至扬花期 W3 处理的 L3 达到最大，最大值为 1.35，而后 LLAI 迅速下降，生育后期各叶层 LLAI 整体偏低。全生育期各叶层 LLAI 大小总体表现为 L3＞L2＞L1，生育前期各叶层 LLAI 差异较小，随着生育进程的推进，各叶层 LLAI 的差异逐渐变大，至灌浆前期差异最显著，而后至灌浆中期，各叶层间差异又变小，各叶层 LLAI 之间的差异整体随生育时期呈现不显著—显著—不显著的变化趋势，其中灌浆前期的 W3 处理各叶层间差异最显著，全生育期整体表现出 W4 和 W5 处理各叶层间 LLAI 差异较小，W1、W2 和 W3 处理各叶层间 LLAI 的差异较大。

3. 冬小麦不同叶位叶片含水量（LWC）动态变化

图 3-8 为 2018—2019 年不同水分条件下冬小麦不同生育时期不同叶位 LWC 的动态变化情况。不同生育时期的冬小麦 LWC 的变化趋势相似，拔节期 LWC 最高，为 84.25%，随着生育时期的推进，各水分处理 LWC 均呈下降趋势，至灌浆中期，底部叶片逐渐衰老干枯，LWC 迅速下降，降至最小，最小值为 49.36%。不同水分处理下，干

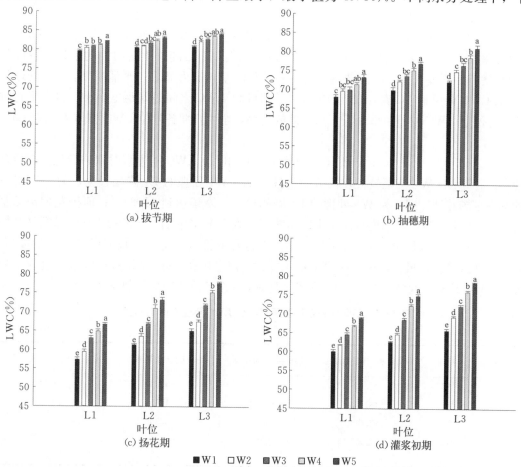

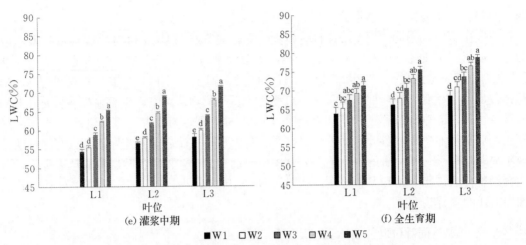

图 3-8 不同水分条件下不同叶位 LWC 随生育进程的变化趋势

旱处理（W1）与灌水处理（W2、W3、W4、W5）之间差异明显，W4 和 W5 处理之间差异较小，冬小麦 LWC 大小在各个生育时期均表现为 W5＞W4＞W3＞W2＞W1；在拔节期，各水分处理之间差异不大，随着生育时期的推进，差异逐渐显现出来，灌浆期 5 个水分处理之间彼此差异显著。

不同叶位 LWC 随生育时期进程的推进，水分含量降低。在拔节期 W5 处理的 L3 的 LWC 最大，达到 84.25%，各叶位 LWC 差异不大；而后随着生育时期的推进，各叶位 LWC 的差距逐渐变大，在扬花期，各叶位 LWC 差异最为显著；至灌浆期，W1 处理的 L1 的 LWC 降至最小，最小值为 49.36%，各叶位 LWC 之间的差距也变小。整个生育时期各叶位间 LWC 的差距呈现低—高—低的趋势，全生育期各叶位 LWC 整体表现为 L3＞L2＞L1。

表 3-5 为 2018—2019 年不同水分条件下不同叶位 LWC 随生育时期的变化。在生育前期，各叶位 LWC 降幅较大，拔节期至抽穗期，W1 处理的 L1 降幅最大，为 14.62%；抽穗期至扬花期，同样为 W1 处理的 L1 降幅最大，降幅达到 15.65%；而扬花期至灌浆初期，各叶位 LWC 降幅均有所减小；而灌浆初期至灌浆中期，各叶位 LWC 降幅又开始增大。从该表可以得出，小麦 LWC 均随生育进程的推进而降低，拔节期水分含量最高，灌浆中期水分含量最低，整个生育期的 LWC 降幅呈现高—低—高的趋势，W4 和 W5 处理的 LWC 降幅普遍低于 W1、W2 和 W3 处理，3 个叶位的变化趋势基本一致。

表 3-5 不同水分条件下不同叶位 LWC 随生育时期的变化

单位：%

叶位	处理	拔节期—抽穗期	抽穗期—扬花期	扬花期—灌浆初期	灌浆初期—灌浆中期
	W1	−14.62	−15.65	−3.09	−11.20
	W2	−13.63	−14.52	−4.15	−12.17
L1	W3	−13.62	−9.77	−5.36	−13.84
	W4	−12.33	−8.97	−4.45	−9.61
	W5	−11.00	−8.85	−5.04	−11.19

（续）

叶位	处理	拔节期—抽穗期	抽穗期—扬花期	扬花期—灌浆初期	灌浆初期—灌浆中期
	W1	−13.35	−12.19	−5.67	−13.43
	W2	−10.90	−11.98	−3.50	−11.24
L2	W3	−10.04	−9.16	−3.75	−11.89
	W4	−8.90	−5.53	−4.86	−13.43
	W5	−7.53	−4.90	−2.85	−9.41
	W1	−10.97	−9.77	−3.81	−12.72
	W2	−9.03	−9.74	−4.69	−13.48
L3	W3	−7.74	−6.04	−2.42	−7.14
	W4	−6.23	−4.15	−3.36	−10.34
	W5	−3.82	−4.05	−3.97	−11.47

四、农艺性状相关性分析

表 3-6 为 2018—2019 年植株和各叶位农艺性状间的相关性分析。由表可知，在 L1 中，LWC 与 PWC 和 PDMA 呈极显著相关关系，与 LLAI 不呈相关关系；LLAI 与 PD-MA、PLAI 呈极显著相关关系；SPAD 与 PDMA、PLAI 呈极显著相关关系。在 L2 中，LWC 与 PWC、PDMA 呈极显著相关关系，与 LLAI 不呈相关关系；LLAI 与 PWC 呈显著相关关系，与 PLAI 和 SPAD 呈极显著相关关系。SPAD 与 PWC、PLAI、LWC、LLAI 呈极显著相关关系。在 L3 中，LWC 与 PWC、PDMA 呈极显著相关关系，与 PLAI 和 SPAD 不呈相关关系；LLAI 与 PWC、PLAI 呈极显著相关关系；SPAD 与 PWC、PLAI、LWC 呈极显著相关关系。

表 3-6　农艺性状间的相关性分析

叶位	指标	PWC	PDMA	PLAI	LWC	LLAI	SPAD
	LWC	0.921**	−0.868**	−0.078	1		
L1	LLAI	0.112	0.217**	0.955**	−0.070	1	
	SPAD	0.083	0.344**	0.757**	−0.148	0.770**	1
	LWC	0.937**	−0.824**	0.041	1		
L2	LLAI	0.181*	0.148	0.935**	−0.010	1	
	SPAD	0.377**	0.062	0.638**	0.308**	0.633**	1
	LWC	0.945**	−0.778**	0.157	1		
L3	LLAI	0.219**	0.094	0.934**	0.061	1	
	SPAD	0.477**	−0.071	0.559**	0.523**	0.761**	1

注：*表示在 5%水平上差异显著，**表示在 1%水平上差异显著。

LLAI 与 LWC 在 L1、L2 和 L3 均不相关；SAPD 与 LWC 在 L2、L3 中呈极显著相关关系，相关系数最高为 0.523。LWC 与 PWC 在各叶位均呈极显著相关关系，且相关系数足够高，最高达到 0.945；LLAI 与 PWC 在 L2、L3 中分别呈显著、极显著相关关系，但相关系数较低，最高仅为 0.219；而 SPAD 仅在 L2 和 L3 中与 PWC 呈极显著相关关系，最大相关系数为 0.477。

综上，SPAD 在 L2 和 L3 中可以反映 PWC 和 LWC 的状况，LLAI 在 L2、L3 中可以表征 PWC 的状况，但相关系数不够高；LWC 在 L1、L2、L3 中均可以表征 PWC 的状况，且相关系数足够高，均高于 0.9。

表 3 - 7 为 2018—2019 年不同叶位叶片含水量与植株含水量的相关性分析。由表可知，LWC 与 PWC 在各个生育时期均呈极显著相关关系，且相关系数较高，均大于 0.7。为了快速无损地对植株水分状况进行估测，本研究选取顶一叶（L1）作为代表性叶位进行分析，如图 3 - 9 所示，利用 LWC 与 PWC 进行拟合，结果表明，拟合模型精度达到 0.848 9，模型精度足够高，可以利用 LWC 对 PWC 进行估测。

表 3 - 7 不同叶位叶片含水量（LWC）与植株含水量（PWC）的相关性分析

生育时期	L1	L2	L3
拔节期	0.790**	0.736**	0.773**
抽穗期	0.708**	0.786**	0.830**
扬花期	0.849**	0.799**	0.821**
灌浆初期	0.838**	0.817**	0.834**
灌浆中期	0.850**	0.873**	0.880**
全生育期	0.921**	0.937**	0.945**

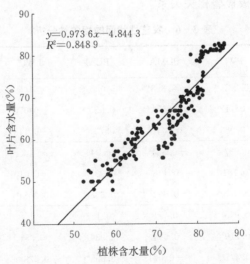

图 3 - 9 叶片（L1）含水量与植株含水量的拟合模型（$n=150$）

五、讨论

1. 不同水分处理对冬小麦叶面积指数的影响

叶面积指数是描述植被农情参数的一项重要指标，其大小与作物产量密切相关（王亚杰，2018）。本研究对不同水分条件下冬小麦植株叶面积指数（PLAI）和不同叶层叶面积指数（LLAI）进行深入分析，结果表明，不同水分条件下各生育时期的 PLAI 均表现为 W3＞W4＞W5＞W2＞W1，各处理 PLAI 均在拔节期最低，在扬花期达到最高。这可能是因为拔节期小麦植株矮小，覆盖度较低，所以 PLAI 相对较小，随着小麦的生长，植株高度增加，覆盖度增大，PLAI 增大，而后小麦在灌浆期叶片开始衰老、脱落，覆盖度减小，导致 PLAI 降低，这与前人研究结果一致（黄彩霞 等，2014；刘淼，2016）。

不同 LLAI 是作物植株叶面积指数大小的重要参考，本研究结果表明，不同水分条件下，各生育期冬小麦 LLAI 大小依次为 W3＞W4＞W5＞W2＞W1；生育前期，LLAI 迅速升高，至扬花期到达峰值，而后迅速下降。不同叶层的 LLAI 也会存在较大差异，W4 和 W5 处理 LLAI 间差异较小，W1、W2 和 W3 处理各叶层间 LLAI 的差异较大。全生育期整体表现为 L3＞L2＞L1，生育前期各叶层 LLAI 差异较小，灌浆前期差异最显著，至灌浆中期，各叶层间差异又变小。本研究结果与前人研究类似，这可能是因为生育前期，小麦叶片生长旺盛，而灌浆期，随着气温升高，太阳辐射增强，小麦由营养生长转为生殖生长，叶片开始衰老、脱落，LLAI 也随之降低，全生育期，LLAI 呈现"低—高—低"的变化趋势，LLAI 在一定范围内会随灌溉量的增加而增加，而当灌水过量后，LLAI 出现下降趋势（刘丽萍 等，2008；朱文美，2018）。

2. 不同水分处理对冬小麦干物质积累量的影响

植株干物质积累量（PDMA）是作物产量形成的重要物质基础（李志勇 等，2005），PDMA 的高低直接决定作物产量的高低。本研究对不同水分条件下冬小麦 PDMA 进行深入分析，结果表明，冬小麦 PDMA 随生育时期的推进持续增加，在不同生育时期的增加幅度也不同，在生育后期增加幅度较大，在灌浆中期达到峰值，PDMA 在各水分处理表现为 W3＞W4＞W5＞W2＞W1。这或许是因为随着生育时期的推进，小麦由营养生长转向生殖生长并开始灌浆，进而干物质开始积累；而水分胁迫会影响小麦的籽粒数和粒重（贺可勋，2013），适量的灌溉量会促进其生长；过量灌溉反而会使作物生理功能减弱，干物质积累略微放缓，导致冬小麦 PDMA 较低（陈娟，2016；雷钧杰，2017）。

3. 不同水分处理对冬小麦 SPAD 值的影响

叶绿素对作物光合作用起重要作用，叶绿素含量与作物养分、生长密切相关，而 SPAD 值与叶绿素含量呈正相关关系（李银水 等，2012）。本研究对不同水分条件下冬小麦不同叶位叶片 SPAD 值进行深入分析，研究结果表明，整个生育期各叶位叶片 SPAD

值呈现先升高后降低的趋势。拔节期至扬花期，不同叶位 SPAD 值整体呈现升高趋势，在拔节期 L2＞L3＞L1，此时 L2 为功能叶，这是因为在拔节期冬小麦植株矮小，气温较低时代谢较弱，不同叶位叶片色素、细胞结构等方面特性基本一致（武改红 等，2018）。至扬花期，SPAD 值达到最高，此时 L1 为功能叶（武改红，2018）；至生育后期，不同叶位叶片 SPAD 值开始呈下降趋势。这可能是因为在生育前期冬小麦叶绿素尚未完全合成，没有进入功能盛期，后期气温上升，代谢增强，到扬花期趋于稳定，而至生育后期，植株由营养生长进入生殖生长，叶片开始衰老、脱落，叶片 SPAD 值开始下降（李娜，2018；银敏华，2018）。不同水分处理之间叶片 SPAD 值也会存在差异，在一定范围内叶片 SPAD 值随灌溉量增加而增加，过量灌水时，SPAD 值趋于稳定，甚至略微下降，这是因为过量灌水条件下，根系的呼吸功能等大大减弱，此时吸收氮素的能力减弱，而叶片缺氮时会失绿（黄钦友 等，2017；李祯，2017）。

4. 不同水分处理对冬小麦含水量的影响

水是作物生命活动的必要因子，水分匮乏会导致作物减产。本研究对不同水分条件下冬小麦植株含水量（PWC）和不同叶位叶片含水量（LWC）进行深入分析，结果表明，各水分处理 PWC 均随生育进程的推进呈现降低的趋势，PWC 在拔节期最高，至灌浆中期降至最低；不同水分处理间 PWC 在生育前期差异较小，在生育后期差异较大，总体表现为 W5＞W4＞W3＞W2＞W1，这与前人的研究结果一致（哈布热 等，2018）。不同 LWC 是作物水分状况的指示器。本研究结果表明，不同 LWC 随着生育进程推进均呈下降趋势，各叶位在拔节期差异较小，在抽穗期、扬花期和灌浆初期差异较大，整个生育时期各叶位间 LWC 的差距呈现"低—高—低"的趋势，各叶位总体表现为 L3＞L2＞L1（柴金伶，2011）；不同 LWC 在各水分处理间变化趋势一致，均表现为 W5＞W4＞W3＞W2＞W1。这可能是因为生育前期生长旺盛，营养元素在作物体内需要借助水分进行运输，水分转运频繁，造成不同 LWC 的差异，而生育后期，随气温升高，从营养生长转为生殖生长，生长发育加快，日耗水量增加，水分、营养等均向生殖器官运输，导致各叶位间水分差异不大（韩刚，2011；李娜，2018）。

在生育前期，LWC 降幅较大，扬花期至灌浆初期叶片含水量降幅最小，这可能是因为扬花期至灌浆初期正是小麦营养生长向生殖生长的关键时期，营养物质伴随着水分从土壤向生殖器官运输（杨阳，2015；徐光武，2017），而灌浆前期生殖器官较小，且该时期温度较高，叶片蒸腾作用强烈，水分吸收较少，剩余的水分则向叶片中转运，导致 LWC 变化不大（李华，2012；黄洁，2016）。而灌浆初期至灌浆末期，各叶位叶片含水量又开始急剧下降，这是因为在灌浆中期，小麦植株开始衰老，叶片开始发黄、脱落，水分含量开始急剧下降，这与前人的研究结果一致（吕丽华，2005；牟红梅，2016）。

本研究将植株和各叶位叶片农艺参数进行相关性分析，分析植株水分含量与各叶位水分含量的相关关系。研究表明，LWC 与 PWC 在各叶位均达到极显著相关，且相关性均大于 0.9，均可以表征 PWC；L1、L2、L3 的 LWC 在各个生育时期均与 PWC 极显著相关，选取第一叶的 LWC 来估测 PWC，结果表明，拟合模型精度达到 0.848 9，模型精度足够高，利用第一叶 LWC 可对小麦植株水分含量进行很好的估测。

第二节 基于高光谱成像的小麦叶片水分含量估测模型

叶片是作物的重要组成部位，叶片内部的水分信息可以直接反映整个作物的水分状况，实时快速获取作物叶片水分含量是进行作物长势监测及制定科学合理灌溉制度的前提。传统的叶片水分通常采用烘干法测定（Lv *et al.*，2018），对叶片具有极大的破坏性，极大地影响了农业决策的全面性、时效性和宏观性。本节利用高光谱成像技术结合一元线性回归（SLR）、主成分回归（PCR）和偏最小二乘回归（PLSR）构建冬小麦叶片水分状况估测模型，比较分析了不同光谱变换形式、不同建模方法以及不同敏感波段选择对模型精度的影响，从而能够获取稳定可靠的冬小麦叶片水分状况无损估测模型。

一、试验设计与数据处理

1. 研究区概况

参考本章第一节研究区概况。

2. 试验材料与设计

参考本章第一节试验设计。

3. 测试指标及方法

（1）小麦单叶成像高光谱数据采集

小麦单叶成像高光谱数据由 SOC710VP 可见近红外成像光谱仪（Surface Optics Corporation，USA）和 SOC710SWIR 短波红外成像光谱仪（Surface Optics Corporation，USA）采集。成像采集系统包括高光谱成像仪、标准变焦镜头、可调式卤素灯、计算机及密封式黑色箱柜。SOC710VP 可见近红外成像光谱仪的光谱分辨率为 1.3 nm，图像分辨率为 1 392×1 040，光谱范围 376～1 044 nm，包含 128 个波段；SOC710SWIR 短波红外成像光谱仪光谱分辨率为 2.75 nm，图像分辨率为 640×568，光谱范围 916～1 699 nm，包含 288 个波段。采集拔节期至灌浆期冬小麦叶片的高光谱图像，共采集 5 次。为保证目标样本光照均一性，消除外界环境杂散光影响，光源以 45°角固定于密封柜两侧，高度可调。测量时镜头垂直向下，距离叶片垂直高度 80 cm，每个样本重复拍摄 3 次，取平均值作为该样本光谱测量值，测量时用参考板进行标定（叶片和参考板要在相同的光照条件和环境状态下测定）。高光谱图像采集以线扫描方式进行，用 Hypeers Scanner 2.0 软件（Surface Optics Corporation，USA）进行采集，计算机控制曝光时间和图像校正（图 3 - 10、图 3 - 11）。

（2）含水量的测定

与光谱测定时同步采样，每处理随机选取可表征处理平均长势的 3 株单茎，分顶部第一叶（L1）、第二叶（L2）、第三叶（L3）、余叶、茎秆、穗，快速分样后立即装入已称重

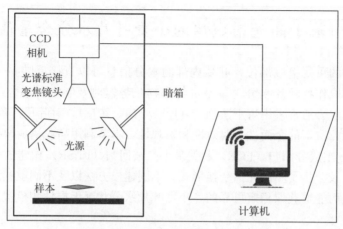

图 3-10　高光谱成像系统（叶片）

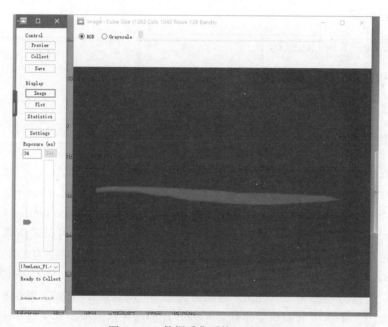

图 3-11　数据采集系统显示界面

的自封袋（可密封）并放入冰盒，带回室内用万分之一精度电子天平称取各部分鲜重后，在 105℃下杀青 30 min 后于 80℃烘干至恒重称其干重。然后分别计算植株含水量（PWC）和叶片含水量（LWC），具体计算公式如下：

$$PWC = \frac{PFW - PDW}{PFW} \times 100\% \tag{3-1}$$

$$LWC = \frac{LFW - LDW}{LFW} \times 100\% \tag{3-2}$$

式中，PFW 为植株鲜重（g），PDW 为植株干重（g），LFW 为叶片鲜重（g），

LDW 为叶片干重（g）。

4. 数据处理分析

（1）光谱反射率的提取与数据预处理

对每个样品采集到的高光谱图像运用光谱数据处理软件 SRAnal710e（Surface Optics Corporation，USA）进行波长定标、辐射定标以及反射率转换，并将叶片、冠层部分作为感兴趣区域（region of interest，ROI），提取 ROI 内所有像素点的平均光谱反射率作为原始光谱反射率（R）。运用 Origin 2018 软件（OriginLab Corp.，Northampton，MA，USA）采用 Savitzky‐Golay（SG）平滑法（多项式阶为 2，平滑窗口大小为 7）对 R 平滑去除噪声，而后对平滑后的光谱反射率（SG）进行开方处理（$\sqrt{SG}$）、对数处理（$\lg SG$）、倒数处理（$1/SG$）、一阶微分处理（SG'）、二阶微分处理（SG''）、一阶微分开方处理（$\sqrt{SG'}$）、二阶微分开方处理（$\sqrt{SG''}$）、对数一阶微分处理 $[(\lg SG)']$、对数二阶微分处理 $[(\lg SG)'']$、倒数一阶微分处理 $[(1/SG)']$ 和倒数二阶微分处理 $[(1/SG)'']$，一阶微分和二阶微分处理采用 Origin 2018（OriginLab Corp.，Northampton，MA，USA）软件计算，其他数据变换采用 Microsoft Excel 2013（Microsoft Corp.，Redmond，WA，USA）软件计算，利用 SigmaPlot 12.5（Systat Software，Inc.，USA）软件制图。

（2）含水量与农艺性状的相关性分析

运用典型相关分析（Correlation analysis，CA）的方法，对植株和单叶的测定数据进行相关性分析，并对所有相关系数进行 $P=0.01$ 水平上的显著性检验。显著性检验利用 SPSS 19.0 软件（SPSS Inc.，Chicago，IL，USA）。

5. 模型的构建与检验

（1）特征波段的选取

全波段成像高光谱数据构建模型会有部分数据冗余，且存在共线性问题，数据处理工作量大，不利于快速构建模型对目标进行估测。选取特征波段是一种常见的减少数据冗余的方法。本研究采用连续投影算法（SPA）和典型相关性分析（CA）对经过预处理后得到的多种光谱类型进行特征波段选取。

SPA 是一种前向选择的变量选取方法，在光谱建模中被广泛应用，设置 SPA 算法选取特征波段数的范围为 5～30，提取的特征波段作为建立估测模型的输入参数（张筱蕾，2013），本研究采用交叉验证以避免过度拟合问题（夏俊芳，2008）。

CA 是指对 2 个或多个具备相关性的变量进行分析，从而衡量 2 个变量因素的相关密切程度，相关性的变量之间需要存在一定的联系或者概率才可以进行相关性分析（于丰华，2017），相关系数绝对值最大的波段和通过 $P=0.01$ 水平上的显著性检验的波段为特征波段，提取的特征波段作为建立估测模型的输入参数（于雷 等，2015）。

（2）模型的构建

利用试验 2 数据基于上述方法利用全波段和特征波段分别建立偏最小二乘回归（PLSR）模型、主成分回归（PCR）模型和一元线性回归（SLR）模型，以光谱反射率作为输入量，构建冬小麦水分状况估测模型，建模采用 The Unscrambler 9.7 软件（CAMO

Software AS，OSLO，Norway）。

PLSR 是将因子分析和回归分析相结合的方法，它不仅仅考虑因变量与自变量集合的回归建模，还采用成分提取的方法，在变量系统中提取对系统有最佳解释能力的新综合变量，再对它们进行回归建模（王丽凤 等，2017）。

PCR 是将多个变量通过线性变换以选出较少个数重要变量的一种多元统计分析方法。通过主成分分析对于原先提出的所有变量建立尽可能少的新变量，使得这些新变量是两两不相关的，而这些新变量所包含的信息尽可能保持原有信息（史杨，2018）。

SLR 反映一个因变量与一个自变量之间的线性关系，在变量中选择与水分含量相关系数绝对值最大的波段作为自变量，建立一元线性回归模型（石朴杰 等，2018）。

（3）模型的检验

利用试验 1 数据对冬小麦水分估测模型进行测试与检验。模型预测精度评价参数主要有决定系数（R^2）、均方根误差（RMSE）以及残差预测偏差（RPD），其计算公式如下（Hu et al.，2013），其中决定系数越大，标准误差越小，模型估测精度越高。当 $RPD<1.0$ 时，模型估测能力极差；当 $1.0<RPD<1.5$ 时，模型的估测能力较差；当 $1.5<RPD<2$ 时，表明模型只能对样本进行粗略估测；当 $2.0<RPD<2.5$ 时，表明模型具有较好的定量估测能力；当 $2.5<RPD<3.0$ 时，模型具有很好的估测能力；当 $RPD>3.0$ 时，模型具有极好的估测能力。模型 RPD 越高，估测能力越强（王海江 等，2018；如则麦麦提，2018）。相关参数计算公式如下：

$$R^2 = \frac{\sum_{i=1}^{n}(\hat{y}_i - \bar{y})^2}{\sum_{i=1}^{n}(y_i - \bar{y})^2} \tag{3-3}$$

$$RMSE = \sqrt{\frac{\sum_{i=1}^{n}(\hat{y}_i - y_i)^2}{n}} \tag{3-4}$$

$$RPD = \frac{SD_p}{RMSE_p\sqrt{n/(n-1)}} \tag{3-5}$$

式中，$\hat{y}_i$ 为预测值；y_i 为观测值；$\bar{y}$ 为观测值均值；n 为样本数；SD_p 为预测集的标准偏差；$RMSE_p$ 为预测集的均方根误差。

二、冬小麦叶片含水量与光谱反射特征

1. 叶片含水量

试验共采集 2019 年冬小麦叶片（L1）样本 150 个，测定其含水量。为准确评价模型的精度与稳定性，并保证样本之间的水分含量间隔，将 150 个样本分为两部分，112 个样本作为建模样本，38 个样本作为预测样本。建模样本的选取采用含量梯度法，将所有样本按水分含量由高到低划分为 8 个子范围，最后在每个子范围中随机选取 14 个样本，并用 2018 年的试验数据作为模型普适性检验的独立样本。模型样本与预测样本含水量及其描述性统计分析见表 3-8。样本的变异系数介于 10%～100%，属于中等变异，说明数据的离散程度较高，有利于模型的构建。

表3-8 冬小麦全生育期叶片（L1）含水量的描述性统计分析

样本类型	样本数（个）	最大值（%）	最小值（%）	平均值（%）	标准差	变异系数
总样本	150	82.61	48.00	65.66	9.74	14.84
建模样本（74.67%）	112	82.61	48.15	65.69	9.70	14.76
预测样本（25.33%）	38	82.26	48.00	65.56	10.01	15.27

2. 叶片光谱特征

由于外界环境因素影响，获取的光谱前后端有较为明显的噪声，因此去除原始光谱的前后端噪声比较明显的部分，选择波长451～896 nm和967～1 660 nm范围内经SG平滑后的光谱反射特征进行分析。不同水分处理下，所有样本的光谱反射率波形趋势一致，但是不同水分处理和不同生育时期的叶片光谱反射特征存在一定的差异。由图3-12可知，反射率在451～677 nm范围内呈现先增高再降低的趋势，在451～548 nm上升，在548 nm处形成反射峰，反射率达到极大值，此处灌浆初期的W2处理反射率最大，为0.246 6；在548～677 nm下降，在677 nm处形成一个吸收谷，反射率达到极小值，此处抽穗期的W1处理反射率最小，为0.037 5。在677～772 nm范围，光谱反射率随波长的增加急剧上升，此处灌浆初期W5处理达到的反射率值最大，为0.498 2；而后至896 nm光谱反射率变化平缓，波动不大。在967～1 387 nm范围内，光谱反射率随波长的增加缓慢下降；在1 387～1 464 nm光谱反射率随波长的增加下降迅速，在1 464 nm附近存在强吸收谷，此处拔节期的W5处理反射率最小，为0.147 9，然后反射率随波长的增加缓慢升高。由图可知，在451～891 nm范围内，各生育时期光谱反射率差异不大；在967～1 660 nm范围内，拔节期光谱反射率最高，而后随生育时期的推进，光谱反射率开始降低，其中抽穗期、扬花期和灌浆前期差异不大，灌浆中期光谱反射率最低，与其他时期差异显著。而各水分处理与光谱反射率不呈规律性变化，水分含量高的处理光谱反射率并不一定低。

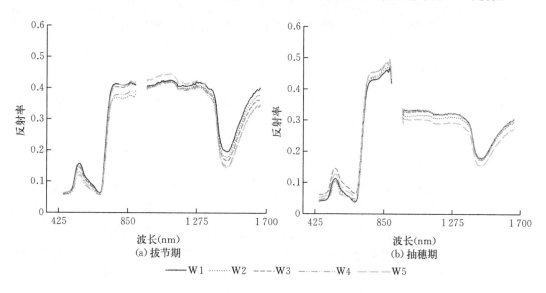

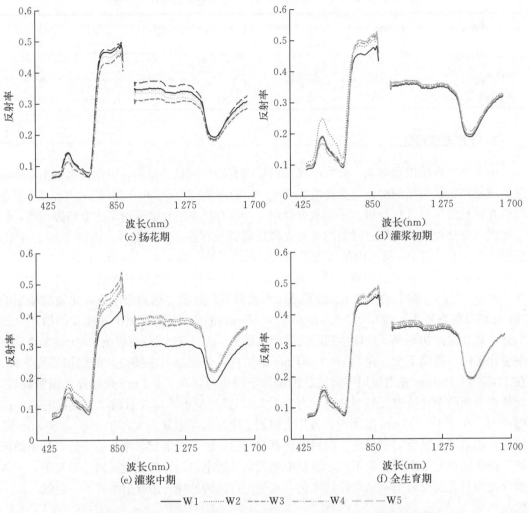

图 3-12 冬小麦不同生育时期不同水分处理的叶片光谱反射特征

3. 叶片光谱与水分含量的相关性

图 3-13 为叶片原始光谱反射率与含水量的相关性分析。叶片原始光谱反射率与含水量的相关系数在各个波段都较低，均低于 0.6，最大相关系数出现在 896 nm 处，仅为 -0.552 9。

将 12 种光谱变换形式与叶片含水量分别进行相关性分析，由图 3-14 可知，叶片含水量与 SG、$\sqrt{SG}$、$\lg SG$、$1/SG$ 在各波段相关性变化趋势基本一致，最大相关系数分别出现在 682 nm、1 461 nm、1 461 nm、1 461 nm 处，相关系数分别为 -0.520 1、-0.517 7、-0.524 9、0.535 0。SG'、SG''、$\sqrt{SG}'$、$\sqrt{SG}''$、$(1/SG)'$、$(1/SG)''$、$(\lg SG)'$、$(\lg SG)''$ 与叶片含水量的相关系数曲线波动幅度较大，相关性明显增强，最大相关系数出现在波长 1 120 nm、1 172 nm、1 024 nm、1 035 nm、1 264 nm、1 035 nm、1 264 nm、

1 035 nm 处，相关系数分别为—0.833 5、0.843 7、0.845 0、0.880 8、—0.811 1、0.869 6、0.829 3、—0.867 8，$\sqrt{SG''}$ 与 LWC 的相关性最大。

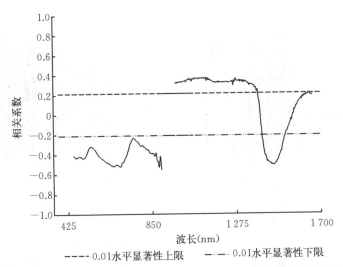

图 3-13 冬小麦叶片原始光谱反射率（R）与含水量的相关性分析

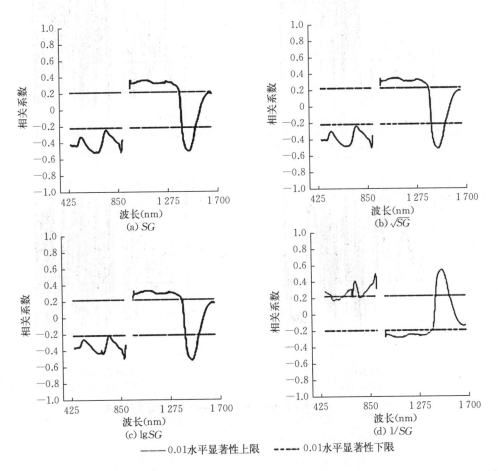

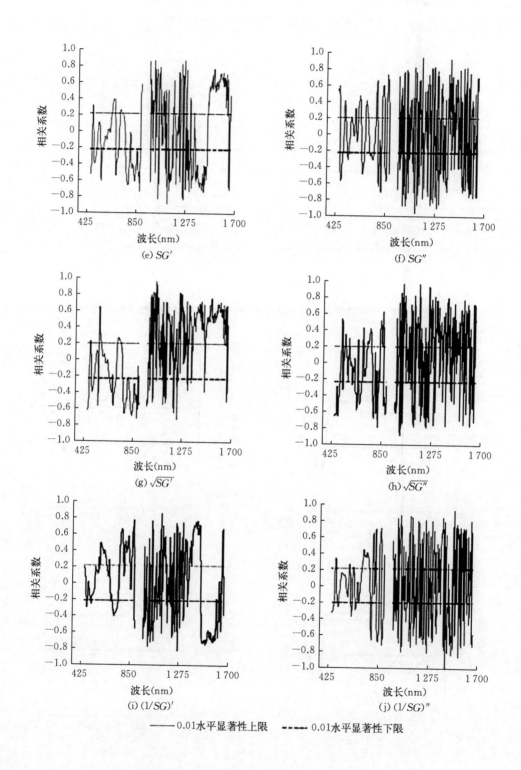

(e) SG' 　　　　　(f) SG''

(g) $\sqrt{SG'}$ 　　　　　(h) $\sqrt{SG''}$

(i) $(1/SG)'$ 　　　　　(j) $(1/SG)''$

——0.01水平显著性上限　- - - 0.01水平显著性下限

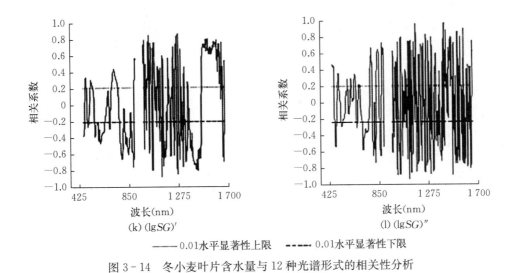

(k) (lgSG)'　　　　　　(l) (lgSG)"

———— 0.01水平显著性上限　　▪▪▪▪ 0.01水平显著性下限

图 3 - 14　冬小麦叶片含水量与 12 种光谱形式的相关性分析

三、基于特征波段的冬小麦叶片含水量估测模型构建

不同的建模方法包含不同的算法，会对构建模型的精度产生一定的影响。选取原始光谱和变换光谱与叶片水分相关性最大的波段建立 SLR 模型，全部 341 个波段建立 PCR、PLSR 模型，结果见表 3 - 9。3 种模型构建方法中 SLR 的估测精度相对较低，其中 $(1/SG)''$- SLR 模型的 R_p^2 和 RPD 最大，为 0.796 5 和 2.185 6。PCR 模型精度比 SLR 模型有所提高，$(lgSG)''$- PCR 模型的 R_p^2 和 RPD 最大，分别为 0.915 8 和 3.492 0，$RMSE_p$ 最小，为 2.866 6%。PLSR 模型的建模效果最好，所构建的 13 个 PLSR 模型的 R_p^2 均大于 0.79，RPD 均大于 2.0，其中 $(lgSG)''$- PLSR 模型的 R_p^2 和 RPD 最大，分别为 0.920 7 和 3.598 8，$RMSE_p$ 最小，为 2.781 5%；$(1/SG)'$- PLSR 模型的 R_p^2 和 RPD 最小，分别为 0.831 4 和 2.467 7，$RMSE_p$ 最大，为 4.056 5%。多变量模型建模效果整体优于单变量模型，但多变量模型的波段因子较多，不利于快速高效地对目标进行估算，所以需要筛选特征波段来构建最优估测模型。

四、特征波段的优选与模型精度比较

特征波段的选取直接影响到模型的精度，根据图 3 - 13 和图 3 - 14 中相关分析，筛选原始光谱及 12 种变换光谱达到显著相关（$P < 0.01$）的波段来构建 PCR 和 PLSR 叶片水分估测模型，结果见表 3 - 10，原始光谱及 12 种变换光谱达到显著相关波段的数量分别为 285 个、284 个、282 个、282 个、253 个、262 个、253 个、262 个、252 个、250 个、249 个、267 个、253 个，所有建立的 PCR 和 PLSR 模型 RPD 均大于 2.0，其中 $(lgSG)''$- CA - PLSR 模型的 R_p^2 和 RPD 最大，分别为 0.918 0 和 3.538 1，此模型由 267 个波段构建，且模型 RPD 大于 3.0 时，模型对叶片含水量具有极好的估测能力。

表3-9 冬小麦叶片含水量估测模型的构建

光谱类型	SLR 波段数量	SLR 建模样本 R_c^2	SLR 建模样本 $RMSE_c$(%)	SLR 预测样本 R_p^2	SLR 预测样本 $RMSE_p$(%)	SLR RPD	PCR 波段数量	PCR 建模样本 R_c^2	PCR 建模样本 $RMSE_c$(%)	PCR 预测样本 R_p^2	PCR 预测样本 $RMSE_p$(%)	PCR RPD	PLSR 波段数量	PLSR 建模样本 R_c^2	PLSR 建模样本 $RMSE_c$(%)	PLSR 预测样本 R_p^2	PLSR 预测样本 $RMSE_p$(%)	PLSR RPD
R	1	0.2599	8.3059	0.0094	12.1958	0.8208	341	0.7594	4.7353	0.7859	4.5714	2.1897	341	0.8735	3.4341	0.8757	3.4833	2.8737
SG	1	0.2455	8.3864	0.3608	8.0438	1.2444	341	0.8533	3.6981	0.8579	3.7248	2.6874	341	0.8558	3.6662	0.8635	3.6503	2.7423
$\sqrt{SG}$	1	0.3185	7.9699	0.1611	9.3249	1.0735	341	0.7828	4.4998	0.8173	4.2233	2.3702	341	0.8907	3.1914	0.8733	3.5167	2.8464
$\lg SG$	1	0.3265	7.9231	0.1666	9.2879	1.0777	341	0.8147	4.1561	0.8259	4.1220	2.4284	341	0.8935	3.1506	0.8775	3.4533	2.8987
$1/SG$	1	0.3363	7.8652	0.1742	9.2349	1.0839	341	0.7986	4.3323	0.8129	4.2733	2.3425	341	0.8456	3.7940	0.8437	3.9060	2.5627
SG'	1	0.7155	5.1498	0.6471	5.9954	1.6696	341	0.8854	3.2690	0.9032	3.0746	3.2557	341	0.8789	3.3603	0.9007	3.1140	3.2145
SG''	1	0.7067	5.2287	0.7286	5.1796	1.9326	341	0.8709	3.4692	0.8938	3.2194	3.1092	341	0.8943	3.1392	0.8969	3.1725	3.1552
$\sqrt{SG}'$	1	0.6931	5.3486	0.7760	4.7160	2.1226	341	0.8561	3.6628	0.8890	3.2920	3.0407	341	0.8995	3.0609	0.9162	2.8600	3.5000
$\sqrt{SG}''$	1	0.5728	6.3104	0.3441	8.5466	1.1712	341	0.8732	3.4374	0.9039	3.0626	3.2685	341	0.8697	3.4853	0.9039	3.0624	3.2687
$(1/SG)'$	1	0.6434	5.7655	0.6990	5.4208	1.8466	341	0.5941	6.1511	0.7017	5.3962	1.8550	341	0.7984	4.3344	0.8314	4.0565	2.4677
$(1/SG)''$	1	0.7448	4.8777	0.7965	4.5800	2.1856	341	0.8634	3.5680	0.8662	3.6137	2.7701	341	0.8838	3.2906	0.8905	3.2701	3.0611
$(\lg SG)'$	1	0.6826	5.4391	0.7033	5.3994	1.8539	341	0.8155	4.1466	0.8498	3.8294	2.6140	341	0.8584	3.6332	0.8871	3.3201	3.0150
$(\lg SG)''$	1	0.7464	4.8615	0.7821	4.7651	2.1007	341	0.8877	3.2353	0.9158	2.8666	3.4920	341	0.9140	2.8311	0.9207	2.7815	3.5988

表 3-10 基于 CA 的冬小麦叶片含水量 PCR 和 PLSR 模型的构建

光谱类型	PCR						PLSR					
	波段数量	建模样本		预测样本		RPD	波段数量	建模样本		预测样本		RPD
		R_c^2	$RMSE_c$ (%)	R_p^2	$RMSE_p$ (%)			R_c^2	$RMSE_c$ (%)	R_p^2	$RMSE_p$ (%)	
R	285	0.857 8	3.640 3	0.871 3	3.544 4	2.824 1	285	0.855 8	3.666 1	0.887 2	3.318 2	3.016 7
SG	284	0.836 8	3.900 2	0.859 8	3.699 2	2.706 0	284	0.838 0	3.885 3	0.876 8	3.468 2	2.886 2
$\sqrt{SG}$	282	0.795 9	4.362 1	0.830 3	4.070 0	2.459 5	282	0.874 2	3.424 6	0.888 6	3.297 5	3.035 6
$\lg SG$	282	0.832 2	3.954 5	0.836 0	4.001 6	2.501 5	282	0.875 6	3.404 5	0.874 3	3.502 7	2.857 8
$1/SG$	253	0.805 8	4.255 1	0.845 8	3.879 5	2.580 2	253	0.825 7	4.030 9	0.863 3	3.653 0	2.740 2
SG'	262	0.852 9	3.702 5	0.892 9	3.232 6	3.096 6	262	0.897 2	3.094 9	0.906 4	3.023 2	3.311 0
SG''	253	0.895 7	3.117 9	0.884 1	3.362 9	2.976 6	253	0.884 5	3.280 5	0.895 0	3.201 9	3.126 3
$\sqrt{SG}'$	262	0.846 3	3.784 7	0.898 5	3.148 0	3.179 8	262	0.898 9	3.069 5	0.912 2	2.927 8	3.419 0
$\sqrt{SG}''$	252	0.878 6	3.363 4	0.905 2	3.041 4	3.291 2	252	0.884 7	3.278 3	0.908 9	2.982 1	3.356 7
$(1/SG)'$	250	0.870 2	3.478 4	0.858 2	3.720 7	2.690 3	250	0.868 4	3.501 9	0.875 5	3.486 3	2.871 2
$(1/SG)''$	249	0.897 3	3.094 3	0.901 5	3.100 8	3.228 2	249	0.893 2	3.155 7	0.901 1	3.106 5	3.222 3
$(\lg SG)'$	267	0.845 8	3.791 6	0.871 5	3.542 1	2.826 0	267	0.872 7	3.444 8	0.899 9	3.126 4	3.201 7
$(\lg SG)''$	253	0.880 6	3.336 0	0.910 4	2.958 0	3.384 0	253	0.916 0	2.797 8	0.918 0	2.829 2	3.538 1

表 3-11 为利用 SPA 方法筛选特征波段构建的 PCR 和 PLSR 模型，原始光谱及 12 种变换光谱筛选的特征波段数量分别为 14、19、23、17、11、11、12、14、10、16、11、9、12，所有建立的 PCR 和 PLSR 模型 RPD 均大于 2.5，其中 $(1/SG)''$-SPA-PLSR 模型的 R_p^2 和 RPD 最大，分别为 0.944 9 和 4.317 5，且模型 RPD 大于 3.0 时，模型对叶片含水量具有极好的估测能力。此模型由 11 个波段构建，这 11 个波段分别为 486 nm、751 nm、809 nm、820 nm、869 nm、896 nm、986 nm、989 nm、1 183 nm、1 294 nm、1 562 nm。

表 3-11 基于 SPA 的冬小麦叶片含水量 PCR 和 PLSR 模型的构建

光谱类型	PCR						PLSR					
	波段数量	建模样本		预测样本		RPD	波段数量	建模样本		预测样本		RPD
		R_c^2	$RMSE_c$ (%)	R_p^2	$RMSE_p$ (%)			R_c^2	$RMSE_c$ (%)	R_p^2	$RMSE_p$ (%)	
R	14	0.915 5	2.806 4	0.913 2	2.910 9	3.438 7	14	0.894 9	3.130 1	0.904 3	3.056 9	3.274 5
SG	19	0.874 7	3.418 1	0.881 9	3.394 8	2.948 6	19	0.860 3	3.608 9	0.879 7	3.426 2	2.921 6
$\sqrt{SG}$	23	0.888 2	3.228 4	0.890 0	3.276 2	3.055 4	23	0.865 1	3.545 4	0.894 7	3.206 6	3.121 7
$\lg SG$	17	0.840 3	3.858 1	0.874 5	3.496 2	2.863 1	17	0.891 7	3.176 7	0.918 8	2.815 2	3.555 7
$1/SG$	11	0.821 5	4.078 7	0.852 8	3.791 0	2.640 5	11	0.825 2	4.036 5	0.856 2	3.746 9	2.671 5
SG'	11	0.858 2	3.635 4	0.899 7	3.129 7	3.198 4	11	0.880 3	3.340 6	0.919 7	2.799 7	3.575 4
SG''	12	0.886 7	3.249 3	0.857 5	3.729 8	2.683 8	12	0.895 7	3.118 1	0.877 5	3.458 0	2.894 7
$\sqrt{SG}'$	14	0.819 1	4.105 9	0.891 4	3.256 5	3.073 8	14	0.737 2	4.948 9	0.902 6	3.082 7	3.247 2

（续）

光谱类型	PCR						PLSR					
	波段数量	建模样本		预测样本		RPD	波段数量	建模样本		预测样本		RPD
		R_c^2	$RMSE_c$（%）	R_p^2	$RMSE_p$（%）			R_c^2	$RMSE_c$（%）	R_p^2	$RMSE_p$（%）	
$\sqrt{SG}''$	10	0.877 2	3.382 8	0.848 4	3.892 5	2.571 6	10	0.884 5	3.280 7	0.844 9	3.891 3	2.572 4
$(1/SG)'$	16	0.916 6	2.788 5	0.928 7	2.638 7	3.793 6	16	0.901 7	3.026 5	0.906 9	3.013 8	3.321 4
$(1/SG)''$	11	0.851 2	3.724 7	0.921 9	2.760 4	3.626 3	11	0.884 6	3.279 3	0.944 9	2.318 5	4.317 5
$(\lg SG)'$	9	0.906 5	2.952 2	0.867 0	3.602 8	2.778 4	9	0.897 5	3.091 5	0.866 4	3.611 4	2.771 8
$(\lg SG)''$	12	0.892 2	3.170 0	0.908 8	2.983 0	3.355 7	12	0.884 1	3.286 1	0.926 7	2.674 9	3.742 1

表 3-12 为基于全波段和特征波段最优估测模型的比较分析。如表所示，多变量模型精度显著高于单变量模型，两种方法筛选特征波段构建的多变量模型的模型精度较全波段构建的多变量模型有所提高，也有所降低，但特征波段构建的模型仅运用部分波段，较全波段模型更为高效、快速。对比两种特征波段筛选方法，SPA 方法筛选的特征波段较少，且模型精度较高，要优于 CA 方法。

表 3-12　基于全波段和特征波段最优反演模型的比较分析

模型	波段数量	建模样本		预测样本		RPD
		R_c^2	$RMSE_c$（%）	R_p^2	$RMSE_p$（%）	
$(1/SG)''$-SLR	1	0.744 8	4.877 7	0.796 5	4.580 0	2.185 6
$(\lg SG)''$-PLSR	341	0.913 6	2.838 3	0.919 1	2.810 7	3.561 4
$(\lg SG)''$-CA-PLSR	253	0.916 0	2.797 8	0.918 0	2.829 2	3.538 1
$(1/SG)''$-SPA-PLSR	11	0.884 6	3.279 3	0.944 9	2.318 5	4.317 5

五、模型的普适性检验

为了更好地检验模型的普适性，从研究区 2018 年的试验数据中筛选出 45 个样本作为独立样本（表 3-13），对 $(1/SG)''$-SLR、$(\lg SG)''$-PLSR、$(\lg SG)''$-CA-PLSR、$(\lg SG)''$-SPA-PLSR 进行普适性检验。

表 3-13　外部检验样本叶片含水量的描述性统计分析

样本数	最大值	最小值	平均值	标准差	变异系数
45	81.82	47.62	68.62	7.63	11.11

如图 3-15 所示，$(1/SG)''$-SLR 的独立检验 R^2 为 0.340 8，且预测值大于实测值，离散较大，预测值和实测值差异明显；$(\lg SG)''$-PLSR、$(\lg SG)''$-CA-PLSR、$(1/SG)''$-

SPA‑PLSR 的检验 R^2 均高于 0.5，分别为 0.714 2、0.703 8、0.566 8，3 个模型均表现为实测值大于预测值。$(\lg SG)''$‑ PLSR 的检验 R^2 最高，表现为水分含量在 $60\%\sim80\%$ 之间时，预测值最接近实测值；$(\lg SG)''$‑CA‑PLSR 的检验 R^2 次之，其实测值与预测值的变化趋势与 $(\lg SG)''$‑PLSR 基本一致；$(1/SG)''$‑ SPA‑PLSR 的检验 R^2 略低于 $(\lg SG)''$‑PLSR 和 $(\lg SG)''$‑CA‑PLSR，但依然高于 0.55，这或许是因为 $(\lg SG)''$‑PLSR 模型入选波段为 341 个波段，包含了全部的光谱信息，$(\lg SG)''$‑CA‑PLSR 模型的入选波段为 253 个波段，包含了部分与叶片含水量相关性较大的光谱信息，而 $(1/SG)''$‑SPA‑PLSR 仅利用了 11 个波段构建模型，只保留了小部分可以表征叶片含水量的光谱信息。

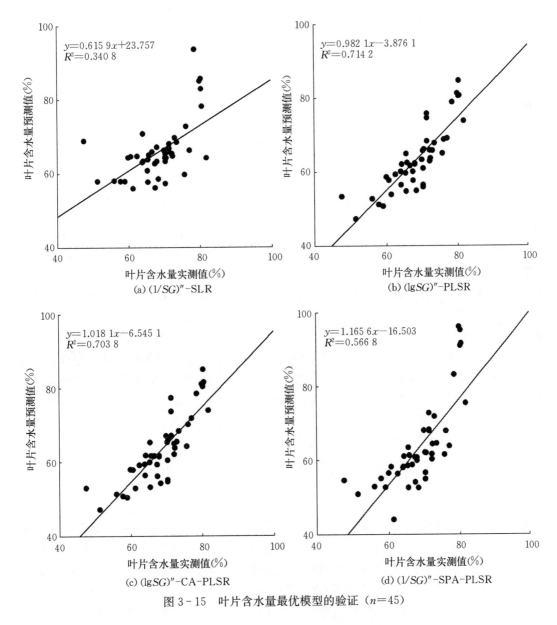

图 3‑15　叶片含水量最优模型的验证（$n=45$）

六、讨论

1. 不同水分条件下的冬小麦叶片光谱反射特征

本研究利用近地高光谱成像技术获取小麦叶片光谱特征，不同水分处理的小麦光谱变化趋势一致，这种变化主要是因为 550 nm 是叶绿素的强反射峰区，650～700 nm 波长处是叶绿素的强吸收带，962～1 120 nm 是水的强吸收谷点，1 360～1 470 nm 是水和二氧化碳的强吸收带，这与谭海珍（2008）的发现一致。叶片含水量的高低与各波段原始光谱反射率并未呈现一致的规律性，含水量高的叶片样本其光谱反射率并不一定低，这或许是由于地物目标和外界环境的综合作用掩盖了叶片水分含量的光谱特征表达，原始光谱反射率与水分含量并未有很好的规律（Yi *et al.*，2014）。

2. 基于不同光谱变换形式估测冬小麦叶片含水量

有研究表明，通过数据变换可以改变光谱反射特征与目标属性的相关性，进而改变估测模型的精度（Li *et al.*，2018），本研究对原始光谱反射率进行 12 种数据变换，其中 SG、$\sqrt{SG}$、$\lg SG$、$1/SG$ 变换与叶片含水量的相关性没有表现出明显的变化，SG'、SG''、$\sqrt{SG}'$、$\sqrt{SG}''$、$(1/SG)'$、$(1/SG)''$、$(\lg SG)'$、$(\lg SG)''$ 变换与叶片含水量的相关系数得到了明显提高，显著增强了叶片光谱与叶片含水量的相关性，有利于叶片水分敏感波段的提取，尤以 $\sqrt{SG}''$ 变换结果最优，相关性最大，最大值为 0.880 8。利用数学变换是寻找适合分析目标成分最好的前期处理方法。开方变换虽然没有改变光谱的线性特征，但相比原始光谱曲线，其可以放大整个光谱的数值特征，更容易从光谱反射特征中发现差异（Fu *et al.*，2019）；倒数变换可以有效增强目标在可见光的数值差异，同时缩小目标在近红外波段的差异（张超 等，2019）；对数变换有效提取可识别地物的光谱反射率特征，可以增强目标在可见光波段的差异，有利于降低光照变化引起的乘性因素影响（郝芳芳 等，2016）；微分变换有利于提取出隐藏的光谱信息，明显消除光谱的基线漂移，还可以消除不同程度的背景噪声，提高不同吸收特征的对比度（刘晓旭，2018；张超 等，2019）。因此，经过不同形式的数据变换后，构建的模型精度都会有所改变，但并不是所有的变换形式都能够提高模型的精度，合适的变换形式能够显著提高模型的预测精度，但是光谱变换最优形式并不固定，这与前人的研究结果相似（Liu *et al.*，2018）。

3. 基于不同建模方法估测冬小麦叶片含水量

采用不同的建模方法对目标属性的预测精度差异较大。近年来，众多研究构建线性模型和非线性模型对作物（刘燕德 等，2016）、土壤（吴龙国 等，2017）等进行监测，都取得了一定的成果。但就线性模型和非线性模型而言，可能非线性模型预测精度比线性模型高，但非线性模型通常被视为光谱建模的"黑盒子"方法（Goodacre，2003），其算法迭代次数高，运行时间长，需要大规模的训练，操作较为复杂，且不能有效地解决多重共线性问题；而线性模型可以有效解决多重共线性问题，且运算简单，运行时间短，易操作运用，模型也具有较好的稳定性（Conforti et al.，2013；于雷 等，2015），因此众多学者更倾向于构建线性模型来监测目标。本研究运用了 3 种线性建模方法构建小麦叶片水分估测模型，对比 3 种建模方法，SLR 模型预测精度显著低于 PCR 和 PLSR 模型，RPD 均小于 2.5，没有达到理想的预测效果；PCR 模型的预测精度和 RPD 有所提高，$(\lg SG)''$-PCR 模型的 R_p^2 和 RPD 最大，分别为 0.915 8 和 3.492 0；而 PLSR 模型的建模效果最好，所构建的 13 个 PLSR 模型的 R_p^2 均大于 0.80，RPD 均大于 2.0，其中 $(\lg SG)''$-PLSR 模型的 R_p^2 和 RPD 最大，分别为 0.920 7 和 3.598 8。这或许因为 SLR 模型中建模的光谱信息较少，导致模型很不稳定，容易受到其他背景信息的干扰，PLSR 和 PCR 模型是多变量回归模型，参与的波段较多，且通过光谱变换以后，在不同程度上减少了其他背景信息的干扰，而 PLSR 模型结合了主成分回归（PCR）和多元线性回归（MLR）的优势，且克服了过度拟合、多重共线性和异常值的问题（Rahman et al.，2014；于雷 等，2015），所以 PLSR 模型的预测精度和 RPD 大多高于 PCR 模型和 SLR 模型，模型的稳定性也相对较好。

4. 不同特征波段筛选方法对模型精度的影响

全波段模型波段数量较多，不利于快速高效地对目标进行估测，故需筛选特征波段来构建模型。本研究通过典型相关性分析（CA）和连续投影算法（SPA）对原始光谱反射率及 12 种光谱数据变换筛选特征波段，重新构建 PCR 和 PLSR 模型。CA 方法筛选的特征波段数量均高于 200，其中 $(\lg SG)''$-CA-PLSR 模型的精度最高，R_p^2 和 RPD 分别为 0.918 0 和 3.538 1，此时模型由 253 个波段构建而成；而 SPA 方法筛选的特征波段数量均低于 30 个，其中 $(1/SG)''$-SPA-PLSR 模型的精度最高，R_p^2 和 RPD 分别为 0.944 9 和 4.317 5，此时模型由 11 个波段构建而成；而全部 341 波段构建的模型中，$(\lg SG)''$-PLSR 的精度最高，R_p^2 和 RPD 分别为 0.919 1 和 3.564 1，$(\lg SG)''$-PLSR 模型的 RPD 值高于 $(\lg SG)''$-CA-PLSR，小于 $(1/SG)''$-SPA-PLSR。表明模型的 RPD 值并不是一直随波段数量呈递增或递减的关系，筛选特征波段构建的模型相比全波段构建的模型虽然波段数量有所减少，但模型估测精度并不一定降低，这与 Hu 等（2015）和 Guo 等（2018）的研究结果一致。这或许是因为全波段影响因素较多，且数据量大，会有部分数据的冗余，而这部分数据参与建模反而可能降低模型的精度，而利用特征方法筛选的特征波段均为与叶片含水量相关性较高的波段，其含有用光谱信息较多（Xu et al.，2017），对模型贡献较大，所以构建的模型精度并不一定降低。

对不同的建模方法中的最优模型进行验证分析，发现 $(1/SG)''$ 变换通过 SPA 筛选的 11 个特征波段构建的 $(1/SG)''$-SPA-PLSR 模型预测精度略低于 $(\lg SG)''$ 变换利用 341 个波段构建的 $(\lg SG)''$-SPA 模型和 $(\lg SG)''$ 变换通过 CA 筛选的 253 个特征波段构建的 $(\lg SG)''$-CA-PLSR，这与于雷等（2015）和丁希斌等（2015）的研究结果相似。这可能是因为全波段模型包含了所有的光谱信息，CA 筛选的显著性检验波段包含了所有与叶片含水量极显著相关的波段，而 SPA 筛选的 11 个特征波段仅包含了部分与叶片含水量相关性较大的光谱信息，相对于小麦叶片全光谱信息而言，11 个特征波段的数量有限，容易造成一些信息的损失，但此模型仅运用了较少的光谱特征，其模型 RPD 值大于 3.0，与全波段模型和显著性检验波段模型相比，具有模型简单、变量少、运算更快捷的特点。因此，本研究利用 SPA 筛选 11 个特征波段构建的 PLSR 模型为冬小麦叶片水分最优估测模型。

第三节　基于高光谱成像的小麦冠层水分含量估测模型

作物的水分状况直接影响作物的长势、产量和品质，因此作物水分状况的实时、快速、无损检测对于作物水分的精准管理具有极其重要的作用。利用高光谱成像技术比较分析选择不同敏感波段对冬小麦不同生育时期的估测模型精度的影响，为获取稳定可靠的冬小麦植株水分状况无损估测模型提供理论依据。

一、试验设计与数据处理

1. 研究区概况

参考本章第一节研究区概况。

2. 试验材料与设计

参考本章第一节试验设计。

3. 小麦冠层成像高光谱数据采集

小麦冠层成像高光谱数据由 SOC710VP 可见近红外成像光谱仪（Surface Optics Corporation，USA）和 SOC710SWIR 短波红外成像光谱仪（Surface Optics Corporation，USA）采集。成像采集系统包括高光谱成像仪、标准变焦镜头、可调式卤素灯、计算机及密封式黑色箱柜。SOC710VP 可见近红外成像光谱仪的光谱分辨率为 1.3 nm，图像分辨率为 1 392×1 040，光谱范围 376～1 044 nm，包含 128 个波段；SOC710SWIR 短波红外成像光谱仪光谱分辨率为 2.75 nm，图像分辨率为 640×568，光谱范围 916～1 699 nm，包含 288 个波段。采集拔节期至灌浆期冬小麦冠层的高光谱图像，共采集 5 次。观测测定选择晴朗、无风和无云时进行，测定时间为 12:00—16:00。测定时高光谱成像仪放置在高度可调、角度可变的便携式多功能野外观测架上，通过自带的水平仪调平，镜头垂直向下，距离冠层垂直高度 1.5 m，每个处理测量 3 次，取平均值作为该处理光谱测量值，测量时用参考板标定（冠层和参考板要在相同的光照条件和环境状态下测定）（图 3-16）。光谱图像采集以线扫描方式进行，用 Hypeers Scanner 2.0 软件（Surface Optics Corporation，USA）进行采集，计算机控制曝光时间和图像校正。

二、冬小麦植株含水量与光谱反射特征

1. 植株含水量数据集统计

试验共采集 2019 年冬小麦拔节期、抽穗期、扬花期、灌浆初期和灌浆中期植株样本

图 3-16 高光谱成像系统（冠层）

各 30 个，测定其含水量。为准确评价模型的精度与稳定性，并保证样本之间的水分含量间隔，将 30 个样本分为两部分，22 个样本作为建模样本，8 个样本作为预测样本，并用 2018 年的试验数据作为模型普适性检验的独立样本，模型构建与预测样本含水量及其描述性统计分析见表 3-14。

表 3-14 冬小麦不同生育时期植株含水量的描述性统计分析

生育时期	样本类型	样本数（个）	最大值（%）	最小值（%）	平均值（%）	标准差
拔节期	建模样本	22	86.89	78.69	83.78	2.15
	预测样本	8	86.88	80.16	83.42	2.74
	检验样本	25	84.10	78.62	81.95	1.31
抽穗期	建模样本	22	81.70	71.64	78.66	2.28
	预测样本	8	81.66	73.56	78.17	3.27
	检验样本	25	81.35	76.39	79.24	1.47
扬花期	建模样本	22	78.86	70.75	74.48	2.02
	预测样本	8	78.10	70.81	74.30	2.32
	检验样本	25	80.54	69.80	76.14	2.78
灌浆初期	建模样本	22	73.38	55.37	65.85	3.82
	预测样本	8	73.32	58.18	65.20	5.42
	检验样本	25	72.25	60.51	66.42	3.26
灌浆中期	建模样本	22	66.86	52.45	59.85	3.93
	预测样本	8	66.72	53.73	59.52	4.77
	检验样本	25	65.95	52.10	59.53	4.30

（续）

生育时期	样本类型	样本数（个）	最大值（%）	最小值（%）	平均值（%）	标准差
	建模样本	112	86.89	53.73	72.47	9.15
全生育期	预测样本	38	86.62	52.45	72.26	9.54
	检验样本	125	84.10	52.10	73.51	8.42

2. 冠层光谱特征

由于外界环境因素和影响，获取的光谱有部分较为明显的噪声，因此去除原始光谱的前后端以及噪声比较明显的部分，选择波长 451～896 nm、967～1 346 nm 和 1 401～1 660 nm 范围内经 SG 平滑后的光谱反射特征进行分析。所获取样本的光谱反射率波形趋势基本一致，但是不同水分处理和不同生育时期的叶片光谱反射特征存在一定的差异。由图 3 - 17 所示，在 451～672 nm 范围内呈现先增高再降低的趋势，在 451～553 nm 上升，在 553 nm 处形成反射峰，达到极大值，此处灌浆中期的 W2 处理反射率最大，为 0.079 4；在 553～672 nm 下降，在 672 nm 处形成一个吸收谷，反射率达到极小值，此处拔节期的 W4 处理反射率最小，为 0.010 3。在 672～815 nm 范围，光谱反射率随波长的增加急剧上升，此处拔节期 W1 处理的反射率最大，为 0.579 2；而后至 896 nm 光谱反射率变化平缓，波动较小。在 967～1 346 nm 范围内，光谱反射率随波长的增加波动较大，在 967～989 nm 光谱反射率随波长的增加有小范围下降，至 1 084 nm，光谱反射率随波长的增加达到峰值，此时抽穗期的 W1 处理光谱反射率最大，为 0.433 4；而后至 1 199 nm，光谱反射率随波长的增加呈现下降趋势，出现一谷值，此时抽穗期的 W3 处理光谱反射率最小，为 0.199 2；1 199～1 346 nm 范围内，光谱反射率随波长的增加呈现先升高后降低的趋势，在 1 270 nm 处出现一峰值，此时抽穗期的 W1 处理光谱反射率最大，为 0.328 5，而后至 1 346 nm，光谱反射率持续下降。在 1 401～1 660 nm 范围内，光谱反射率随波长的增加呈现先降

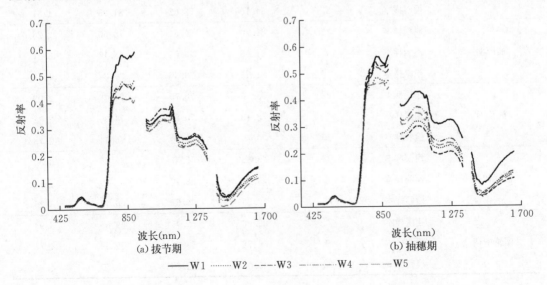

(a) 拔节期 (b) 抽穗期

——— W1 ········· W2 ----- W3 —·—·— W4 ——— W5

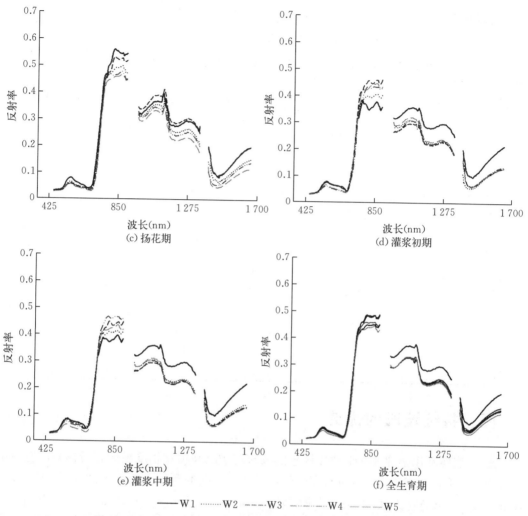

图3-17 冬小麦不同生育时期不同水分处理的冠层光谱反射特征

低后升高的趋势，在1 469 nm处，光谱反射率出现一个谷值，此时拔节期的W5处理光谱反射率最小，为0.009 3，而后至1 660 mm，光谱反射率持续升高。

三、基于PLSR的冬小麦植株含水量估测模型的构建

由于冬小麦冠层原始光谱反射率与植株含水量不呈规律性变化，因此对冠层原始光谱反射率进行数据变换以提高其与植株含水量的相关关系。表3-15为原始光谱反射率和12种数据变换形式运用全部319个波段构建的冬小麦全生育期植株含水量PLSR模型，由表可知，相对于R，SG、$\sqrt{SG}$、$\lg SG$、$\sqrt{SG'}$、$\sqrt{SG''}$、$(\lg SG)'$变换显著提高了PLSR模型的估测精度，其中$\lg SG$变换构建的$\lg SG$ - PLSR模型的精度最高，R_p^2为0.880 8，$RMSE_p$为3.251 2%，RPD为2.934 3。但也不是所有的光谱变换形式都可以提高估测模型的精度，$1/SG$、SG'、SG''、$(1/SG)'$、$(1/SG)''$、$(\lg SG)''$变换降低了PLSR

估测模型的精度，其中（1/SG）′变换构建的（1/SG）′-PLSR 模型估测精度最低，R_p^2 为 0.471 8，$RMSE_p$ 为 6.844 3%，RPD 为 1.393 9。

表 3-15　冬小麦植株含水量（PWC）不同光谱类型的 PLSR 模型

光谱类型	波段数量	建模样本		预测样本		RPD
		R_c^2	$RMSE_c$（%）	R_p^2	$RMSE_p$（%）	
R	319	0.872 2	3.258	0.800 8	3.986 4	2.393 2
SG	319	0.878 5	3.176 2	0.843 4	3.727	2.559 7
$\sqrt{SG}$	319	0.853 2	3.492 4	0.861 1	3.509 8	2.718 1
$\lg SG$	319	0.863 2	3.371 2	0.880 8	3.251 2	2.934 3
$1/SG$	319	0.499 2	6.449 4	0.505 4	6.623 0	1.440 4
SG'	319	0.854 2	3.480 2	0.820 4	3.990 6	2.390 6
SG''	319	0.892 7	2.985 1	0.801 4	4.196 6	2.273 3
$\sqrt{SG}'$	319	0.882 1	3.129 6	0.877 1	3.301 9	2.889 3
$\sqrt{SG}''$	319	0.922 1	2.544 1	0.820 9	3.984 8	2.394 1
$(1/SG)'$	319	0.321 4	7.507 5	0.471 8	6.844 3	1.393 9
$(1/SG)''$	319	0.632 6	5.523 9	0.489 7	6.635	1.437 8
$(\lg SG)'$	319	0.857 6	3.439 2	0.859 1	3.546 9	2.689 7
$(\lg SG)''$	319	0.781 5	4.259 7	0.657 6	5.510 5	1.731 3

四、特征波段的优选

$\lg SG$ 变换利用全部 319 个波段构建的 $\lg SG$-PLSR 模型精度虽然有所提高，但模型波段因子较多，不利于对目标进行高效估测，所以本研究利用典型相关性分析（Correlation analysis，CA）方法和连续投影算法（Successive Projection Algorithm，SPA）对 $\lg SG$ 光谱进行特征波段的筛选。表 3-16 为基于全波段和特征波段最优估测模型的比较分析。利用 CA 方法筛选的 230 个显著性检验波段构建的 $\lg SG$-CA-PLSR 模型 RPD 为 2.471 2，要低于全部 319 个波段构建的 $\lg SG$-PLSR 模型；利用 SPA 方法筛选的 9 个特征波段构建的 $\lg SG$-SPA-PLSR 模型 RPD 为 3.089 4，要高于全部 319 个波段构建的 $\lg SG$-PLSR 模型。由此可知，SPA 方法要优于 CA 方法，$\lg SG$-SPA-PLSR 模型仅利用 9 个波段，而模型 $RPD>3.0$，模型对植株含水量具有极好的估测能力，且模型所需特征波段较少，更为高效。

表 3-16　基于全波段和特征波段的最优估测模型的比较分析

模型	波段数量	建模样本		预测样本		RPD
		R_c^2	$RMSE_c$（%）	R_p^2	$RMSE_p$（%）	
$\lg SG$-PLSR	319	0.863 2	3.371 2	0.880 8	3.251 2	2.934 3
$\lg SG$-CA-PLSR	230	0.790 7	4.169 8	0.831 9	3.860 6	2.471 2
$\lg SG$-SPA-PLSR	9	0.856 1	3.457 4	0.892 5	3.088 0	3.089 4

五、不同生育时期植株含水量的估测模型

不同生育时期的冬小麦因其植株高度、叶面覆盖度和农艺参数的差异会导致其模型估测精度的差异。表 3-17 为冬小麦植株含水量不同生育时期的 PLSR 估测模型，如表所示，拔节期和抽穗期的估测模型精度较低，模型 R_p^2 分别为 0.281 8 和 0.318 1，$RMSE_p$ 分别为 2.476 7% 和 2.912 2%，RPD 分别为 1.104 7 和 1.123 8。扬花期和灌浆初期的估测模型精度较高，2 个时期的估测模型 RPD 均大于 2.5，可以对植株含水量进行很好的估测，其中灌浆中期的估测模型精度最高，其模型 R_p^2 为 0.904 8，$RMSE_p$ 为 1.381 1%，RPD 为 3.454 7，可以对植株含水量进行极好地估测。

表 3-17 基于 SPA 的冬小麦 PWC 不同生育时期的 PLSR 估测模型

生育时期	波段数量	建模样本		预测样本		RPD
		R_c^2	$RMSE_c$（%）	R_p^2	$RMSE_p$（%）	
拔节期	6	0.348 2	1.520 3	0.281 8	2.476 7	1.104 7
抽穗期	5	0.476 3	1.801 4	0.318 1	2.912 2	1.123 8
扬花期	10	0.849 3	0.597 1	0.837 9	0.867 5	2.679 6
灌浆初期	5	0.852 2	2.499 1	0.853 0	1.993 1	2.720 8
灌浆中期	13	0.908 7	1.490 5	0.904 8	1.381 1	3.454 7
全生育期	9	0.856 1	3.457 4	0.892 5	3.088 0	3.089 4

六、模型的普适性检验

为了更好地检验模型的普适性，利用 2018 年冬小麦数据对表 3-17 中冬小麦 5 个生育时期和全生育期的植株含水量估测模型进行普适性检验。如图 3-18 所示，冬小麦不同

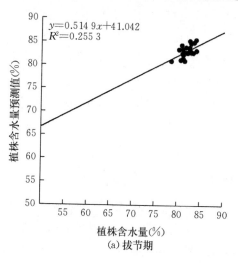

(a) 拔节期

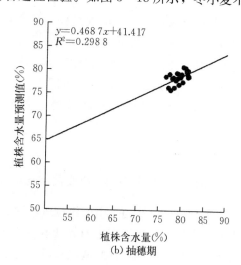

(b) 抽穗期

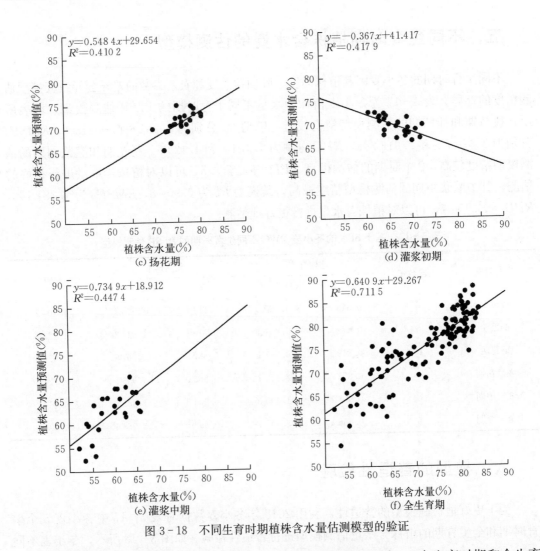

图 3-18　不同生育时期植株含水量估测模型的验证

生育时期的植株含水量检验模型决定系数 R^2 均低于估测模型 R_p^2，5 个生育时期和全生育期的检验模型决定系数 R^2 分别为 0.255 3、0.298 8、0.410 2、0.417 9、0.447 4 和 0.711 5，决定系数 R^2 和估测模型的 R_p^2 变化趋势一致，整体上均随生育时期的推进呈上升趋势，全生育期的检验模型 R^2 最高。不同生育时期，拔节期的检验模型决定系数 R^2 最低，灌浆中期的检验模型决定系数 R^2 最高，同样表现出水分含量较低时，模型精度较高。

七、讨论

1. 不同水分处理下的冬小麦冠层光谱反射特征

本研究利用近地高光谱成像技术获取小麦冠层光谱特征，不同生育时期和不同水分处理下的冬小麦冠层光谱变化趋势基本一致，均在 553 nm 和 672 nm 出现峰值和谷值，这或许与冬小麦叶片叶绿素在此波段对可见光的反射（绿光）和吸收（蓝光和红光）有关（余蛟洋，2018）；在 967～1 346 nm 范围内光谱反射率波动较大，这是因为植物在此波段范围内的透射率相当高，而吸收率极低；在 1 469 nm 处出现谷值，是由于水和二氧化碳的强吸收带正好在 1 360～1 470 nm 范围（谭海珍，2008）。水分含量高的样本其光谱反射率并不一定低，这可能是因为冬小麦冠层反射光谱受到植株理化组分、冠层结构、土壤状况等多种因素综合影响，这些内部和外界环境因素的综合作用掩盖了小麦水分含量的光谱特征表达（田明璐，2017）。

2. 基于不同光谱变换形式估测冬小麦植株含水量

通过对原始光谱反射率进行数据变换可以有效提高光谱特征与水分含量的相关性，进而提高所构建模型的精度（Li $et\ al.$，2018）。本研究对小麦冠层原始光谱反射率进行 12 种数据变换，并利用原始光谱和变换光谱构建冬小麦植株含水量 PLSR 估测模型，相对于 R、$1/SG$、SG'、SG''、$(1/SG)'$、$(1/SG)''$、$(\lg SG)''$ 变换降低了估测模型的精度，SG、$\sqrt{SG}$、$\lg SG$、$\sqrt{SG'}$、$\sqrt{SG''}$、$(\lg SG)'$ 变换显著提高了 PLSR 模型的估测精度，尤以 $\lg SG$ 变换结果最佳，其构建的 $\lg SG$-PLSR 模型估测精度最高，R_p^2 为 0.880 8，$RMSE_p$ 为 3.251 2%，RPD 为 2.934 3，这可能是因为对数变换有效提取可识别地物的光谱反射率特征，可以增强目标在可见光波段的差异，有利于降低光照变化引起的乘性因素影响（郝芳芳 等，2016）。

3. 不同特征波段筛选方法对模型精度的影响

利用全部 319 个波段构建 PLSR 估测模型，虽然模型精度较高，可以用来对冬小麦植株含水量进行估测，但全波段模型波段因子较多，受影响因素较多，不利于对植株含水量进行高效估测。因此，本研究采用 CA 方法和 SPA 方法对全部 319 个波段进行特征筛选，结果显示，利用特征波段构建的估测模型精度并不低于全波段构建的估测模型，这可能是因为全波段富含所有光谱信息，但部分光谱信息是冗余的，这部分信息反而会降低估测模型的精度，而优选出的特征波段全部为与植株含水量相关性较大的波段，这些波段包含的有效光谱信息多，对估测模型的贡献率大，从而可以保证估测模型的精度（张筱蕾，2013；于丰华，2017；李媛媛，2017）。而两种特征波段筛选方法中，SPA 方法要优于 CA 方法，$\lg SG$-SPA-PLSR 模型的精度最高，RPD 为 3.089 4，这可能是因为 CA 方法是建立在线性统计方法的基础上，而对于非线性相关的情况，CA 方法选取的特征波段建立的估测模型效果略差（吴晨，2015），所以 SPA 方法要优于 CA 方法。

4. 不同生育时期植株含水量估测模型精度变化特征

不同生育时期的小麦农艺性状有较为明显的差异，通过对小麦不同生育时期植株含水量分别构建 PLSR 估测模型，可以较为准确地监测不同生育时期的水分状况。不同生育时期的小麦植株含水量估测模型有较为明显的差异，拔节期和抽穗期估测模型精度较低，模型 RPD 均小于 1.5，不能对植株含水量进行有效估测；而扬花期、灌浆前期和灌浆中期的估测模型精度有较为明显的提高，模型 RPD 均大于 2.5，其中，灌浆中期的估测模型精度最高，模型 RPD 为 3.454 7，均可以对植株含水量进行很好的估测。当植株水分含量较高时，估测模型的精度较低，反之，植株水分含量较低时，估测模型的精度较高，这可能是因为生育前期，小麦植株矮小、覆盖度低，采集的小麦冠层图像受土壤、阴影等多种因素影响，且当叶片水分含量较高时，对各波长光谱信息吸收较强，掩盖了部分叶片水分光谱特征信息的表达，导致光谱水分含量的估测模型精度降低；而生育后期，冬小麦植株较大、覆盖度高，采集的光谱图像基本是叶、茎、穗，与所测定的植株部分正好对应，所以预测精度较高，这与前人的研究结果一致（姚付启，2012；赵钢锋，2012；程晓娟等，2014；王小平，2014；秦占飞，2016；Liu *et al.*，2017；哈布热 等，2018）。

本研究对冬小麦不同生育时期植株含水量高光谱估测模型进行普适性检验，从模型的检验 R^2 来看，各生育时期的检验 R^2 与估测模型的 R_p^2 保持一致，在拔节期最低，为 0.255 3，在灌浆中期最高，为 0.447 4，整体随生育时期的推进呈现上升趋势；但全生育期的检验 R^2 要高于其他生育时期，这可能是各生育时期用于普适性检验的样本量较少导致，各生育时期均使用 25 个样本作为普适性检验样本，而全生育期检验样本为各生育时期的样本总和，而预测值与实测值构建的模型为单因素线性模型，与样本量有较大的关系（李粉玲，2016；孟雷，2017）。因此，在以后的研究中，还应该进行多年、多品种、不同气候类型、不同土壤类型的试验，尽可能地多采集样本，为构建更好的普适性模型夯实基础。

▶ 小结

本章以新疆典型滴灌冬小麦为研究对象，利用高光谱成像技术对小麦叶片、冠层进行光谱特征提取，分析比较了 SLR、PCR 和 PLSR 三种方法的光谱水分含量估测模型精度，利用 CA 和 SPA 方法优选水分指示性波段，通过模型结果验证构建了冬小麦水分状况最优估测模型，主要获得以下主要结论。

水分胁迫对冬小麦的水分含量、SPAD 值、PLAI、PDMA 等农艺性状具有不同程度的抑制作用。不同水分条件下，冬小麦的农艺性状均随生育时期的推进发生变化，从拔节期到灌浆中期，PWC 和 LWC 在持续降低，而 PDMA 在持续升高；PLAI 和 LLAI 均呈现先升高后降低的趋势，均在拔节期最低，在扬花期最高；SPAD 呈现先升高后降低的趋势，在扬花期最高，在灌浆中期最低。从不同水分处理来看，在不同灌溉水平下，随着灌溉量的增加，PWC 和 LWC 均呈现持续升高的趋势，整体表现为 W5＞W4＞W3＞W2＞W1；SPAD 值在 150～600 mm 范围内呈升高的趋势，在 750 mm 处时可能会出现略微下降；PDMA、PLAI 和 LLAI 呈现先升高后降低的趋势，在 W1 处理最低，在 W3 处理达到最高，整体表现为 W3＞W4＞W5＞W2＞W1。从不同叶位来看，LWC 和 LLAI 整体表现为 L3＞L2＞L1，而 SPAD 值在拔节期表现为 L2＞L3＞L1，在其他时期表现为 L1＞L2＞L3。植株和不同叶位叶片农艺参数之间的相关性分析表明，L1、L2、L3 的水分含量在各生育期均与 PWC 呈极显著相关性，利用顶一叶的水分含量与植株水分含量拟合模型精度达到 0.848 9，可以较好地估测整个植株的水分状况。

冬小麦叶片原始光谱反射率与 LWC 的相关性较差，最大相关系数仅为 -0.552 9，SG'、SG''、$\sqrt{SG'}$、$\sqrt{SG''}$、$(1/SG)'$、$(1/SG)''$、$(\lg SG)'$、$(\lg SG)''$ 变换可以显著提高光谱反射率与 LWC 的相关性。SLR 方法采用 $(1/SG)''$ 变换、PCR 方法采用 $(\lg SG)''$ 变换、

PLSR 方法采用 $(lgSG)''$ 变换后构建模型的效果最好，模型 R_p^2 和 RPD 分别为 0.796 5、0.915 8、0.920 7 和 2.185 6、3.492 0、3.598 8，PLSR 方法整体要优于 PCR 和 SLR。对建模波段进行优化并比较估测模型的 RPD，SPA 方法要优于 CA 方法，利用 SPA 筛选的 11 个特征波段构建的 $(1/SG)''$ - SPA - PLSR 模型估测精度最高，R_p^2 为 0.944 9，$RMSE_p$ 为 2.318 5%，RPD 为 4.317 5，模型验证 R^2 为 0.566 8，该模型较全波段和显著性检验波段建模精简了建模波段数量，提高了估测效率，能够较为准确地估测冬小麦叶片水分含量。

小麦冠层原始光谱反射率与 PWC 不呈规律性变化，原始光谱反射率进行数据变换后，可以更好地表达冠层光谱反射特征；其中，SG、$\sqrt{SG}$、$lgSG$、$\sqrt{SG'}$、$\sqrt{SG''}$、$(lgSG)'$ 变换显著提高了估测模型的预测精度，$lgSG$ 变换构建的 $lgSG$ - PLSR 模型精度最高，R_p^2 为 0.880 8，$RMSE_p$ 为 3.251 2%，RPD 为 2.934 3。对建模波段进行优化并比较估测模型的 RPD，SPA 方法要优于 CA 方法，利用 9 个特征波段构建的 $lgSG$ - SPA - PLSR 模型估测精度要优于 $lgSG$ - PLSR 和 $lgSG$ - CA - PLSR 模型，其模型 R_p^2 为 0.892 5，$RMSE_p$ 为 3.088 0%，RPD 为 3.089 4，模型 RPD 大于 3，可以对小麦植株含水量进行极好地估测。对冬小麦不同生育时期植株含水量构建估测模型，拔节期和抽穗期的植株含水量估测模型精度较低，扬花期、灌浆初期和灌浆中期的估测模型精度较高，其中灌浆中期的最高，其模型 R_p^2 为 0.904 8，$RMSE_p$ 为 1.381 1%，RPD 为 3.454 7，此模型仅包含 9 个特征波段，且模型 RPD 大于 3，可以对小麦灌浆中期植株含水量进行较好地估测。

▶ 主要参考文献

柴金伶，2011. 基于冠气温差的小麦水分状况监测研究 [D]. 南京：南京农业大学 .

陈娟，2016. 水氮互作对固定道垄作春小麦生长、产量和水氮利用的影响 [D]. 兰州：甘肃农业大学 .

程晓娟，杨贵军，徐新刚，等，2014. 基于近地高光谱与 TM 遥感影像的冬小麦冠层含水量反演 [J]. 麦类作物学报，34 (2)：227 - 233.

哈布热，张宝忠，李思恩，等，2018. 基于冠层光谱特征的冬小麦植株含水率诊断研究 [J]. 灌溉排水学报，37 (10)：9 - 15.

郝芳芳，陈艳梅，高吉喜，等，2016. 河北坝上地区草地退化指示种的高光谱特征波段识别 [J]. 生态与农村环境学报，32 (6)：1024 - 1029.

黄彩霞，柴守玺，赵德明，等，2014. 灌溉对干旱区冬小麦干物质积累、分配和产量的影响 [J]. 植物生态学报，38 (12)：1333 - 1344.

黄洁，2016. 不同灌水深度对冬小麦生长和水分利用效率的影响研究 [D]. 太原：太原理工大学 .

黄钦友，田文涛，王晓玲，2017. 渍害下小麦相对叶绿素含量的降低效应及其与产量的相关性 [J]. 长江大学学报（自然科学版），14 (14)：1 - 5.

雷钧杰，2017. 新疆滴灌小麦带型配置及水氮供给对产量品质形成的影响 [D]. 北京：中国农业大学 .

李粉玲，2016. 关中地区冬小麦叶片氮素高光谱数据与卫星影像定量估算研究 [D]. 咸阳：西北农林科技大学 .

李华，2012. 旱地地表覆盖栽培的冬小麦产量形成和养分利用 [D]. 咸阳：西北农林科技大学 .

李萌，2018. 夏玉米理化参数对连续水分胁迫的响应特征及遥感监测 [D]. 南京：南京信息工程大学 .

李娜，2018. 冬小麦水温效应-夏玉米氮硫交互效应及其优化调控 [D]. 咸阳：西北农林科技大学 .

李银水，余常兵，廖星，等，2012. 三种氮素营养快速诊断方法在油菜上的适宜性分析 [J]. 中国油料作物学报，34（5）：508 - 513.

李媛媛，2017. 基于地物光谱仪与成像光谱仪耦合的玉米生长信息监测研究 [D]. 咸阳：西北农林科技大学.

李祯，2017. 河套灌区春玉米-土壤系统对不同水氮运筹模式的响应及 DSSAT - CERES - Maize 模型的适用性研究 [D]. 呼和浩特：内蒙古农业大学.

李志勇，陈建军，陈明灿，2005. 不同水肥条件下冬小麦的干物质积累、产量及水氮利用效率 [J]. 麦类作物学报（5）：80 - 83.

刘丽平，胡焕焕，李瑞奇，等，2008. 行距配置和密度对冬小麦品种河农 822 群体质量及产量的影响 [J]. 华北农学报（2）：125 - 131.

刘淼，2016. 不同营养水平冬小麦长势高光谱遥感监测 [D]. 咸阳：西北农林科技大学.

刘晓旭，2018. 基于不同预处理方法的小麦叶片氮素含量的高光谱估测 [D]. 泰安：山东农业大学.

吕丽华，2005. 不同水分条件下的小麦生理特性和产量性状表现差异 [D]. 保定：河北农业大学.

吕真真，刘广明，杨劲松，2013. 新疆玛纳斯河流域土壤盐分特征研究 [J]. 土壤学报，50（2）：289 -295.

孟雷，2017. 不同土壤湿度下晚霜冻害冬小麦农艺性状变化的光谱响应 [D]. 北京：中国农业科学院.

牟红梅，2016. 基于核磁共振的冬小麦灌浆及玉米种子萌发过程水分分布规律研究 [D]. 咸阳：西北农林科技大学.

秦占飞，2016. 西北地区水稻长势遥感监测研究 [D]. 咸阳：西北农林科技大学.

如则麦麦提·米吉提，2018. 基于控制实验的盐渍化土壤光谱特征研究 [D]. 乌鲁木齐：新疆大学.

石朴杰，王世东，张合兵，等，2018. 基于高光谱的复垦农田土壤有机质含量估测 [J]. 土壤，50（3）：558 - 565.

史杨，2018. 基于可见光近红外光谱的土壤成分预测模型研究 [D]. 北京：中国科学技术大学.

谭海珍，2008. 基于成像光谱的冬小麦生长近地监测研究 [D]. 石河子：石河子大学.

田明璐，2017. 西北地区冬小麦生长状况高光谱遥感监测研究 [D]. 咸阳：西北农林科技大学.

王海江，蒋天池，Yunger J A，等，2018. 基于支持向量机的土壤主要盐分离子高光谱反演模型 [J]. 农业机械学报，49（5）：263 - 270.

王丽凤，张长利，赵越，等，2017. 高光谱成像技术的玉米叶片氮含量检测模型 [J]. 农机化研究，39（11）：140 - 147.

王小平，2014. 基于高光谱的半干旱区作物水分胁迫及其生理参数监测模型研究 [D]. 兰州：兰州大学.

王亚杰，2018. 基于无人机多光谱遥感的玉米叶面积指数监测方法研究 [D]. 咸阳：西北农林科技大学.

吴晨，2015. 基于高光谱成像技术的马铃薯内部品质无损检测研究 [D]. 银川：宁夏大学.

吴龙国，王松磊，何建国，等，2017. 基于高光谱成像技术的土壤水分机理研究及模型建立 [J]. 发光学报，38（10）：1366 - 1369.

武改红，2018. 冬小麦不同叶位叶片高光谱特征及其对氮素的响应 [D]. 晋中：山西农业大学.

武改红，冯美臣，杨武德，等，2018. 冬小麦叶片 SPAD 值高光谱估测的预处理方法 [J]. 生态学杂志，37（5）：1589 - 1594.

夏俊芳，2008. 基于近红外光谱的贮藏脐橙品质无损检测方法研究 [D]. 武汉：华中农业大学.

徐光武，2017. 豫北灌溉区不同栽培模式下冬小麦对水氮资源响应的研究 [D]. 新乡：河南师范大学.

杨阳，2015. 黄土高原雨养冬小麦水氮利用及土壤氨挥发对保护性耕作的响应 [D]. 咸阳：西北农林科技大学.

姚付启，2012. 冬小麦高光谱特征及其生理生态参数估算模型研究 [D]. 咸阳：西北农林科技大学.

银敏华，2018. 集雨模式与氮肥运筹对农田土壤水热状况和作物水氮利用效率的影响 [D]. 咸阳：西北农林科技大学．

于丰华，2017. 基于无人机高光谱遥感的东北粳稻生长信息反演建模研究 [D]. 沈阳：沈阳农业大学．

于雷，洪永胜，耿雷，等，2015. 基于偏最小二乘回归的土壤有机质含量高光谱估算 [J]. 农业工程学报，31（14）：103 - 109.

余蛟洋，2018. 不同生育期冬小麦生理生化参数高光谱估算 [D]. 咸阳：西北农林科技大学．

张超，余哲修，黄田，等，2019. 基于不同光谱变换的剑湖茭草鲜生物量估测研究 [J]. 西南林业大学学报（自然科学），39（6）：105 - 115.

张筱蕾，2013. 基于高光谱成像技术的油菜养分及产量信息快速获取技术和方法研究 [D]. 杭州：浙江大学．

赵刚峰，2012. 冬小麦氮素营养监测和产量预报的高光谱遥感模型研究 [D]. 咸阳：西北农林科技大学．

朱文美，2018. 灌溉量和种植密度互作对冬小麦产量及水分利用效率的影响 [D]. 泰安：山东农业大学．

Conforti M，Buttafuoco G，Leone A P，et al，2013. Studying the relationship between water - induced soil erosion and soil organic matter using Vis - NIR spectroscopy and geomorphological analysis：A case study in southern Italy [J]. CATENA，110：44 - 58.

Fu C B，Xiong H G，Tian A H，2019. Study on the effect of fractional derivative on the hyperspectral data of soil organic matter content in arid region [J]. Journal of Spectroscopy，1 - 11.

Goodacre R，2003. Explanatory analysis of spectroscopic data using machine learning of simple，interpretable rules [J]. Vibrational Spectroscopy，32（1）：33 - 45.

Guo T，Huang M，Zhu Q，et al，2017. Hyperspectral image - based multi - feature integration for TVB - N measurement in pork [J]. Journal of Food Engineering，218：61 - 68.

Hu M H，Dong Q L，Liu B L，et al，2015. Estimating blueberry mechanical properties based on random frog selected hyperspectral data [J]. Postharvest Biology and Technology，106：1 - 10.

Li L T，Wang S Q，Ren T，et al，2018. Ability of models with effective wavelengths to monitor nitrogen and phosphorus status of winter oilseed rape leaves using，in situ，canopy spectroscopy [J]. Field Crops Research，215：173 - 186.

Liu Z Y，Qi J G，Wang N N，et al，2018. Hyperspectral discrimination of foliar biotic damages in rice using principal component analysis and probabilistic neural network [J]. Precision Agriculture：1 - 19.

Lv Y P，Xu J Z，Yang S H，et al，2018. Inter - seasonal and cross - treatment variability in single - crop coefficients for rice evapotranspiration estimation and their validation under drying - wetting cycle conditions [J]. Agricultural water management，196：154 - 161.

Marianna S，Maria C S，Márcia M G，et al，2018. The legacy of large dams and their effects on the water - land nexus [J]. Regional Environmental Change，18：1883 - 1888.

Rahman Z，Siddiqui A，Bykadi S，et al，2014. Near - Infrared and Fourier Transform Infrared Chemometric Methods for the Quantification of Crystalline Tacrolimus from Sustained - Release Amorphous Solid Dispersion [J]. Journal of Pharmaceutical Sciences，103（8）：2376 - 2385.

Xu S，Lu B，Baldea M，et al，2017. An improved variable selection method for support vector regression in NIR spectral modeling [J]. Journal of Process Control，67：83 - 93.

Yi Q X，Wang F M，Bao A M，et al，2014. Leaf and canopy water content estimation in cotton using hyperspectral indices and radioactive transfer models [J]. International Journal of Applied Earth Observation & Geoinformation，33：67 - 75.

第四章

滴灌小麦氮素营养快速估测

第一节　施氮对小麦生长发育及氮素吸收利用的影响

　　我国是个农业大国，小麦是我国的主要粮食作物之一，其播种面积占粮食播种面积的1/4 左右，而滴灌小麦是近几年新疆发展起来的新型种植模式，对于密植作物来说这种新型的灌溉与施肥模式还不成熟，相应的技术参数和规范的滴灌施肥模式亟待完善。施氮对小麦干物质（赵俊晔 等，2006）、氮素积累（郭胜利 等，2005）有着重要的影响。合理施氮可显著增加小麦的干物质和氮素积累，并提高肥料的利用率（巨晓棠 等，2003）。但随着施氮量的增加，作物对氮素的利用率下降，富余的氮素在土壤中转化为硝态氮储存，导致土壤中残留的硝态氮不断增加，加剧了硝态氮淋溶的风险以及对土壤和水体等的污染（叶全宝 等，2006）。因此，研究其在滴灌条件下的吸收规律，可以为制定干旱区滴灌条件下小麦的施肥制度提供基础。基于不同施氮水平，比较分析滴灌春小麦干物质的积累动态和氮素吸收利用情况，揭示滴灌春小麦的氮素吸收利用规律，以期为滴灌春小麦科学合理施用氮肥提供理论依据。

一、试验设计与数据处理

1. 试验区概况

　　试验于 2013 年在石河子大学农学院试验站进行（$44°18'$N，$86°03'$E），试验区土壤为灌溉灰漠土，质地为重壤，耕层土壤全氮含量 $0.93\ g\cdot kg^{-1}$，速效磷含量 $31.42\ mg\cdot kg^{-1}$，速效钾含量 $251\ mg\cdot kg^{-1}$，碱解氮含量 $61.4\ mg\cdot kg^{-1}$，pH 7.5，土壤有机质 $14.38\ g\cdot kg^{-1}$。

2. 试验设计

　　本实验采用田间小区实验，试供种为'新春 6 号'，播种时间为 2013 年 3 月 24 日，实验共设 4 个施氮水平，分别为施纯氮 $0\ kg\cdot hm^{-2}$、$225\ kg\cdot hm^{-2}$、$300\ kg\cdot hm^{-2}$、$375\ kg\cdot hm^{-2}$（以下分别用 N_0、N_1、N_2、N_3 表示），氮肥品种为尿素（N-46%）。灌溉量为 $6\,000\ m^3\cdot hm^{-2}$，滴灌带布置为一管四行的田间配置方式（即 4 行小麦 1 条滴灌带，行距为 15 cm，滴灌带幅宽为 60 cm），每个处理重复 3 次，小区面积为 3 m×3 m＝9 m²，小区之间各设 40 cm 保护行。磷肥施用量为 $150\ kg\cdot hm^{-2}$，其中 50% 以重过磷酸钙基施，50% 以磷酸二氢钾追施，不同灌溉量和施肥量设计见表 4-1。其他各项管理与大田生产相同。

表 4-1　不同生育期灌溉量及各处理追肥用量

生育期（月-日）	灌溉量（m³·hm⁻²）	施氮处理（kg·hm⁻²）			磷肥（kg·hm⁻²）
		N_1	N_2	N_3	
苗　　期（04-15）	1 200	27	36	45	
拔节期（04-25）	600	36	48	60	9.4
孕穗期（05-07）	1 200	36	48	60	18.8
抽穗期（05-15）	450	13.5	18	22.5	9.4
扬花期（05-25）	450	13.5	18	22.5	9.4
灌浆期（06-01）	900	18	24	30	18.8
乳熟期（06-12）	600	0	0	0	0

3. 测定项目与方法

（1）春小麦干物质、氮素累积的拟合

从三叶期开始进行取样，在各个生育时期采集各小区代表性地上部植株样品 10 株，带回实验室后在 105 ℃杀青 30 min，然后再在 80 ℃下烘干至恒重，待样品冷却后称重，测定干物质重量。粉碎后过 0.5 mm 筛，用 H_2SO_4 - H_2O_2 消煮，凯氏定氮法测定植株氮素含量。

干物质积累量及氮素积累量，随着生育天数的增长，变化特性可以通过线性回归进行 Logistic 曲线拟合。相关计算公式如下：

$$Y = \frac{k}{1 + e^{b-at}} \tag{4-1}$$

式中，Y（kg·hm⁻²）为干物质积累量及氮素积累量，k（kg·hm⁻²）值为相对应理论最大值，a、b 为待定系数，t 为时间序列变量，即出苗后天数（d）。通过公式（4-1）可以计算相应的特征值：

$$t_1 = \frac{\ln(2+\sqrt{3}-b)}{a} \tag{4-2}$$

$$t_2 = -\frac{b}{a} \quad V_{max} = -\frac{4k}{a} \tag{4-3}$$

$$t_3 = \frac{\ln(2-\sqrt{3}-b)}{a} \tag{4-4}$$

式中，t_1、t_2、t_3 分别代表植株氮素及干物质快速积累始盛期、高峰期、盛末期出现的天数，V_{max} 为积累速率最大值。

（2）叶片叶绿素含量的测定

SPAD 值的测定采用 MinlotaSPAD-502 叶绿素计，分别在小麦重要生育期，测定边行、中行小麦最上部完全展开叶的 SPAD 值（各取 10 株）。该仪器通过不同叶绿素含量的叶片对两种不同波长光的吸收不同来确定叶片叶绿素含量，其测量结果是一个反映植物叶片中叶绿素含量的相对值。

也可采用化学法浸提，于不同生育阶段取边行、中行（各 10 株）小麦的最上部完全展开叶，将叶片去叶脉剪碎混匀后，用丙酮-乙醇 1∶1 混合液浸提，摇匀后用分光光度计比色。

（3）硝酸盐含量测定

植株硝酸盐浓度测定采用反射仪（Reflect Meter，Merck Co.）。在田间多点随机采取 30 株小麦，剥去外皮，剪取茎基部 0.5 cm 样段，以压汁钳挤压出汁液，适当稀释后以反射仪测定，试纸采用 Merck 公司提供的硝酸盐试纸。

（4）冠层植被指数的测定

在春小麦重要生育期用主动遥感光谱仪 Green seeker 测定春小麦冠层植被指数（ND-VI）。测定时尽量保持匀速，感应探头与春小麦冠层保持水平状态，两者间距在 0.6 m 左右。采用带状测定法测定各试验小区中间 6 行春小麦冠层植被指数 NDVI，取其平均值作为试验小区冬小麦冠层植被指数 NDVI。在测定过程中为了避免边际效应对测定结果的影响，在测定区域周边均留出一片保护区域。

（5）氮肥利用率

氮肥利用率利用以下公式计算：

$$氮肥利用率＝（施肥区作物地上部分吸氮总量—不施氮肥区作物地上部分吸氮总量）/施氮量×100\%$$

$$(4-5)$$

4. 数据处理与分析

试验数据使用 SPSS 13.0 和 Excel 2003 进行统计分析。

二、滴灌春小麦干物质积累动态

不同施氮处理的干物质积累量变化趋势基本一致，前期干物质累积较少，拔节期以后累积逐渐增加，持续到灌浆期，从灌浆期以后开始变缓，呈现出慢—快—慢的 S 形曲线（图 4-1）。从整个生育期来看，随着氮肥用量的增加，春小麦干物质积累量表现为先增加后降低的趋势。至完熟期 N_1、N_2、N_3 处理较 N_0 处理的干物质积累量分别增加了 39.6%、65.9%、57.5%，其中以 N_2 处理为最高，表明增施氮肥对增加小麦干物积累量作用显著，但是随着氮肥施用量的继续增大反而不利于干物质积累量的继续增加。不同施氮处理间自拔节期以后除 N_3 与 N_2 处理外，各处理差异均达到显著水平。

从表 4-2 可以得出，在不同施氮

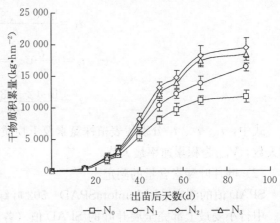

图 4-1　不同施氮处理下小麦干物质积累的动态变化

量处理下，小麦植株干物质积累量理论最大值（k）随着施氮量的增加而增加，但是干物质的快速积累时间（Δt）在逐渐减少，表明施氮可以显著增加干物质的积累速率，最大积累速率表现为 $N_2>N_3>N_1>N_0$，各处理最大积累速率出现时间为 N_0 最早。各处理干物质积累快速增长期始于出苗后 30～59 d，因此在该阶段应加强田间的水肥管理，保证水肥充足及时供应，在出苗 59 d 以后植株干物质积累速度逐渐放缓。

表 4 - 2　不同施氮处理下小麦干物质积累模型的特征值

处理	拟合方程	t_1(d)	t_2(d)	t_3(d)	Δt(d)	V_{max} (kg·hm^{-2}·d^{-1})	R^2
N_0	$y=11\,791.12/(1+e^{4.681\,9+0.109t})$	30	42	55	25	321.31	0.995 6**
N_1	$y=16\,642.43/(1+e^{4.658\,1+0.097\,2t})$	34	47	61	27	404.41	0.986 4**
N_2	$y=19\,691.39/(1+e^{4.768\,1+0.102\,3t})$	33	46	59	26	503.61	0.991 0**
N_3	$y=18\,717.76/(1+e^{4.789+0.102t})$	34	46	59	25	477.30	0.989 4**

注：** 表示在 1％水平上相关性显著。

三、滴灌春小麦氮素吸收利用

1. 氮素积累动态

由图 4 - 2 可以看出，各施氮处理的小麦氮素积累变化趋势基本一致，前期氮素积累较少，进入拔节期以后累积逐渐增加，持续到抽穗扬花期，之后开始变缓，整体呈现出慢—快—慢的 S 形增长趋势。从整个生育期来看，随着施氮量的增加，小麦植株氮素积累表现为先增加后降低的趋势。至完熟期各施氮处理较不施氮处理的氮素积累量分别增加了 37.4％、68.8％、57.2％，其中以 N_2 处理为最高，表明增施氮肥对增加植株氮素积

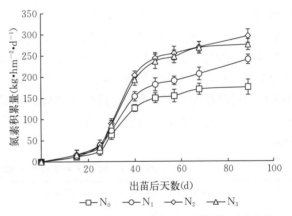

图 4 - 2　不同施氮处理小麦氮素积累量的动态变化

累量作用显著，但是过量施氮反而不利于氮素积累的继续增加。不同施氮处理间自拔节期以后除 N_3 与 N_2 处理外各处理差异均达到显著水平。

通过 Logistic 曲线模型对春小麦植株氮素积累进行拟合（表 4 - 3），各处理与 Logistic 曲线方程的回归结果均达到极显著水平。从表 3 可以得出，在不同施氮量处理下，植株氮素积累量理论最大值（k）随着施氮量的增加而增加，但是氮素的快速积累时间（Δt）在逐渐减少，表明施氮可以显著增加植株氮素积累速率，最大积累速率表现为 $N_2>N_3>N_1>N_0$，N_2 处理为 8.11 kg·hm^{-2}·d^{-1}，比其他处理提高了 14.6％～62.3％。Logistic 方程回归结果显示，不同施氮处理植株氮素积累的始盛期为出苗后 25 d 左右，快速增长截至

出苗后 55 d 左右，该阶段与干物质快速积累时期相比提前了 6 d 左右，说明氮素的吸收利用对干物质的快速积累具有推动作用。

表 4-3 不同施氮处理下小麦植株氮素积累模型的特征值分析

处理	拟合方程	t_1(d)	t_2(d)	t_3(d)	Δt(d)	V_{max} (kg·hm^{-2}·d^{-1})	R^2
N$_0$	$y=185.95/(1+e^{4.0889+0.1075t})$	25	38	50	24	4.98	0.980 3**
N$_1$	$y=243.94/(1+e^{3.8043+0.0925t})$	26	41	55	28	5.64	0.971 6**
N$_2$	$y=282.54/(1+e^{4.2174+0.1148t})$	25	36	48	22	8.11	0.983 6**
N$_3$	$y=276.29/(1+e^{4.3149+0.1168t})$	25	36	48	22	7.08	0.990 5**

注：t_1、t_2、t_3 分别代表小麦干物质快速积累始盛期、高峰期、盛末期出现的天数，V_{max} 为积累速率最大值；** 表示在 1% 水平上相关性显著。

2. 成熟期氮素在小麦植株不同器官的分配

由表 4-4 得出，成熟期氮素在小麦植株不同器官中的含量表现为，在籽粒、叶片、穗轴和颖壳、茎和叶鞘中逐渐递减；在不同器官中的分配比例各施氮处理整体上表现为籽粒＞茎和叶鞘＞叶片＞穗轴和颖壳。在不同施氮处理下，茎和叶鞘、穗轴和颖壳的氮素含量随着施氮量的增加而增加，N$_2$ 与 N$_3$ 之间无差异；而籽粒、叶片的氮素含量则呈现出先增加后降低的趋势，其中以 N$_2$ 处理籽粒氮素含量最高，N$_2$ 与 N$_3$ 之间无差异。随着施氮量的增加，氮素向籽粒的分配比例呈下降趋势，其中以 N$_0$（不施氮）处理氮素在籽粒中的分配比例最高，而向叶片、茎和叶鞘、穗轴和颖壳的分配比例呈增加趋势。各施氮处理的不同器官氮素积累量均显著高于不施氮处理，其中籽粒、茎和叶鞘、叶片的氮素含量随着施氮量的增加呈现先升高后降低的趋势。表明虽然施氮能提高春小麦各器官组织的氮素含量，但是伴随着氮素在籽粒中分配比例的下降，营养器官的氮素分配比例水平会有所升高。

表 4-4 成熟期氮素在小麦植株不同器官的分配

处理	氮素含量（%）				氮素积累量（mg·每株）				分配比例（%）			
	籽粒	叶片	茎和叶鞘	穗轴和颖壳	籽粒	叶片	茎和叶鞘	穗轴和颖壳	籽粒	叶片	茎和叶鞘	穗轴和颖壳
N$_0$	2.07c	0.69b	0.39c	0.49c	24.84c	2.77c	2.32c	1.94c	77.96	8.69	7.26	6.09
N$_1$	2.45b	0.95a	0.58b	0.68b	32.04b	4.06a	4.61b	3.08b	73.17	9.28	10.52	7.03
N$_2$	2.69a	1.09a	0.61ab	0.73ab	37.26a	6.08a	6.82a	3.62a	69.28	11.32	12.67	6.73
N$_3$	2.59ab	0.96a	0.65a	0.75a	34.82b	5.09ab	6.51a	3.68a	69.50	10.16	12.99	7.34

注：同列数据不同小写字母表示不同处理间差异显著（$P<0.05$）。

3. 不同施氮处理下小麦的氮肥利用效率

由表 4-5 可以看出，N$_1$ 和 N$_2$ 处理的氮肥利用率差异显著，随着施氮量的增加增大，

但是 N_1 和 N_3 处理的氮肥利用率差异不显著。其中 N_2 处理的氮肥利用率最高，为 40.19%，比 N_1、N_3 处理分别高出 37.97%、50.36%。当氮肥用量达到 75 kg·hm^{-2} 纯氮时，氮肥利用率迅速下降，说明在一定范围内增加氮肥用量可以提高滴灌春小麦氮肥的利用率，但是超过一定范围继续增加施氮量会造成氮肥利用率的迅速下降，从而造成浪费。氮素收获指数指的是籽粒吸氮量占植株总吸氮量的比例，由表 4-5 可以看出，各处理收获指数与对照（N_0）比较随着施氮量的增加整体上呈现出降低的趋势，表明过量的氮肥投入不利于籽粒氮素积累量的持续增加。氮肥农学利用效率是指施用氮肥后增加的产量与施用氮肥量的比值，它表明施用的每千克纯氮增产小麦籽粒的能力（朱新开 等，2006）。随着施氮量的不断增加，农学利用效率呈现下降趋势，由 7.89 kg·kg^{-1} 下降到 5.29 kg·kg^{-1}，下降幅度为 32.95%，说明随着氮肥用量的增加，每千克纯氮增产小麦籽粒的能力在不断下降，从而造成生产成本增加。氮肥生理利用率是指作物因施用氮肥而增加的产量与相应的氮素积累量的增加量的比值，反映了作物对所吸收的氮素肥料在作物体内的利用率。由表 4-5 可以得出，随着氮肥用量的增加，春小麦的生理利用效率呈下降趋势，由 27.07 kg·kg^{-1} 下降到 18.37 kg·kg^{-1}，下降幅度为 32.14%，N_2、N_3 与 N_1 处理间差异显著，表明随着施氮量的增加，春小麦体内每积累 1 kg 氮素所增加的产量呈下降趋势。氮肥偏生产力是指作物施肥后的产量与氮肥施用量的比值，它反映了作物吸收肥料氮和土壤氮后所产生的边际效应。由表 4-5 可以反映出，随着氮肥用量的增加，春小麦的氮肥偏生产力显著下降，由 31.91 kg·kg^{-1} 下降到 19.71 kg·kg^{-1}，下降幅度为 38.23%。

表 4-5　不同施氮处理下小麦的氮素利用率

处理	农学利用效率 (kg·kg^{-1})	生理利用效率 (kg·kg^{-1})	偏生产力 (kg·kg^{-1})	氮肥利用率（%）	氮收获指数（%）
N_0	—	—	—	—	77.96a
N_1	7.89a	27.07a	31.91a	29.13b	73.17b
N_2	7.38a	18.37b	25.40b	40.19a	69.28c
N_3	5.29b	19.80b	19.71c	26.73b	69.50c

注：同列数据不同小写字母表示不同处理间差异显著（$P<0.05$）。

四、讨论

较高的干物质和养分积累是作物高产的前提，合理的施氮量可促进小麦干物质和氮素积累（叶优良 等，2012）。相关研究结果表明，滴灌春小麦植株干物质和氮素积累特征符合 Logistic 曲线，施氮能促进其干物质和氮素积累，以 N_2 处理表现最佳，其干物质及氮素积累潜力均随施氮量的增加呈先增加后降低的趋势（刘其 等，2013），在膜下滴灌水稻上也呈现出相同的规律（朱齐超 等，2013）。赵俊晔等（2006）研究结果表明，适量施氮可促进小麦植株对氮素的吸收与积累，较高的施氮量不利于起身期之后的氮素积累，致使成熟期小麦氮素积累量未能显著提高。

施氮能提高干物质及氮素积累的最大速率，并减少其快速积累时间。薛晓萍等（2006）研究表明，随着施氮量的增加，棉花植株快速生长起始日期及干物质快速增长速率最大值出现时间越早，快速积累持续时间越短，从而越有利于生物量的积累和优质群体结构的形成。不同施氮处理的干物质、氮素快速积累时间均表现出随施氮量增加而减少的趋势（叶优良 等，2012）。但同时也有报道，过量施氮会导致磷素、钾素的快速积累持续时间延长（朱齐超 等，2013）。

关于氮肥利用评价，目前使用最多的是氮肥农学利用效率、氮肥偏生产力、氮肥表观利用效率、氮肥生理利用效率，这些指标分别从不同方面描述了作物对于氮肥的吸收和利用程度（张福锁 等，2007）。本研究表明，滴灌春小麦随施氮水平的提高，氮肥农学利用效率、氮肥生理利用效率和氮肥偏生产力均呈下降趋势。叶全宝等（2006）的研究表明氮肥农学利用效率、氮肥生理利用效率和氮肥偏生产力受多种因素的影响，不同土壤条件和不同水稻品种对氮肥的反应也不尽相同。赵满兴等（2006）的研究表明，旱地适量施氮有助于增加小麦氮肥利用率，而过量施氮小麦氮肥利用率递减，损失量显著增加。因此，在实际农业生产中合理施用氮肥，避免过量施肥而造成的大量氮素在茎秆中的残留，在提高氮素利用效率方面具有重要作用。张爱平等（2009）研究表明，氮肥利用率随着施氮量的增加呈现降低的趋势，与本文研究结果一致，但进一步研究发现，施氮量为 240 kg·hm^{-2}时，氮肥利用率最高，为 24.3%。本试验研究表明，在滴灌条件下氮肥利用率最低为 26.73%，最高达到了 40.19%。可能由于漫灌小麦常常会遇到水分胁迫或水分和养分胁迫的双重考验，这无疑会影响小麦对氮素的吸收、运输和再分配（Souza et al.，2004）。因此，在常规灌溉农业区要提高小麦对氮肥的利用效率，需加强合理的水肥调控措施，以实现以肥调水、以水促肥的目的。因而，滴灌条件下水肥一体化可以显著提高小麦氮肥利用效率。

第二节　施氮量对春小麦产量及蛋白质的影响

在施肥与小麦品质关系方面，我国多集中在对蛋白质含量的研究方面。施用氮肥是小麦生产中的重要措施，适量施氮能提高小麦籽粒产量、蛋白质含量并改善加工品质（Abad et al.，2004），但过量或不合理施氮则达不到高产优质的目的。众多研究表明，适量范围 0~300 kg·hm^{-2}增施氮肥可提高蛋白质含量，其最佳施氮量却各不相同：对 7 个强筋小麦品种进行试验，表明在中产条件下以 225 kg·hm^{-2}左右施氮量为宜（赵广才 等，2006），而中筋小麦（'皖麦 44'）的适宜施氮量为 150~225 kg·hm^{-2}（孔令聪 等，2004）。施氮对小麦产量有着重要的影响（伍维模 等，2006），在滴灌条件下，不同氮肥用量对春小麦的产量影响较大，当尿素施用量为 414 kg·hm^{-2}时，产量达到最高（李瑛 等，2013）。刘其等（2013）研究表明，经函数拟合，施氮量为 366.83 kg·hm^{-2}时，滴灌春小麦产量最高。刁万英等（2013）研究表明，施氮量在 0~345 kg·hm^{-2}时，'新春 6 号''新春 17 号'及'新春 22 号'的穗数和穗粒数无差异，千粒重有显著差异，其产量都随施氮量的增加而增加。张涛等（2010）研究表明，当灌溉量为 1 500 m^3·hm^{-2}时，施氮量在 0~300 kg·hm^{-2}，滴灌春小麦生物产量、穗数、穗粒数、千粒重和籽粒产量都随施氮量的增加而增加。高产稳产、高蛋白质含量一直是小麦育种与栽培追求的目标，而要实现高蛋白质含量，必然要增加籽粒的含氮量。因此，通过不同施氮处理，研究其对春小麦蛋白质含量、产量及其构成因素的影响，以期为滴灌春小麦科学合理施用氮肥及制订小麦高产高效栽培技术提供理论依据。

一、试验设计与数据处理

参考本章第一节试验设计与数据处理。

二、施氮对滴灌春小麦产量的影响

由表 4-6 可以看出，随着施氮量的不断增加，籽粒产量呈先增加后降低的趋势，各施氮处理籽粒产量与对照相比均显著增加，说明氮肥的施入显著增加了籽粒产量。在不同施氮处理中，以 N_2 处理的产量最高，为 $7\,620\,kg \cdot hm^{-2}$，N_1、N_2 和 N_3 处理产量分别比对照增加 $1\,774\,kg \cdot hm^{-2}$、$2\,214\,kg \cdot hm^{-2}$、$1\,985\,kg \cdot hm^{-2}$，增产率分别为 32.82%、40.95%、36.72%，但 N_2 和 N_3 处理之间差异不显著，说明过量施氮不利于产量的持续增加，可能是因为小麦生育后期营养生长过剩，造成植株上部通风不畅，影响了上部叶片的光合作用（翟丙年 等，2003）。通过一元二次多项式对春小麦产量和施氮量进行拟合，表达式为 $y=-0.019\,3x^2+12.7x+5\,395.9$（$R^2=0.988\,6$），从而可以得出，当施氮量为 $329\,kg \cdot hm^{-2}$ 时理论产量达到最高。

表 4-6 施氮对小麦产量及其构成的影响

处理	成穗数（10^4 个·hm^{-2}）	穗粒数	千粒重（g）	产量（$kg \cdot hm^{-2}$）
N_0	411c	29b	45.75a	5 406b
N_1	495b	33a	44.14b	7 180a
N_2	524a	34a	42.19c	7 620a
N_3	505ab	35a	42.27c	7 391a

注：同列数据不同小写字母表示不同处理间差异显著（$P<0.05$）。

氮肥的施用提高了滴灌春小麦的籽粒产量，但是对于产量构成的影响，则随着氮肥用量的不同而不尽相同。与对照相比，各处理均显著提高了滴灌春小麦成穗数的形成，而 N_1 与 N_3 处理之间的差异不显著，说明在某一范围内，穗数会随着氮肥用量的增加而增加，超过一定范围继续增大氮肥用量穗数就会下降。对于穗粒数，各施氮处理与对照差异显著，以 N_2 处理的穗粒数最多，但 N_2 和 N_3 处理之间差异不显著，说明过量施氮不利于穗粒数的继续增加。对于千粒重，各施氮处理均降低了千粒重，且与对照的差异达到了显著水平，说明氮肥对滴灌春小麦产量增加的影响主要体现在提高成穗数和穗粒数的方面。

三、籽粒蛋白质含量与蛋白质产量

由图 4-3 可以看出，不同施氮处理间籽粒蛋白质含量表现为 $N_2>N_3>N_1>N_0$，但

是 N_2 与 N_3 处理之间差异不显著，表明过量施氮不利于籽粒蛋白质含量的提高，这与成熟期籽粒的氮素含量变化相吻合，其中以 N_2 处理的籽粒蛋白质含量最高，为 15.33％，N_1、N_2 和 N_3 处理分别较不施氮处理提高 18.32％、29.68％、24.92％。由图 4-3 亦可看出，不同施氮处理间的籽粒蛋白质产量以 N_2 处理最高，为 1 168.35 kg·hm^{-2}，分别较 N_0、N_1、N_3 处理提高 82.79％、16.31％和 7.02％，但是各施氮处理间差异均不显著，这与小麦籽粒产量变化相吻合。

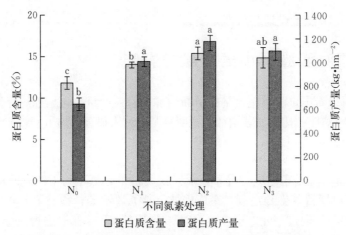

图 4-3　不同施氮处理籽粒蛋白质含量及产量的差异

注：同组数据不同小写字母表示蛋白质含量和蛋白质产量间差异显著（$P<0.05$）。

四、讨论

小麦的产量性状是多种因素共同作用的结果，生态条件和栽培措施在其中发挥着重要的影响。相关研究表明施肥可以显著提高籽粒产量，其中氮肥是首要因素，在小麦所需营养元素中，氮素对小麦产量和品质影响最大（蔡大同 等，1994）。施氮对产量的影响表现为，在一定施氮量范围内籽粒产量随着施氮量的增加而提高（徐恒永 等，2001），但超过一定限度后，增施氮肥籽粒产量提高不显著，甚至降低（于振文 等，2003）。朱明哲等（2004）、周顺利等（2001）研究指出，随着施氮量的增加，穗数呈现出先增加后降低的趋势，穗粒数与施氮量呈现出正相关关系，而千粒重随氮肥用量的增加而降低。张爱平等（2009）在宁夏引黄灌区研究表明，与不施氮相比，增施氮肥可以显著增加小麦籽粒中的蛋白质含量和蛋白质产量，但当施氮量超过 240 kg·hm^{-2} 后，籽粒中蛋白质含量增长差异不显著。但不同学者所得出的施氮量并不相同，主要是因为受土壤、小麦品种、气候条件和栽培管理的影响。

本研究表明，在滴灌条件下，施氮处理较不施氮处理的蛋白质含量、产量及籽粒产量均显著提高，但随着施氮量的增加，超过 300 kg·hm^{-2} 时，植株干物质、氮素积累量及产量随着施氮量的增加而降低，表明过量施氮不利于滴灌春小麦产量形成，这与前人的研究结果基本一致。

第三节　小麦氮素营养快速诊断方法比较

传统的植物氮素营养诊断方法主要是基于土壤和植物组织的实验室分析。这些分析基于采集的土壤和植被样本，测试过程需要消耗大量的时间、人力和物力（贾良良 等，2001）。测试过程中由于花费时间过长，测试的结果实时性较差，而且试验室分析是建立在有经验的专业分析人员和大量的分析试剂与设备基础之上，因此不利于推广应用（Peng *et al.*，1993）。在这一背景下，一系列田间快速、简单、准确的测试技术应运而生，在农作物生产中得到了广泛的推广应用。

遥感技术具有快速、大面积、无损等特点，利用遥感技术无损检测作物氮素一直是作物遥感监测研究领域的重点（Thomas *et al.*，1977）。前人针对产量或农学参数与光谱指数进行了很多的研究，其中基于植被指数（NDVI）作为目前应用最为广泛的光谱植被指数，其解释作物生理生化参数的性能已经得到确认（Hansen *et al.*，2003；Trishchenko *et al.*，2002）。SPAD-502（叶绿素计）与 Green Seeker（通过冠层光谱计算得到 NDVI 值）是两种能够进行田间监测管理的光谱设备。SPAD 值与叶绿素含量、叶氮含量极显著正相关，用 SPAD 值可以对小麦全氮含量进行估测（Gáborčik *et al.*，2003），并且叶 SPAD 值可以预测单位土地面积上小麦籽粒生长过程中蛋白质与淀粉积累的动态（田永超等，2004）。卢艳丽等（2008）研究表明，玉米冠层 NDVI 值对叶绿素最敏感的时期是大喇叭口期，可以利用 Green Seeker 对春玉米的叶绿素或氮素进行监测。Esfahani 等（2008）利用 SPAD 值指导氮肥的施用。此外，也有学者建立了基于 NDVI 值的产量预测模型，并根据所建立的预测模型计算出条件产量下的氮肥施用量。硝酸盐快速诊断以植物组织鲜样中硝态氮含量来反映植物的氮素营养状况，具有快速、灵敏、可现场检测等优点，目前已经成功应用于烤烟（陈锦玉 等，2002）、棉花（刘宏平 等，2005）等作物。李志宏等（1997）研究表明，硝酸盐快速诊断在北方地区生产中是切实可行的，拔节期可作为春小麦氮营养诊断时期，并通过对冬小麦、春小麦、夏玉米 3 种作物用反射仪法和二苯胺法进行氮素营养诊断，表明了反射仪法测定结果较二苯胺法准确。目前，利用 SPAD计、Green Seeker 和反射仪进行田间管理监测的研究很多，每种方法各有优缺点，但何种诊断方法更准确，尚无定论。以上几种诊断方法相结合对春小麦进行氮素营养诊断的研究尚无，单一诊断方法很少能够建立在系统的生育期理论基础上进行研究。因此，通过对比不同氮素营养诊断方法，对各诊断指标与叶绿素含量、叶氮含量、全氮含量及产量的相关性进行分析，筛选出相对适用于滴灌春小麦的氮素营养快速诊断方法，为春小麦氮素营养管理提供技术支持。

一、基于硝酸盐含量的氮素营养诊断

1. 试验设计与数据处理

参考本章第一节试验设计与数据处理。

2. 硝酸盐含量的生育期变化

春小麦不同生育期茎基部硝酸盐含量测定表明（图 4 - 4），各处理小麦茎基部硝酸盐（NO_3^-）含量变化趋势基本一致，在抽穗扬花期（出苗后 49 d）各施氮处理硝酸盐含量达到最高。

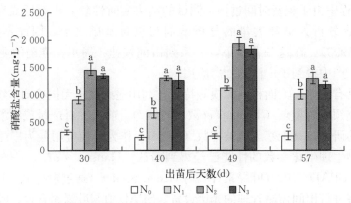

图 4 - 4　不同施氮处理春小麦硝酸盐含量在不同生育期的变化

注：同组数据不同小写字母表示不同处理间差异显著（$P < 0.05$）。

不同施氮处理下，3 个施氮处理测定茎基部硝酸盐含量与对照相比，均达到显著差异，施氮处理与对照相比硝酸盐含量增加了 100% 以上，表明施氮可以显著提高小麦茎基部硝酸盐含量。单一生育期内各施氮处理，小麦硝酸盐含量随着施氮量的增加，呈现出先增加后降低的趋势，其中 N_1 与 N_2 差异显著，N_2 与 N_3 之间差异不显著，表明过量施氮不利于小麦茎基部硝酸盐存储的增加。小麦茎基部硝酸盐含量最大时正是产量最高时，可见硝酸盐含量一定程度上可以反映施氮量是否适量。

3. 硝酸盐含量与叶片氮素含量的相关性分析

春小麦在灌浆期硝酸盐含量与叶片氮含量的相关性不显著，在拔节期、孕穗期、抽穗扬花期硝酸盐含量与叶片氮素含量的相关性达显著或极显著水平（图 4 - 5），其中抽穗扬花期的相关系数最高，为 0.739，拔节期次之。小麦茎基部硝酸盐含量在抽穗扬花期和拔节期可以很好地反映叶片氮素含量。

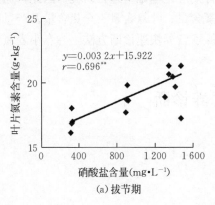

(a) 拔节期

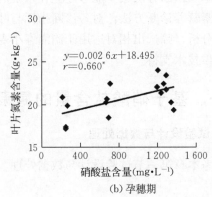

(b) 孕穗期

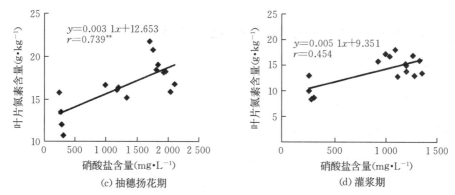

图 4-5 小麦各生育期硝酸盐含量与叶片氮素含量之间的关系

注:*表示相关性达到显著水平（$P=0.05$）,**表示相关性达到极显著水平（$P=0.01$）。

4. 硝酸盐含量与植株全氮含量的相关性分析

从图 4-6 可以看出,在拔节期、孕穗期、灌浆期,不同氮肥水平下测定的硝酸盐含量与植株全氮含量都表现出直线相关关系,相关系数达到 0.01 水平的极显著相关,其中拔节期的相关系数最高为 0.898。抽穗扬花期相关性不显著。可见,茎基部硝酸盐含量可以很好地反映春小麦的氮素营养状况。

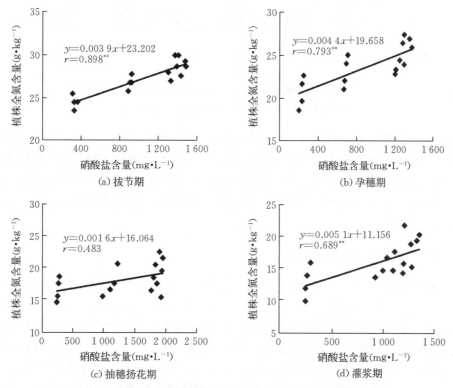

图 4-6 小麦各生育期硝酸盐含量与植株全氮含量之间的关系

注:*表示相关性达到显著水平（$P=0.05$）,**表示相关性达到极显著水平（$P=0.01$）。

二、基于 SPAD - 502 的氮素营养诊断

1. 试验设计与数据处理

参考本章第一节试验设计与数据处理。

2. 不同生育期 SPAD 值的变化

春小麦不同生育时期 SPAD 值测定表明（图 4 - 7），各处理小麦叶片 SPAD 值变化趋势基本一致，随生育期呈先增加后降低趋势，拔节期（出苗后 30 d）之后 SPAD 值迅速增加，在抽穗扬花至灌浆期（出苗后 49～57 d）叶片 SPAD 值达到最大，灌浆期（出苗后 57 d）之后 SPAD 值开始下降，到乳熟期（出苗后 68 d）高氮处理（N_3）比低氮处理（N_1）SPAD 值下降缓慢。

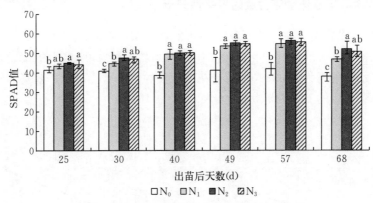

图 4 - 7　不同施氮处理春小麦叶片 SPAD 值在不同生育期的变化

注：同组数据不同小写字母表示不同处理间差异显著（$P<0.05$）。

不同施氮处理的叶片 SPAD 值与对照相比，均达到显著差异，施氮处理与对照相比叶片 SPAD 值增加了 4.5%～34%，表明施氮可以显著提高叶片 SPAD 值。在拔节期和乳熟期各施氮处理，小麦叶片 SPAD 值随着施氮量的增加，呈现出先增加后降低的趋势，其中 N_1 与 N_2 之间差异显著，N_2 与 N_3 之间差异不显著，表明过量施氮不利于小麦叶片 SPAD 值的持续增加。

3. 不同生育期叶绿素含量的变化

春小麦不同生育时期叶片叶绿素含量测定表明（图 4 - 8），叶片叶绿素含量在整个生育期呈现出先增加后降低的趋势，各处理小麦叶片叶绿素含量变化基本一致。拔节期之后叶片叶绿素含量迅速增加，在抽穗扬花期叶片叶绿素含量达到最大，灌浆期开始缓慢下降，到乳熟期高氮处理（N_3）降幅较大，与灌浆期相比 N_0、N_1、N_2、N_3 处理的叶片叶绿素含量分别下降 22.6%、11.2%、14%、28.6%。可能是由于在乳熟期春小麦生殖生长占优势，叶片等营养器官逐渐衰老，加上高温对叶绿体的破坏作用，叶绿素含量下降较为迅速。

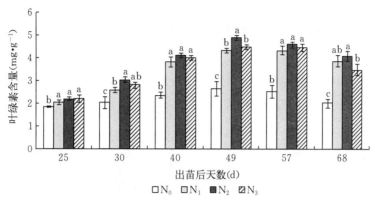

图 4-8 不同施氮处理春小麦叶片叶绿素含量在不同生育期的变化

注：同组数据不同小写字母表示不同处理间差异显著（$P<0.05$）。

不同施氮处理的叶片叶绿素含量与对照相比，均达到显著差异水平，施氮处理与对照相比叶片叶绿素含量增加了 9.4%～96.5%，表明施氮可以显著提高叶片叶绿素含量。在拔节期、抽穗扬花期及乳熟期，小麦叶片叶绿素含量均随着施氮量的增加呈现出先增加后降低的趋势，表明过量施氮不利于小麦叶片叶绿素含量的持续增加。其他生育期各施氮处理间叶绿素含量差异不显著。

4. 不同生育期叶片含氮量的变化

春小麦的叶片氮素含量在分蘖期（出苗后 25 d）最高，分蘖期以后叶片氮素含量整体呈下降趋势（图 4-9），是由于从分蘖期到乳熟期作物生长产生的稀释效应。不同施氮处理下，除了孕穗期（出苗后 40 d）、灌浆期 N_0 与 N_1 处理间小麦叶片氮素含量差异不显著外，其他生育期的 3 个施氮处理测定的叶片氮素含量与对照相比，均达到显著差异水平，施氮处理与对照相比叶片氮素含量增加了 8.8%～59.1%。拔节期、孕穗期、抽穗扬花期 N_1 与 N_3 处理间差异显著，表现出随着施氮量的增加叶片氮素含量存在上升趋势，但其他生育期 3 个施氮处理间差异不显著，整体来看，叶片氮素含量并非随着施氮量的增加而

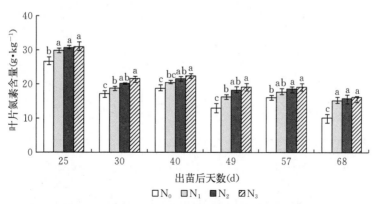

图 4-9 不同施氮处理春小麦叶片氮素含量在不同生育期的变化

注：同组数据不同小写字母表示不同处理间差异显著（$P<0.05$）。

不断升高，当施氮量超过适氮量后，叶片氮素含量会呈现出平台或下降的趋势。

5. SPAD 值与叶绿素含量的相关性分析

春小麦在分蘖期 SPAD 值与叶片叶绿素含量相关性达显著水平，相关系数为 0.508（图 4-10），在其他生育期 SPAD 值与叶片叶绿素含量相关性均达极显著水平，其中拔节期的相关系数最高，为 0.871。由图可以得出，小麦叶片 SPAD 值可以很好地反映叶片叶绿素含量。

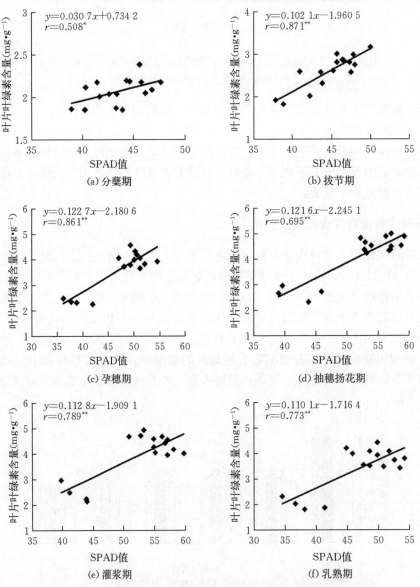

图 4-10　小麦各生育期 SPAD 值与叶片叶绿素含量之间的关系

注:*表示相关性达到显著水平（$P=0.05$），**表示相关性达到极显著水平（$P=0.01$）。

6. SPAD 值与叶片氮素含量的相关性分析

春小麦在分蘖期 SPAD 值与叶片氮素含量的相关性不显著（图 4-11），在其他生育期 SPAD 值与叶片氮素含量相关性均达显著或极显著水平，其中拔节期的相关系数最高，为 0.806，灌浆期的相关系数最低，为 0.610。由图可以得出，小麦叶片 SPAD 值可以很好地反映叶片氮素含量，拔节期相关性最好。

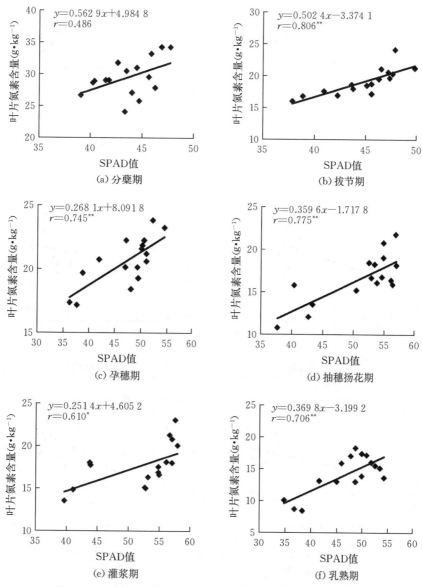

图 4-11　小麦各生育期 SPAD 值与叶片氮素含量之间的关系

注：*表示相关性达到显著水平（$P=0.05$），**表示相关性达到极显著水平（$P=0.01$）。

7. SPAD 值与植株全氮含量的相关性分析

从图 4-12 可以看出，在拔节期和乳熟期，不同氮肥水平下测定的 SPAD 值与植株全氮含量都表现出直线相关关系，相关系数分别达到 0.01 水平的极显著相关，0.05 水平的显著相关。可见，SPAD 值在拔节期可以很好反映滴灌春小麦的氮素营养状况。

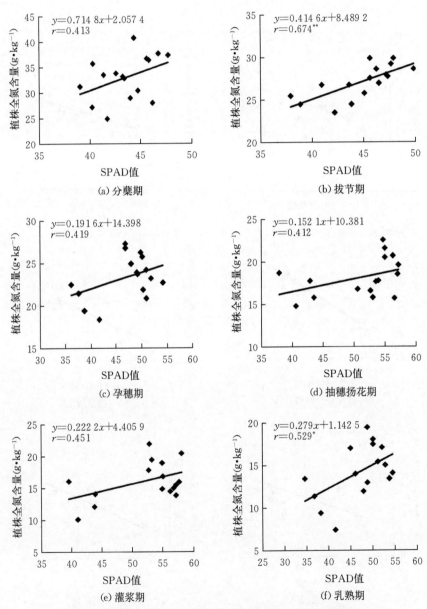

图 4-12 小麦各生育期 SPAD 值与植株全氮含量之间的关系

注：*表示相关性达到显著水平（$P=0.05$），**表示相关性达到极显著水平（$P=0.01$）。

三、基于 NDVI 的氮素营养诊断

1. 试验设计与数据处理

参考本章第一节试验设计与数据处理。

2. 不同生育期 NDVI 值的变化

氮素营养水平直接影响冬小麦冠层光谱反射特性。冠层 NDVI 值在春小麦整个生育期呈先增加后下降趋势（图 4-13），从分蘖期开始，春小麦叶片叶绿素含量不断增加，在红光特征波长处的植被反射率下降，但对近红外光特征波长处的植被反射率影响较小，因而使得 NDVI 值不断上升，到抽穗期扬花期达到最大。灌浆期随着叶绿素含量的下降，红光特征波长处的植被反射率升高，导致 NDVI 值发生下降，但降低幅度较缓，乳熟期 N_3 与 N_2 处理的小麦冠层 NDVI 值降低较慢，可能是因为高氮处理的小麦贪青晚熟影响小麦冠层结构。

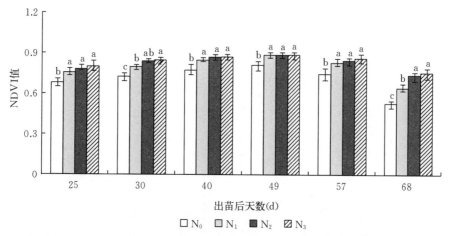

图 4-13 不同施氮处理春小麦叶片冠层 NDVI 值在不同生育期的变化

注：同组数据不同小写字母表示不同处理间差异显著（$P<0.05$）。

在拔节期和乳熟期，当氮肥总用量达到一定水平后（300 kg·hm^{-2}），NDVI 值增加不明显，N_3 与 N_2 处理间基本无差异，表明过量施氮不利于小麦冠层 NDVI 值的升高。其他生育期当氮肥总用量达到 225 kg·hm^{-2} 时，NDVI 值趋于稳定，3 个施氮处理无显著差异。Green Seeker 法测得'新春 6 号'的 NDVI 值，随施氮量变化的增幅为 0.02%～20.9%，各施氮处理与不施氮处理相比均达到显著差异。

3. NDVI 值与叶片叶绿素含量的相关性分析

春小麦在分蘖期 NDVI 值与叶片叶绿素含量的相关性不显著（图 4-14），在其他生育期 NDVI 值与叶片叶绿素含量相关性均达极显著水平，其中乳熟期的相关系数最高，为 0.806，灌浆期的相关系数最低，为 0.623。因此，小麦冠层 NDVI 值可以很好地反映

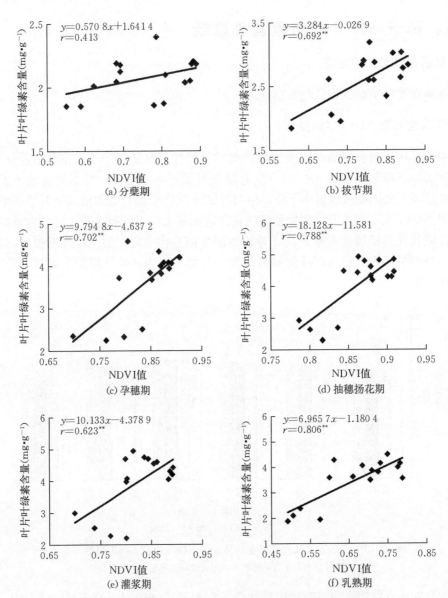

图 4-14 小麦各生育 NDVI 值与叶片叶绿素含量之间的关系

注:*表示相关性达到显著水平（P=0.05）,**表示相关性达到极显著水平（P=0.01）。

叶片叶绿素含量。

4. NDVI 值与叶片氮素含量的相关性分析

春小麦在拔节期、孕穗期、抽穗扬花期、乳熟期 NDVI 值与叶片氮素含量的相关性呈显著或极显著水平（图 4-15），其中拔节期的相关系数最高，为 0.857，孕穗期的相关系数最低，为 0.607。由图可以得出，小麦叶片 NDVI 值在拔节期可以很好地反映叶片氮素含量。

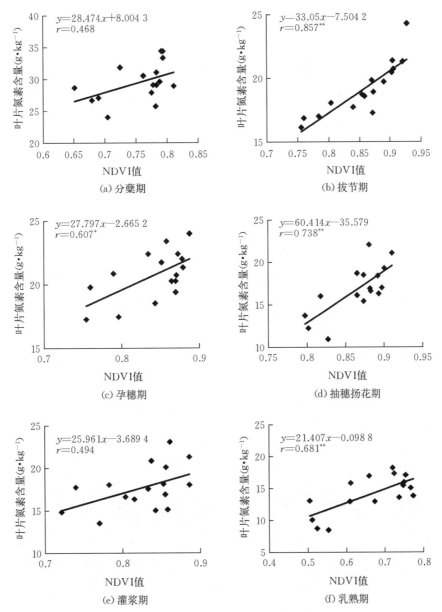

图 4-15　小麦各生育期 NDVI 值与叶片氮素含量之间的关系

注：*表示相关性达到显著水平（$P=0.05$），**表示相关性达到极显著水平（$P=0.01$）。

5. NDVI 值与植株全氮含量的相关性分析

从图 4-16 可以看出，在分蘖期、拔节期和乳熟期，不同氮肥水平下测定的 NDVI 值与植株全氮含量都表现出直线相关关系，相关系数达到 0.01 水平的极显著相关，其中乳熟期的相关系数最高，拔节期次之，分蘖期最低。

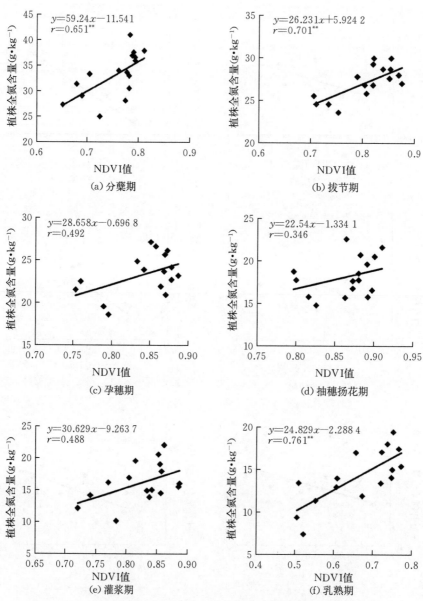

图 4-16　小麦各生育期 NDVI 值与植株全氮含量之间的关系

注:*表示相关性达到显著水平（$P=0.05$），**表示相关性达到极显著水平（$P=0.01$）。

四、基于光谱特征参量的小麦氮素营养评价研究

1. 试验设计与数据处理

参考本章第一节试验设计与数据处理。

2. 光谱特征参量与氮肥偏生产力的相关性

图4-17为不同春小麦品种在不同氮素水平下氮肥偏生产力的变化。结果表明，所有小麦品种的氮肥偏生产力随着施氮量的增加而降低。同一品种小麦不同氮素处理之间氮肥偏生产力均有显著差异；氮肥偏生产力最高的为 N_1 处理，各处理大小顺序为 $N_1 > N_2 > N_3$。

表4-7结果表明，植被指数 GreenNDVI、RVI（890，670）、SARVI、OSAVI、CCII 和 NDVI（670，890）与3个小麦的氮肥偏生产力相关性较高均达到显著水平。其中 GreenNDVI 与小麦氮肥偏生产力相关性最好，均

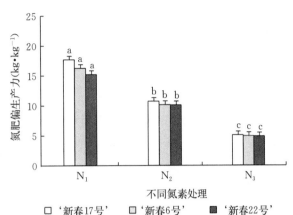

图4-17　不同施氮水平下不同春小麦 PEP_n 的变化
注：同组数据不同小写字母表示不同品种间差异显著（$P < 0.05$）。

达到极显著水平，相关系数 $r > 0.6$，说明用 GreenNDVI 能综合反映小麦氮肥偏生产力这个指标。

表4-7　小麦氮肥偏生产力与光谱参量的相关性分析

光谱参量	分蘖期	拔节期	抽穗期	开花期	成熟期	全部
RVI	0.567 7**	0.424 4*	0.778 8**	0.575 7**	0.535*	0.122 1
PRI	0.456 2*	0.006 9	0.571 4**	0.001 4	0.112	0.008 7
SIPI	0.466 9*	0.110 7	0.473 4*	0.151 6	0.24	0.028 7
SARVI	0.571 6**	0.721 4**	0.544 6**	0.282 1*	0.651 7**	0.107 5
OSAVI	0.546 6**	0.452*	0.662 9**	0.299 2*	0.610 6**	0.084 1
DVI	0.569**	0.415 1*	0.565 3**	0.268 8	0.656 7**	0.109 7
NDVI	0.617 5**	0.411 5*	0.714 2**	0.569 3**	0.496 1*	0.051 6
TCARI	0.533 1**	0.211 1	0.607 6**	0.109 3	0.266 8	0.042 5
CCII	0.403 6*	0.509**	0.692 4**	0.298 9	0.458 4*	0.056 5
GreenNDVI	0.653 1**	0.640 4**	0.730 1**	0.640 2**	0.656**	0.095 6

注："*"和"**"分别表示达5%和1%显著差异水平。

3. 光谱特征参量与氮肥农学效率的相关性

图4-18为不同春小麦品种在不同氮素水平下氮肥农学效率的变化。结果表明，所有小麦品种的氮肥农学效率随着施氮量的增加而降低。不同氮素处理之间氮肥农学效率均有

显著差异，其中 N_1、N_2 和 N_3 之间差异最显著；农学效率最高的为 N_1，不同处理大小顺序为 $N_1 > N_2 > N_3$。

表 4-8 结果表明，在小麦整个生育期内，不同时期不同植被指数与小麦氮肥农学效率相关性都比较好，植被指数 GreenNDVI 与 3 种小麦的氮肥农学效率相关性较高，呈极显著水平，相关系数均大于 0.4，说明用 GreenNDVI 能综合反映小麦氮肥偏生产力这个指标。但在小麦的个别时期如在抽穗期的 PRI 植被指数的相关系数最高为 0.668 6，明显高于 GreenNDVI；在成熟期相关系数最高为 OSAVI，略高于 GreenNDVI。

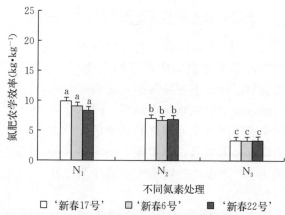

图 4-18　不同施氮水平下不同春小麦氮肥农学效率的变化
注：同组数据不同小写字母表示不同品种间差异显著（$P < 0.05$）。

表 4-8　氮肥农学效率与不同生育期光谱特征参量的相关

光谱参量	分蘖期	拔节期	抽穗期	开花期	成熟期	全部
VI	0.564 8**	0.249 8	0.528 9**	0.340 1*	0.432 8	0.086 3
PRI	0.494 5**	0	0.668 6**	0.028	0.197 4	0.021 2
SIPI	0.386 9	0.045 1	0.616 2**	0.151 6	0.364 5	0.040 5
SARVI	0.441*	0.417 5*	0.595 9**	0.142 8	0.595 1**	0.080 1
OSAVI	0.416 6*	0.260 4	0.558 7**	0.169 2	0.597 6**	0.067 9
DVI	0.458*	0.466 8*	0.490 2**	0.190 2	0.570 8*	0.088 1
NDVI	0.552 1**	0.215 7	0.620 5**	0.357 5**	0.534 9*	0.048 5
TCARI	0.493 9**	0.151 1	0.369 4	0.044 7	0.275 2	0.036 9
CCII	0.326 1	0.274 7	0.507 5**	0.173 6	0.384 1	0.046 1
GreenNDVI	0.605 6**	0.565**	0.558 4**	0.417 1**	0.576 9**	0.085 4

注：* 和 ** 分别表示达 5％ 和 1％ 显著水平。

4. 氮素评价指标的高光谱估测

由于 GreenNDVI、SARVI、RVI 和 DVI 分别在分蘖期、开花期、拔节期、抽穗期和成熟期与小麦的氮肥偏生产力呈极显著相关，所以用 GreenNDVI、SARVI、RVI 和 DVI 与氮素偏生产力建立回归模型，见表 4-9。由于 GreenNDVI、OSAVI 和 PRI 分别在分蘖期、拔节期、开花期、抽穗期和成熟期与小麦的氮肥农学效率呈极显著相关，所以用 GreenNDVI、OSAVI 和 PRI 与氮肥农学效率建立回归模型。

表 4-9　不同生育期光谱参数与氮肥偏生产力和氮肥农学效率的相关分析（$n=27$）

氮肥评价指标	生育期	回归方程	决定系数
氮肥偏生产力	分蘖期	$PEP_n = -44.711\ln(GreenNDVI) - 17.559$	$R^2 = 0.6531^{**}$
	拔节期	$PEP_n = -32.839\ln(SARVI) - 18.112$	$R^2 = 0.7214^{**}$
	抽穗期	$PEP_n = -0.6398\,RVI + 24.415$	$R^2 = 0.7788^{**}$
	开花期	$PEP_n = 0.6678\,GreenNDVI - 10.591$	$R^2 = 0.6402^{**}$
	成熟期	$PEP_n = -75.492\,DVI + 38.464$	$R^2 = 0.6567^{**}$
氮肥农学效率	分蘖期	$AE_n = 29.203\ln(GreenNDVI) + 31.491$	$R^2 = 0.6056^{**}$
	拔节期	$AE_n = 43.479\,GreenNDVI^{4.0137}$	$R^2 = 0.5650^{**}$
	抽穗期	$AE_n = 8.3559e^{23.69\,PRI}$	$R^2 = 0.6686^{**}$
	开花期	$AE_n = 39.54\,GreenNDVI^{4.5575}$	$R^2 = 0.4171^{**}$
	成熟期	$AE_n = 1.6482e^{3.9338\,OSAVI}$	$R^2 = 0.5769^{**}$

注：*和**分别表示达 5% 和 1% 显著水平。

为了检验所建立的回归模型是否能预测氮肥偏生产力和氮肥农学效率这 2 个氮素评价指标，需要对模型的可靠性进行检验。利用部分试验数据（$n=27$）对上述光谱参数的回归方程进行检验，采用均方根误差（RMSE）、估计标准误差（RE）和决定系数（R^2）3 个指标进行检验。选择模拟效果较好的光谱参数进行检验，GreenNDVI、RVI 和 DVI 光谱参数与小麦氮肥偏生产力，GreenNDVI 和 OSAVI 与小麦氮肥农学效率拟合效果及模型检验结果如图 4-19 和图 4-20 所示。其中，在拔节期 GreenNDVI 建立小麦氮肥偏生产力模型的 RMSE 为 0.459 7，在抽穗期 RVI 的 RMSE 为 0.786 2，在成熟期 DVI 的 RMSE 为 0.779 5，且 3 个参数相对误差分别为 10.16%、42.39% 和 31.83%，GreenNDVI 拟合的值比较接近实测值。结果表明，在拔节期 GreenNDVI 建立的模型可以较为准确地预测氮肥偏生产力。GreenNDVI 建立的小麦氮肥农学效率模型在拔节期和抽穗期 RMSE 分别为 0.617 8 和 0.885 3，OSAVI 建立的模型在成熟期 RMSE 为 0.829 2，且 3 个参数相对误差分别为 19.75%、48.16% 和 33.46%，GreenNDVI 拟合的值比较接近实测值。结果表明，GreenNDVI 建立的模型可以在拔节期、抽穗期和成熟期较为准确地预测氮肥利用效率。

研究结果表明，小麦氮肥偏生产力和农学效率随着施氮量的增加而降低。所有小麦不同氮素处理之间氮肥偏生产力均有显著差异，氮肥偏生产力和农学效率最高的均为 N_1，其大小顺序为 $N_1 > N_2 > N_3$。N_1 的氮肥偏生产力和农学效率相对较高，主要由于 N_1 处理的氮素施用量可以满足小麦生长的大部分需要，转化效率相对就高；N_2 处理的氮素施用量可以满足小麦生长的基本需要，转化效率相对就低于 N_1；N_3 处理的氮素施用量超过小麦生长的需要，转化效率相对就低于 N_2。氮素的施用量和小麦的产量有密切关系，对小麦的产量是主导因素，不同处理转化为小麦的籽粒产量的大小顺序为 $N_3 > N_2 > N_1 > N_0$，与氮肥偏生产力和农学效率的大小顺序不一致。

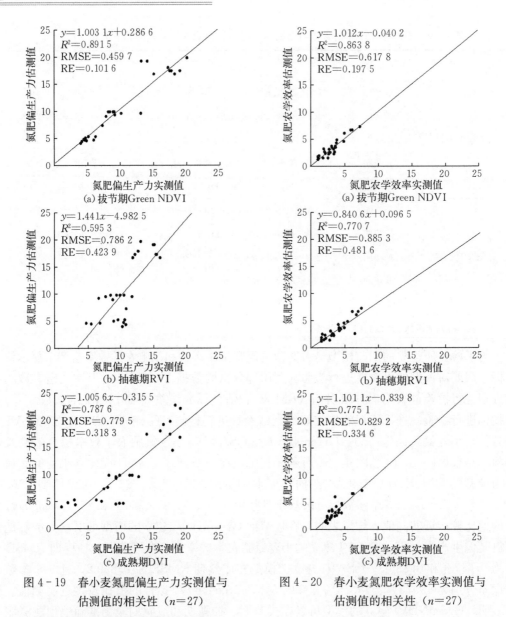

图 4-19　春小麦氮肥偏生产力实测值与估测值的相关性（$n=27$）

图 4-20　春小麦氮肥农学效率实测值与估测值的相关性（$n=27$）

5. 光谱特征参量与干氮比的相关性

干氮比（RDN）是各生育期小麦干物质和氮素含量的比值，反映小麦各生育期氮素利用效率差异（图 4-21）。结果表明，'新春 17 号'的干氮比随着施氮量的增加而呈现降低趋势。同一小麦品种不同氮素处理随着生育期的推进干氮比均有显著差异，其中 N_1、N_2 和 N_3 之间均差异显著；干氮比最高为 N_1，其大小顺序为 $N_1>N_2>N_3$。'新春 6 号''新春 22 号'和'新春 17 号'变化趋势基本一致。图 4-22 为同一施氮水平下不同小麦品种随着小麦生育期的推进干氮比的变化。不同小麦品种除了 N_1 处理在花期和成熟期，N_2 处理在分蘖期、拔节期和成熟期，N_3 处理在拔节期和成熟期出现差异显著外，其他生育期的干氮比均无显著差异。

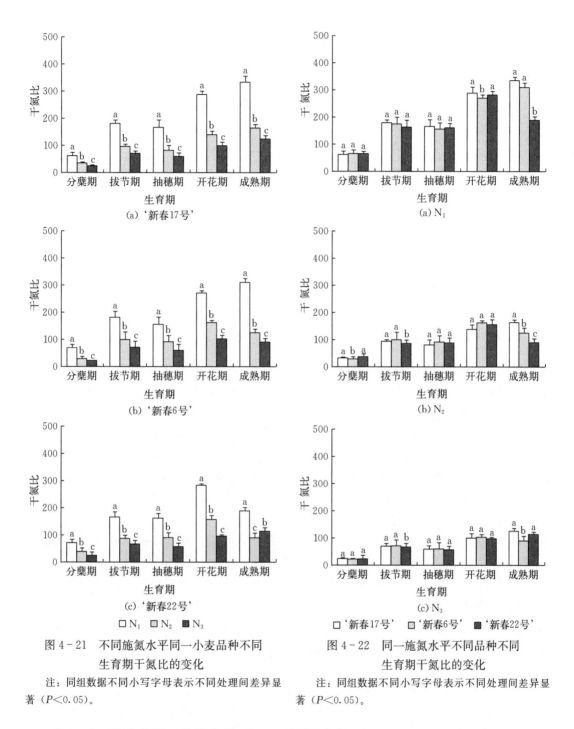

图 4-21 不同施氮水平同一小麦品种不同
生育期干氮比的变化

注：同组数据不同小写字母表示不同处理间差异显著（$P<0.05$）。

图 4-22 同一施氮水平不同品种不同
生育期干氮比的变化

注：同组数据不同小写字母表示不同处理间差异显著（$P<0.05$）。

　　表 4-10 结果表明，植被指数 GreenNDVI、RVI（890，670）、DVI（890，670）、SARVI、OSAVI 和 NDVI（670，890）与 3 个品种小麦的干氮比相关性较高，均达到了显著水平（除成熟期）。其中 GreenNDVI 与小麦干氮比相关性最好，均达到极显著水平，相关系数 $r>0.57$，说明用 GreenNDVI 能综合反映小麦干氮比这个指标。

表 4-10　干氮比与不同生育期光谱特征参量的相关

光谱参量	分蘖期	拔节期	抽穗期	开花期	成熟期
RVI	0.480 4**	0.392 9*	0.758 5**	0.675 6**	0.172 8
PRI	0.468 3*	0.004 0	0.665 6**	0.014 4	0.001 1
SIPI	0.351 7	0.080 2	0.570 7**	0.098 7	0.054 7
SARVI	0.448 3*	0.695 8**	0.570 7**	0.473 8*	0.282 8
OSAVI	0.418 4*	0.377 7*	0.646 9**	0.452 6*	0.262 3
DVI	0.452 9*	0.414 7*	0.536 2**	0.510 0*	0.303 1
NDVI	0.511 2**	0.372 8*	0.719 4**	0.576 9**	0.182 5
TCARI	0.490 3**	0.193 7	0.574 2**	0.110 8	0.114 0
CCII	0.287 7	0.426 5*	0.667 6**	0.299 7	0.171 2
GreenNDVI	0.579 0**	0.588 9**	0.705 2**	0.630 2**	0.307 0

注：*和**分别表示达 5% 和 1% 显著水平。

6. 光谱特征参量与干物质氮肥农学效率的相关性

图 4-23 为不同春小麦品种在不同氮素水平下随着生育期推进干物质氮肥农学效率的变化。结果表明，所有小麦品种的干物质氮肥农学效率均随着施氮量的增加而降低。随着生育进程的推进，'新春 17 号'的干物质氮肥农学效率呈升高趋势，'新春 6 号'和'新春 22 号'干物质氮肥农学效率呈先升高后降低的趋势，在成熟期有所降低，但变化无明显规律，这可能与测量数据的误差有关。其中'新春 17 号'和'新春 22 号'分蘖期不同施肥处理干物质氮肥农学效率无显著差异，而'新春 6 号' N_1 与 N_2、N_3 差异显著，N_2 和 N_3 间差异不显著。在拔节期'新春 17 号'不同施肥处理干物质氮肥农学效率无显著差异，而'新春 6 号'和'新春 22 号' N_1 与 N_2、N_3 有显著差异，N_2 和 N_3 间差异不显著。在抽穗期'新春 17 号' N_1 与 N_2、N_3 间有显著差异，N_2 和 N_3 间差异不显著，而'新春 6 号'和'新春 22 号' N_3、N_2 和 N_1 之间有显著差异。在花期'新春 17 号' N_1 与 N_2、N_3 间存在差异，N_2 和 N_3 间差异不显著，而'新春 6 号' N_3、N_2 和 N_1 间有显著差异。在成熟期'新春 17 号'和'新春 6 号' N_1 与 N_2、N_3 有显著差异，N_2 和 N_3 间差异不显著，而'新春 22 号' N_3 与 N_1 与 N_2 差异显著，N_1 和 N_2 间差异不显著。从不同施氮水平来看，N_1 与 N_2 和 N_3 之间差异最显著；干物质氮肥农学效率最高的为 N_1，其大小顺序为 $N_1 > N_2 > N_3$。

图 4-24 为不同品种同一施氮水平下随着生育期的推进干物质氮肥农学效率的变化。随着生育期的推进，在 N_1 的水平下，'新春 17 号'和'新春 22 号'分蘖期无显著差异，而与'新春 6 号'有显著差异；在拔节期、抽穗期、开花期'新春 17 号'和'新春 6 号'无显著差异，与'新春 22 号'有显著差异；成熟期 3 个品种有显著差异。在 N_2 的水平下，3 个品种在分蘖期无显著差异；在拔节期和成熟期'新春 6 号'和'新春 17 号'无显著差异，与'新春 22 号'有明显差异；在抽穗期'新春 6 号'与'新春 22 号''新春

17 号'有显著差异，'新春 22 号'和'新春 17 号'无显著差异；开花期与抽穗期相似；在成熟期'新春 17 号'和'新春 6 号'无显著差异，与'新春 22 号'有显著差异。在 N_3 的水平下，3 个小麦品种在分蘖期、抽穗期有显著差异；在拔节期，3 个品种无明显差异；在开花期'新春 17 号'和'新春 6 号'无显著差异，与'新春 22 号'有显著差异；成熟期 3 个品种无显著差异。从不同氮素处理的角度来看，干物质氮肥农学效率最高的为 N_1。

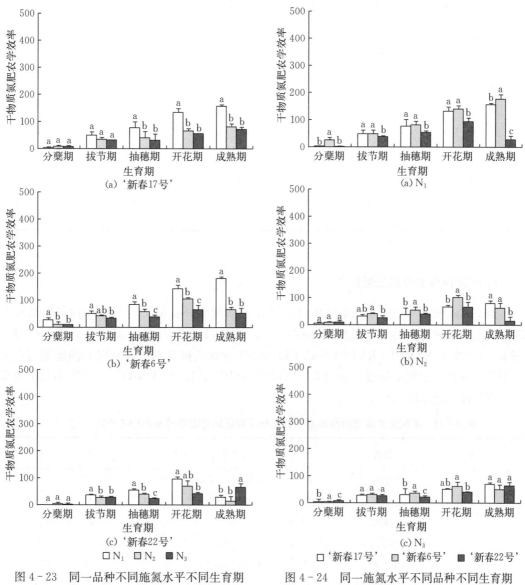

图 4-23 同一品种不同施氮水平不同生育期
干物质氮肥农学效率的变化

注：同组数据不同小写字母表示不同处理间差异显著（$P<0.05$）。

图 4-24 同一施氮水平不同品种不同生育期
干物质氮肥农学效率的变化

注：同组数据不同小写字母表示不同品种间差异显著（$P<0.05$）。

表 4-11 结果表明，在小麦整个生育期内，不同时期不同植被指数与小麦干物质氮肥农学效率相关性比较好的为拔节期 SARVI，抽穗期均达到极显著水平，相关性最高为

OSAVI，花期是 RVI、SARVI 和 DVI，说明用 SARVI、OSAVI 和 RVI 能在拔节期、抽穗期和开花期反映小麦干物质氮肥农学效率这个指标。但在小麦抽穗期所有植被指数与干物质氮肥农学效率的相关系数均达到显著水平，$r > 0.45$。

表 4 - 11　干物质氮肥农学效率与不同生育期光谱特征参量的相关

光谱参量	分蘖期	拔节期	抽穗期	花期	成熟期
RVI	0.018 6	0.297 0	0.666 5**	0.435 2*	0.002 4
PRI	0.005 4	0.073 9	0.599 7**	0.039 6	0.269 2
SIPI	0.037 8	0.136 4	0.681 8**	0.177 5	0.164 5
SARVI	0.037 3	0.420 3*	0.612 6**	0.408 5*	0.013 3
OSAVI	0.065 2	0.216 0	0.702 4**	0.281 4	0.033 6
DVI	0.026 7	0.217 8	0.590 7**	0.428 7*	0.024 0
NDVI	0.021 9	0.195 0	0.701 1**	0.314 4	0.008 8
TCARI	0.119 7	0.004 8	0.452 2*	0.011 1	0.114 6
CCII	0.100 0	0.148 8	0.588 6**	0.057 4	0.087 9
GreenNDVI	0.015 0	0.175 2	0.660 0**	0.293 4	0.022 2

注：* 和 ** 分别表示达 5% 和 1% 显著水平。

7. 氮素转移率的高光谱估测

由于 GreenNDVI、SARVI 和 RVI 分别在分蘖期和开花期、拔节期和抽穗期与小麦的干氮比呈极显著相关，所以用 GreenNDVI、SARVI 和 RVI 与干氮比建立回归模型见表 4 - 12。由于 SARVI、RVI、OSAVI 和 NDVI 分别在拔节期、开花期和抽穗期与小麦的干物质氮肥农学效率呈极显著相关，所以用 SARVI、RVI、OSAVI 和 NDVI 与干物质氮肥农学效率建立回归模型。

表 4 - 12　不同生育期光谱参数与干氮比和干物质氮肥农学效率的相关分析（$n = 27$）

氮肥评价指标	生育期	回归方程	决定系数（R^2）
干氮比	分蘖期	$RDN = 2.714\ 8 GreenNDVI^{-4.137\ 3}$	$R^2 = 0.579\ 0**$
	拔节期	$RDN = 20.87 SARVI^{-3.061\ 9}$	$R^2 = 0.695\ 8**$
	抽穗期	$RDN = 375.48 e^{-0.063\ 1 RVI}$	$R^2 = 0.758\ 5**$
	花期	$RDN = 21\ 815 RVI^{-1.562\ 9}$	$R^2 = 0.675\ 6**$
干物质氮肥农学效率	成熟期	$DMAE_n = 15.527 SARVI^{-1.522\ 1}$	$R^2 = 0.420\ 3*$
	分蘖期	$DMAE_n = -324.09 OSAVI + 296.77$	$R^2 = 0.702\ 4**$
	拔节期	$DMAE_n = -462.95 \ln (NDVI) + 2.076\ 5$	$R^2 = 0.701\ 1**$
	抽穗期	$DMAE_n = 3\ 536.7 RVI^{-1.221\ 3}$	$R^2 = 0.435\ 2*$

注："*" 和 "**" 分别表示达 5% 和 1% 显著水平。

为了检验所建立的回归模型是否能预测干氮比和干物质氮肥农学效率这两个氮素评价

指标，需要对模型的可靠性进行检验。利用部分试验数据（$n=27$）对上述光谱参数的回归方程进行检验，采用均方根误差（RMSE）、估计标准误差（RE）和决定系数（R^2）3个指标进行检验。选择模拟效果较好的光谱参数进行检验，GreenNDVI、SARVI 和 RVI 与小麦干氮比，SARVI、OSAVI、NDVI、RVI 与小麦干物质氮肥农学效率的拟合效果及模型检验结果见表 4-13。其中，在分蘖期 GreenNDVI 建立小麦干氮比模型的 RMSE 为 7.644 5，在拔节期 SARVI 的 RMSE 为 34.601 2，在抽穗期和开花期 RVI 的 RMSE 分别为 17.646 7 和 33.311 8，且 4 个参数相对误差分别为 13.12%、31.84%、8.97% 和 10.83%，GreenNDVI 和 RVI 拟合的值比较接近实测值。结果表明，在分蘖期 GreenNDVI、抽穗期与开花期 RVI 建立的模型可以较为准确地预测小麦干氮比。SARVI、OSAVI、NDVI 和 RVI 光谱参数与小麦干物质氮肥农学效率的拟合效果及模型检验结果见表 6，SARVI 建立的小麦氮肥农学效率模型在拔节期 RMSE 为 7.765 5，OSAVI 和 NDVI 建立的模型在抽穗期 RMSE 分别为 19.421 4 和 15.197 7，RVI 建立的小麦干物质氮肥农学效率模型在开花期 RMSE 为 38.185 3，且 4 个参数相对误差分别为 32.19%、83.59%、59.46% 和 44.07%，SARVI 和 NDVI 拟合的值比较接近实测值。结果表明，SAVI 和 NDVI 建立的模型可以在拔节期、抽穗期较为准确地预测氮肥转移率。

表 4-13　小麦氮素评价指标模型预测能力的检验（$n=27$）

	干氮比				干物质氮肥农学效率			
	GreenNDVI	SARVI	RVI（抽穗期）	RVI（开花期）	SARVI	OSAVI	NDVI	RVI
R^2	0.799 6	0.404 3	0.876 4	0.827 1	0.737 8	0.396 9	0.683 4	0.169 9
RMSE	7.644 5	34.601 2	17.646 7	33.311 8	7.765 5	19.421 4	15.197 7	38.185 3
RE	0.131 2	0.318 4	0.089 7	0.108 3	0.321 9	0.835 9	0.594 6	0.440 7

五、基于多角度高光谱植被指数的小麦氮素营养监测研究

利用高光谱技术监测叶片光学特性能满足小麦叶片氮素含量快速监测的需求（Tarpley *et al.*，2000）。有研究发现，作物叶片的理化性质与部分波段的光谱反射率明显相关（Curran，1989），小麦叶片氮素含量的增加会导致可见光和中红外区域反射率降低，近红外区域反射率升高（Hansen *et al.*，2003），因此高光谱技术被广泛应用于作物的养分监测和品质分析。然而，由于高光谱"点—平均"光谱的监测特性，获取的数据是作物冠层和农田环境所有信息的综合（Sun *et al.*，2017），大量环境噪声影响了估测精度。高光谱成像技术克服了高光谱技术的缺陷，能够同时获取地物二维空间信息和一维光谱信息，可以精确到叶片像素去探测作物营养状况（Röll *et al.*，2019；Osco *et al.*，2019），因此，该技术已成为国内外研究热点。

作物氮素分布存在垂直差异，作物缺氮首先会表现在下层叶片，顶层叶片对氮素的胁迫表征具有一定滞后性，传统的单一垂直监测已无法满足对作物冠层属性立体监测的需求（Wang *et al.*，2003）。研究发现不同观测角度对作物冠层反射率存在影响，不同方位角

度（VAA）下，作物冠层各向异性因子（ANIF）随太阳入射方向和观测角度表现出规律性变化（Peter *et al.*，2016）。不同观测天顶角（VZA）下，负向散射的反射率一般高于正向散射（Kuester *et al.*，2018）。观测角度变化引起的反射率变化能直接影响模型的精度。Stavros 等（2010）和 Fábio 等（2011）研究发现 LAI 在 55°和 44.46°时模型精度达到最高，天顶角越低，模型精度越低；Sylvain 等（2017）的研究结果与 Fábio 不同，他发现叶面积指数（LAI）在垂直观测时精度较高；Meng 等（2016）建立了 HDS - HJVI 指数，降低了 SR 指数反演 LAI 时中红边-近红外区域的饱和现象，精度明显提高。

综上所述，利用高光谱成像技术获取叶片光谱特征进行作物养分的无损估测是可行的，但仅局限于垂直角度的观测，对氮素养分状况的实时获取往往存在一定滞后性，利用多角度光谱数据综合估测小麦叶片氮素含量的研究仍然不足。基于这一问题，本文以新疆滴灌冬小麦叶片为研究对象，分析小麦叶片氮素含量与不同倾斜角光谱反射率之间的关系，在原有NDVI、DVI 和 RVI 的基础上，构造结合多角度光谱信息的新型植被指数（MACVI），为冬小麦叶片氮素含量的多角度监测提供理论依据。本研究的结果有助于利用多角度高光谱数据实时监测小麦叶片氮素状况，从而指导精准施肥。

1. 试验设计与数据处理

（1）试验设计

试验于 2018—2019 年进行，播种日期为 2018 年 9 月 30 日，收获日期为 2019 年 6 月 25 日，试验地位于新疆石河子大学农学院试验站（44°18′N，86°03′E，海拔 440 m），平均年降水量为 154 mm，年均气温 7 ℃，无霜期 130～180 d，≥10 ℃积温 2 700～3 700 ℃。试验区在 1 m 深土层内土壤质地为沙壤土，0～60 cm 土层土壤有机质含量 13.45 g·kg^{-1}、全氮含量 1.05 g·kg^{-1}、碱解氮含量 48.25 mg·kg^{-1}、速效磷含量 24.56 mg·kg^{-1}、速效钾含量 194.3 mg·kg^{-1}，pH 7.65。

实验按随机区组设计，试验小区面积 3.8 m×5 m＝19 m^2，各小区间设防水膜进行隔离（图 4 - 25）。供试品种为'新冬 22 号'，人工条播，播种密度为 525 万粒/hm^2，共设置 5 个氮素处理（氮素为尿素），分别施 0 kg·hm^{-2}（N$_0$）、150 kg·hm^{-2}（N$_1$）、300 kg·hm^{-2}（N$_2$）、450 kg·hm^{-2}（N$_3$）、600 kg·hm^{-2}（N$_4$）纯氮，基施 10%，于拔节期、孕穗期、扬花期、灌浆期分别按照 30%、20%、30%、10%的比例随水滴施（表 4 - 14）。施磷肥（P$_2$O$_5$）120 kg·hm^{-2}，基施 80%追施 20%（拔节期施

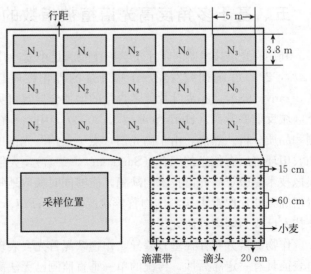

图 4 - 25 肥料梯度布设

5％，孕穗期施 10％，扬花期施 5％），钾肥（K_2O）135 kg·hm^{-2}，基施 50％追施 50％（拔节期施 15％，扬花期施 20％，灌浆期施 15％）。灌水定额为 600 mm，全生育期灌水 10 次，从返青期到成熟期灌水 8 次，间隔为 10 d，其他田间管理措施与当地大田种植保持一致。

表 4-14　不同处理的纯氮施用量

单位/kg·hm^{-2}

处理	播种	拔节期	孕穗期	抽穗期	灌浆期	总计
N_0	0	0	0	0	0	0
N_1	15	45	30	45	15	150
N_2	30	90	60	90	30	300
N_3	45	135	90	135	45	450
N_4	60	180	120	180	60	600

（2）数据获取

① 叶片氮素数据获取。分别于小麦拔节期（4 月 24 日）、孕穗期（5 月 8 日）、扬花期（5 月 31 日）和灌浆期（6 月 7 日）进行植株的采样和光谱测定。在每个试验区选择长势均匀具有代表性的区域，分别摘取顶 1 叶（L1）、顶 2 叶（L2）和顶 3 叶（L3）各 40 片并放入自封袋，置入冰盒中迅速带回实验室，剔除颜色不均匀、有损伤迹象的叶片后，每个叶位叶片中随机选取 9 片叶片进行光谱拍摄，拍摄完毕后混合剩余叶片均匀剪成 3 段，分叶尖、叶中、叶基 3 个部位，在 105 ℃下杀青 1 h 后于 75 ℃烘干至恒重，研磨粉碎后，使用凯氏定氮法测定氮素含量。全样本下，小麦叶片氮素含量在孕穗期 N_4 处理的顶 2 叶最高，为 5.10％，在灌浆期 N_0 处理的顶 3 叶最低，为 1.14％，平均值为 3.25％。样品描述性统计分析如图 4-26 所示。

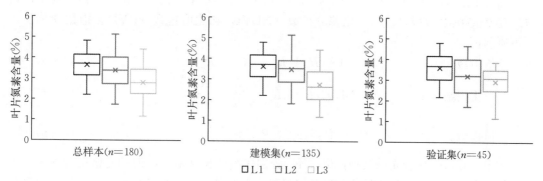

图 4-26　小麦叶片氮素含量的描述性统计分析箱线图

② 单叶多角度数据获取。数据采集设备为美国 Surface Optics Corporation 公司生产的 SOC710VP 可见/近红外成像光谱仪，内置双 CCD 阵列探测器，拍摄范围为 376～1 044 nm，波段数为 128 个，分辨率为 5.54 nm，图像分辨率为 696×520，焦距光圈可调。数据采集过程中将样品叶片水平置于暗箱中，光源为 8 盏 75 W 卤素灯，交叉照射于

样品处，水平叶片拍摄完毕后，将叶片倾斜角升高，依次拍摄 10°、20°、30°、40° 的叶片光谱信息，通过改变升降台高度，使镜头始终距离样品中心为 0.8 m，光谱暗箱拍摄示意如图 4-27 所示。

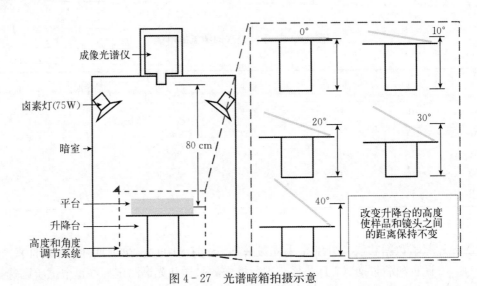

图 4-27　光谱暗箱拍摄示意

（3）数据分析

① 光谱数据提取与预处理。使用仪器自带的 SRAnal710e 软件对光谱数据进行校正和提取，试验共获取 300 幅图像（5 种观测角度各 60 幅），每幅图像有 9 片叶片，分别提取每幅图像中位于叶尖、叶中、叶基的 9 条光谱曲线，取其平均值作为对应叶片部位样本的原始光谱反射率。由于光谱首尾两端存在大量光谱噪声，因此选择 450～950 nm 波段的反射率。

② 植被指数的构建。在 450～950 nm，对原始光谱反射率的两个随机波段构建植被指数构建差值指数（DVI）、归一化差分指数（NDVI）和比值指数（RVI）。指数计算公式如下所示：

差值指数：
$$DVI(R_{\lambda_1}, R_{\lambda_2}) = R_{\lambda_1} - R_{\lambda_2} \qquad (4-6)$$

归一化指数：
$$NDVI(R_{\lambda_1}, R_{\lambda_2}) = \frac{R_{\lambda_1} - R_{\lambda_2}}{R_{\lambda_1} + R_{\lambda_2}} \qquad (4-7)$$

比值指数：
$$RVI(R_{\lambda_1}, R_{\lambda_2}) = \frac{R_{\lambda_1}}{R_{\lambda_2}} \qquad (4-8)$$

式中，λ_1，λ_2 代表光谱波长，R_{λ_1}、R_{λ_2} 分别代表波长为 λ_1、λ_2 时的光谱反射率。

使用多个倾斜角度拍摄的作物叶片光谱结合分析能更好地反映作物养分含量，但多角度光谱信息的结合方法目前没有定论。本文在已有基础上进行尝试，并提出一种新型植被指数，即多角度组合植被指数（Multi-angle composite vegetation index，MACVI），在 NDVI、DVI 和 RVI 这 3 种植被指数的基础上，嵌套入不同角度的植被指数，对不同角度获得的光谱反射率进行组合，共计 9 种组合，以 MACVI$_{D-R}$、MACVI$_{N-R}$ 和 MACVI$_{R-R}$ 为例，指数计算公式如下所示：

$$\text{MACVI}_{\text{D-R}}(A_1, R_{\lambda_1}, R_{\lambda_2}, A_2, R_{\lambda_3}, R_{\lambda_4}) = \frac{R_{\lambda_1} - R_{\lambda_2}}{R_{\lambda_3} - R_{\lambda_4}} \tag{4-9}$$

$$\text{MACVI}_{\text{N-R}}(A_1, R_{\lambda_1}, R_{\lambda_2}, A_2, R_{\lambda_3}, R_{\lambda_4}) = \frac{\dfrac{R_{\lambda_1}}{R_{\lambda_2}} - \dfrac{R_{\lambda_3}}{R_{\lambda_4}}}{\dfrac{R_{\lambda_1}}{R_{\lambda_2}} + \dfrac{R_{\lambda_3}}{R_{\lambda_4}}} \tag{4-10}$$

$$\text{MACVI}_{\text{R-R}}(A_1, R_{\lambda_1}, R_{\lambda_2}, A_2, R_{\lambda_3}, R_{\lambda_4}) = \frac{R_{\lambda_1} \times R_{\lambda_4}}{R_{\lambda_2} \times R_{\lambda_3}} \tag{4-11}$$

式中，A_1、A_2 代表角度，λ_1、λ_2 代表角度为 A_1 时的光谱波长，λ_3、λ_4 代表角度为 A_2 时的光谱波长，R_{λ_1}、R_{λ_2}、R_{λ_3}、R_{λ_4} 分别代表波长为 λ_1、λ_2、λ_3、λ_4 时的光谱反射率。

③ 模型的检验。模型的准确性根据预测值与实测值之间的决定系数（R^2）和相对根均方差（RMSE）进行评价，R^2 的值越高，RMSE 的值越低，说明该模型预测小麦叶片氮素含量的精度和准确度越高。R^2 和 RMSE 的计算公式如下所示：

$$R^2 = \frac{\sum_{i=1}^{n}(\hat{y}_i - \bar{y})^2}{\sum_{i=1}^{n}(y_i - \bar{y})^2} \tag{4-12}$$

$$\text{RMSE} = \sqrt{\frac{\sum_{i=1}^{n}(\hat{y}_i - y_i)^2}{n}} \tag{4-13}$$

式中，n 为模型样本数，$\hat{y}_i$ 为预测值，y_i 为实测值，$\bar{y}$ 为实测值的平均值。

2. 不同氮素处理下小麦叶片氮素含量分布特征

施氮量处理对不同生育时期、不同叶位小麦叶片氮素含量都会产生影响，随着施氮量的增加小麦叶片氮素含量也在增加，生育前期叶片氮素含量高于生育后期（图 4-28）。不施氮处理，叶片氮素含量在拔节期最高，随生育期呈逐渐下降趋势，在拔节期、扬花期和灌浆期，不同叶位叶片氮素含量顶 1 叶（L1）最高，顶 3 叶（L3）最低，叶位间差异显著；施氮条件下，叶片氮素含量在孕穗期达到最高，灌浆期含量最低，在拔节期、扬花期和灌浆期，不同氮素处理下均表现出叶片氮素含量顶 1 叶＞顶 2 叶＞顶 3 叶，且差异显著；在孕穗期表现出顶 2 叶＞顶 1 叶＞顶 3 叶。整体来看，叶片氮素含量随施氮量的增加而增加，但不同叶位叶片对氮素变化的响应不同，随着施氮量的增加，不同叶位叶片氮素

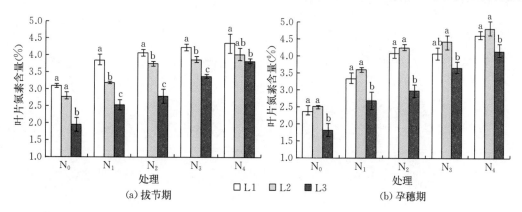

(a) 拔节期　　　　　　　　　　(b) 孕穗期

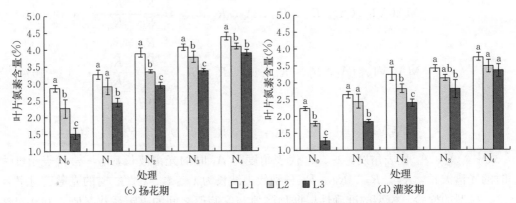

图 4-28　不同施氮条件下小麦不同叶位 LNC 变化特征

注：同组数据不同小写字母表示不同处理间差异显著（$P<0.05$）。

含量的差异在逐渐降低，其中以顶 3 叶差异最为明显，在拔节期，N_4 处理下的顶 1 叶、顶 2 叶和顶 3 叶较 N_0 处理分别提高了 41.2%、44.6%和 96.4%，而随生育期变化，这种趋势更为明显，在灌浆期分别达到了 67.6%、95.5%和 171.5%。

3. 小麦叶片原始光谱反射率

由图 4-29 可知，叶片的光谱反射率随时期、施氮量和倾斜角的变化趋势一致，但数值存在较大差异。在 450~650 nm 区域，灌浆期叶片反射率最高，孕穗期最低，拔节期叶片反射率在 506 nm 处高于扬花期，在 568 nm 处低于扬花期；在 450~670 nm 区域内，光谱反射率随叶片氮素含量的变化表现出极为明显的变化趋势，即叶片氮素含量越高，光谱反射率越低；可见光范围内，不同倾斜角的叶片光谱反射率变化较小，其变化幅度小于 0.02，720 nm 后反射率差异随波长增加逐渐增大，最大为 0.061，全波段范围内，30°倾斜角的光谱反射率最高；不同角度下获得的小麦叶片光谱反射率表现为离散—紧凑—离散趋势，在倾斜角度为 0°时，可见光范围表现为 $N_0>N_1>N_2>N_4>N_3$，差异较为明显，随着倾斜角升高，N_0 和 N_1 开始接近，N_2、N_3 和 N_4 开始接近，该趋势在 20°倾斜角时表现最为明显，部分波段的反射率几乎重合；此后光谱反射率开始表现出离散现象，最终在可见光范围内表现为 $N_0>N_1>N_2>N_3>N_4$。

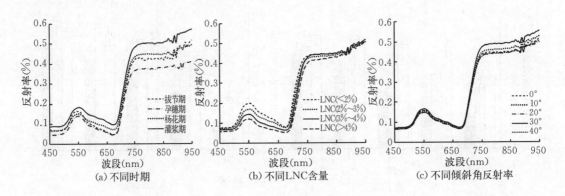

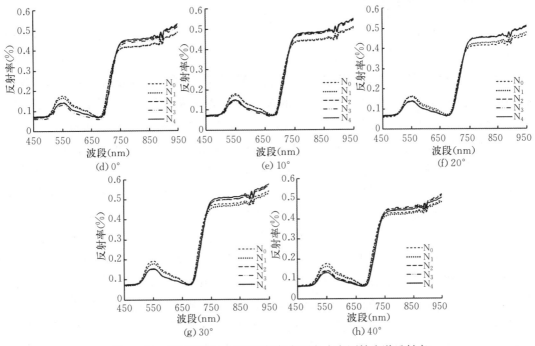

图 4 - 29　不同时期、LNC 和倾斜角下冬小麦原始光谱反射率

4. 叶片氮素含量与光谱反射率相关性分析

不同倾斜角下小麦叶片原始光谱反射率与其 LNC 相关性趋势相同，其中相关系数绝对值表示相关性大小，在 500～650 nm 的绿光范围和 700～710 nm 的红边范围存在两个高相关波谷，在 670 nm 左右存在低相关波峰，710 nm 之后相关性逐渐降低。在绿光范围内，不同倾斜角的相关系数绝对值表现为 0°＞30°＞10°＞40°＞20°，0°倾斜角在 568.18 nm 与 LNC 相关性最高，绝对值达到了 0.564 9；在红边范围内 LNC 与光谱反射率的相关系数绝对值表现为 0°＞10°＞30°＞40°＞20°，0°倾斜角在 703.39 nm 与 LNC 相关性最高，相关系数绝对值达到 0.613 1；随着倾斜角度的升高，相关性表现为先降低后升高的趋势，倾斜角度为 20°时相关性最低。不同倾斜角度下，红边区域相关性高于绿光区域，0°倾斜角在 703.39 nm 处获得所有倾斜角的最大相关性（图 4 - 30）。

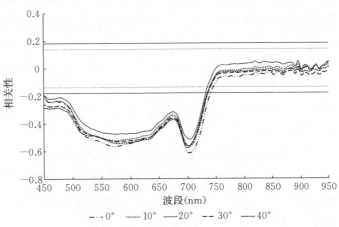

图 4 - 30　不同倾斜角下叶片氮素含量与原始光谱反射率相关性

5. 单角度指数的模型精度

在样品的不同倾斜角下，3种单角度植被指数与叶片氮素含量的决定系数二维图中均存在3个高相关区域，分别是蓝-红区、绿-红区和红边-红区，在NDVI和DVI中，左上区与右下区沿1∶1的直线对称分布，在RVI中则不同。随着倾斜角的加大，3个高相关区域均呈现一定规律性。在DVI的3个高相关区域的决定系数（R^2）和相关区域面积表现为随角度加大而降低，且高相关区域为蓝-红区较高，其他区域较低；NDVI中，随着观测角的升高，绿-红区和红边-红区 R^2 的数值和面积都表现为先降低后升高，而蓝-红区的趋势则表现为先升高后降低趋势；RVI的左上区 R^2 低于右下区，但其数值和面积变化一致，随着观测角度的加大，绿-红区和红边-红区表现为先降低后升高的趋势，而蓝-红区的趋势与NDVI在该区域的趋势相同。从不同倾斜角来看，$DVI_{0°}$（456.15，703.39）的 R^2 最高，为0.587 8，RMSE为0.540 9，其次为 $DVI_{20°}$（476.36，698.14），R^2 为0.546 2，RMSE为0.567 5；$NDVI_{10°}$（619.82，491.56）的 R^2 最高，为0.622 6，RMSE为0.517 6；$RVI_{0°}$（724.47，765.21）和 $RVI_{10°}$（491.56，619.82）的 R^2 较高，分别为0.622 0和0.623 9，RMSE分别为0.517 2和0.516 6。这些结果表明，NDVI和RVI在0°和10°观测角下有较高的精度，在蓝-红区和红边-红区获得较高 R^2 和较大高相关面积。鉴于不同品种作物和传感器的差异，可以认为与上述波长位置差异较小的植被指数模型可能具有较好的稳定性（图4-31）。

6. 多角度组合植被指数（MACVI）

依据多角度组合植被指数（MACVI）的公式，得到不同倾斜角之间结合所获得的最优决定系数（图4-32）。结果表明，不同角度的结合效果仍存在差异。多数多角度指数在30°-30°倾斜角组合时获得最低精度，在这些指数中，0°-0°倾斜角组合、0°-10°倾斜角组合和10°-20°倾斜角组合的模型精度相对较高，两个10°倾斜角的组合精度相对低于其他角度的组合；$MACVI_{N-D}$ 和 $MACVI_{D-R}$ 两个指数中，0°倾斜角与其他倾斜角的组合精度高于其他组合，20°-20°倾斜角的组合也获得较好精度。除 $MACVI_{R-D}$ 和 $MACVI_{R-N}$ 指数外，剩余7种指数的角度组合均以1∶1线呈线性对称。$MACVI_{R-D}$ 指数模型中，0°-10°倾斜角的组合模型精度相对较高；$MACVI_{R-N}$ 指数模型中，10°倾斜角与其他倾斜角的结合精度高于其他倾斜角度组合；获得最高精度的多角度组合植被指数为 $MACVI_{D-R}$ 和 $MACVI_{N-N}$，最高决定系数分别为0.701 7和0.702 6。整体来看，高精度角度组合全部为0°、10°和20°这3个角度之间的组合，30°和40°的角度组合精度较差。本研究对比单角度植被指数和MACVI的最优精度（图4-33），最优决定系数较单波段获得一定提高，单角度植被指数决定系数低于0.63，而MACVI的9种组合中，决定系数最低为0.667 6，RMSE为0.485 1，决定系数最高为0.701 7，RMSE为0.459 3，精度最高提升19.37%。

图 4 - 31　不同倾斜角度下叶片氮素含量与 NDVI、RVI 和 DVI 3 种植被指数的 R^2

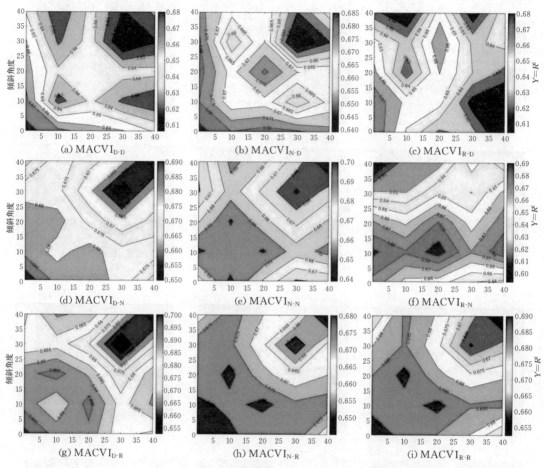

图 4-32 多角度组合植被指数（MACVI）的决定系数（R^2）

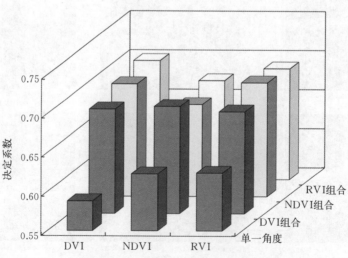

图 4-33 单角度植被指数和多角度组合指数最优精度比较

7. 最优多角度组合指数的验证

为保证 MACVI 指数模型对叶片氮素含量检测的适用性，本研究使用验证集的样本对上述 9 种指数的最优角度组合模型进行验证（图 4 - 34）。在本节获得的 9 个 MACVI 验证模型中，有 8 个验证模型的决定系数高于 0.62，其中 MACVI$_{D-D}$ 和 MACVI$_{N-D}$ 的验证模型精度较高，决定系数大于 0.7，RMSE 分别为 0.472 0 和 0.475 3；MACVI$_{R-D}$ 的验证模型精度较差，决定系数为 0.546 8，RMSE 为 0.609 0。预测值与实测值的拟合线是否接近 1∶1，可以证明新模型的可靠性，本研究的 9 个指数验证模型斜率均小于 1，说明在 MACVI 指数模型对叶片氮素含量进行预测时，容易存在误差，其中 MACVI$_{N-N}$ 和 MACVI$_{N-R}$ 两个模型在叶片氮素含量较高时容易获得较准确的数据，而其他 7 个指数模型则在叶片氮素含量适中时数据较为准确。

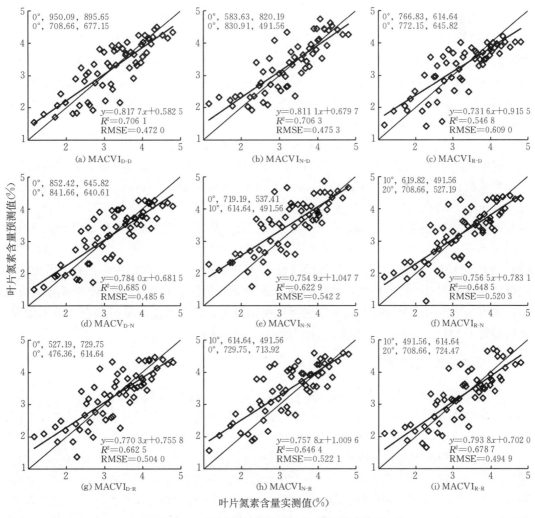

图 4 - 34 最优角度组合的 MACVI 模型验证

六、基于 HJ-1 卫星 CCD 的麦田氮素营养遥感监测模型

中国自主研发环境灾害监测小卫星 HJ-1 卫星，分别为两颗光学卫星 HJ-1-B 和 HJ-1-A，均装载 2 台宽覆盖的多光谱 CCD 相机，相机具有完全相同的设计原理，以星下点对称的方式放置，并行观测、平分视场，联合完成对地观测，重访期 2 d。CCD 多光谱数据包括 1 个近红外波段和绿、红、蓝 3 个可见光波段，Landsat TM 的前 4 个波段设置与 HJ-1 卫星光谱波段基本相同，星下点的空间分辨率为 30 m。本文以第四师 77 团小麦种植为研究区，通过获取 HJ-1 卫星 CCD 数据，结合在地面同步获取作物农学参数实测数据，分析了 HJ-1 卫星 CCD 植被指数对氮素营养的响应能力。

1. 试验设计与数据处理

研究使用 2011 年 4 月到 8 月获取的 HJ-1 卫星 CCD 影像，轨道号为 457/72，影像数据级别为二级。利用遥感影像数据估算氮素营养时，影像数据需要经过精确的大气纠正和辐射标定。在遥感成像时，由于薄雾、太阳位置和角度条件等大气条件的影响，遥感影像存在一定辐射量的失真现象，为了正确评价目标的辐射或反射特性，需要消除图像数据中依附在遥感影像辐射亮度中的各种失真现象。辐射标定，就是将影像的 DN 值转化为影像的大气顶层归一化反射率，公式如下：

$$\rho=(DN/C_0+M_0)\times cos\theta \qquad (4-14)$$

式中，ρ 为归一化反射率；C_0 为绝对定标系数增益；M_0 为偏移量；θ 为太阳高度角。

大气纠正采用常用的 6S 模型（second simulation of the satellite signal in the solar spectrum），6S 模型是美国马里兰大学地理系 Vermote E 在 5S 模型和法国大气光学实验室基础上发展起来的（Vermote et al., 1997）。该模型采用了逐次和近似散射 SOS（successive orders of scattering）的算法来计算吸收和散射数据，对主要大气效应，如对 O_3、CO_2、O_2、H_2O、N_2O、CH_4 等气体的吸收，气溶胶和大气分子的散射都进行了考虑，不仅可以模拟地表双向发射特性，还可以模拟地表非均一性。利用中国 TM 参考影像数据库，采用二次多项式对环境卫星影像进行几何精纠正，纠正误差尽量控制在 0.5 个像元。最后得到了 HJ-1 卫星 CCD 数据 4 个波段的地表反射率。

2. 小麦长势监测研究

2011 年第四师 77 团作物长势见图 4-35。随着春小麦生育期的推进，其长势呈单峰变化；在苗期 NDVI 的范围在 0.1～0.6 变化，春小麦长势大部分在 0.3 左右，约占 70%；在分蘖期 NDVI 的范围在 0.1～0.65 变化，春小麦长势大部分在 0.35 左右，约占 60%；在拔节期 NDVI 的范围在 0.1～0.7 变化，春小麦长势大部分在 0.35 左右，约占 50%；在孕穗期 NDVI 的范围在 0.1～0.6 变化，春小麦长势大部分在 0.4～0.5，约占 70%；在开花期 NDVI 的范围在 0.1～0.8 变化，春小麦长势大部分在 0.4～0.5，约占 70%；在灌浆期 NDVI 的范围在 0.1～0.8 变化，春小麦长势大部分在 0.3～0.6，约占 60%；在成熟期 NDVI 的范围在 0.1～0.8 变化，春小麦长势大部分在 0.3～0.5，约占 60%。

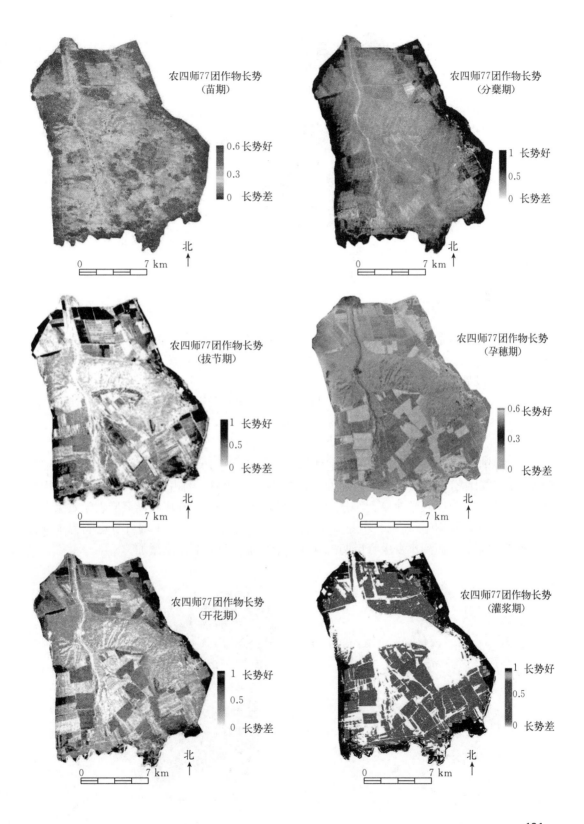

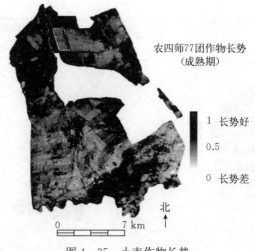

图4-35 小麦作物长势

3. 麦田氮素营养评价研究

利用前面对氮素营养评价指标与植被冠层光谱特征做相关分析得出，绿度植被指数（GREENNDVI）在拔节期与小麦氮肥偏生产力呈极显著相关，在分蘖期和开花期与氮肥农学效率呈极显著相关，公式为：

$$PEP_n = -44.711\ln(GreenNDVI)^{-17.559} \qquad (4-15)$$

$$AE_n = 43.479 GreenNDVI^{4.0137} \qquad (4-16)$$

$$AE_n = 39.54\ GreenNDVI^{4.5575} \qquad (4-17)$$

研究表明利用光谱参数可以有效地估算小麦氮肥偏生产力和氮肥农学效率参考文献。图4-36说明在分蘖期氮肥农学效率大部分在 $21\% \sim 30\%$，约占 90%，氮素营养利用率一般；在开花期氮肥农学效率大部分在 $0 \sim 20\%$，约占 80%；在成熟期氮肥农学效率大部分在 $31\% \sim 40\%$，约占 70%。小麦生育初期，其需氮量不大，而土壤自身也能为小麦提供一些营养元素，而到小麦生育后期需氮量逐渐增加使氮肥利用率增加。

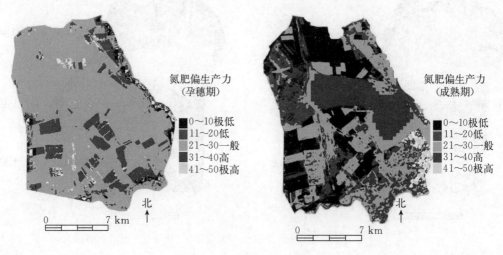

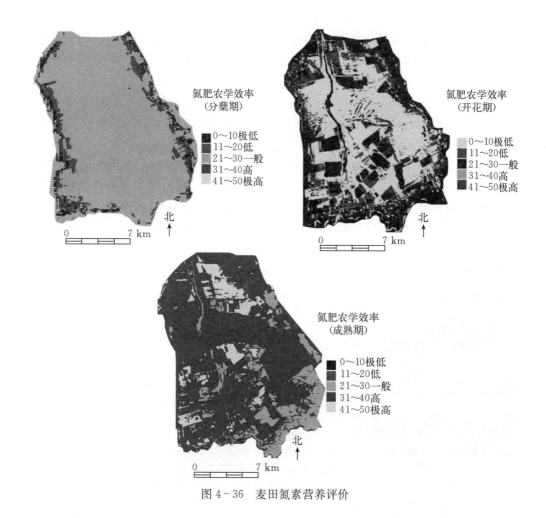

图 4-36 麦田氮素营养评价

4. 遥感估产

由于第四师 77 团特殊的地理位置及气候（海拔高、气候温凉），比同纬度地区农作物成熟时间偏晚。根据以往估产的经验与技术积累，在 2011 年 8 月 25 日在该团开展了小麦实地测产工作。测产过程中，选择不同产量水平小麦，共测定 42 个样点。小麦测产的具体工作方法和步骤如下：①选择不同长势的麦田；②离地边至少 100 m 选择测产样区，每样区间隔距离不低于 100 m；③在每个样区随机选择小麦样株，将样区范围内的所有样品穗装入样品袋带回室内处理；④分别记录样区内小麦的穗数、GPS 定位打点的经纬度；⑤最后依据单位面积穗数和穗粒千粒重计算采样区小麦产量；⑥利用植被指数 RVI 与产量进行拟合，得出数学模型。

结果如图 4-37 所示，整体第四师 77 团小麦产量集中在 4 500~6 000 kg·hm⁻²，个别条田产量有的在 1 500 kg·hm⁻² 以下，有的在 7 500 kg·hm⁻² 以上。总体来看：六连、八连、十连小麦产量是第四师 77 团产量最高的；六连小麦大部分产量在 4 500~6 000 kg·hm⁻²，超过 7 500 kg·hm⁻² 的条田位于六连的东北，边防路的东北，国防路的西南；八连小麦大部分产量在 6 000~7 500 kg·hm^{-2}，超过 7 500 kg·hm^{-2} 的条田位于八连的西边、国防路的东北部；十连小麦大部分产量在 6 000~7 500 kg·hm^{-2}，超过 7 500 kg·hm^{-2} 的条田位于十连的东南部、国防路的西部。剩下的连队小麦产量均比六连、八连、十连的产量低，一连小麦大部分产量在 1 500~6 000 kg·hm^{-2}；二连小麦产量大部分在 4 500~6 000 kg·hm^{-2}，有少部分条田小麦产量超过 7 500 kg·hm^{-2}；三连小麦大部分产量在 1 500~4 500 kg·hm^{-2}，少部分产量 4 500~6 000 kg·hm^{-2} 的地块位于三连的东北部及在三连的西部零星分布；四连小麦大部分产量在 1 500~4 500 kg·hm^{-2}，有少部分条田小麦产量在 4 500~6 000 kg·hm^{-2}。总体来看，第四师 77 团小麦产量东北部（六连、八连、十连）大于南部（一连、二连、三连、四连）（图 4 - 38）。估产数据有可能偏大，其原因：在烤种时，发现小麦籽粒未完全干；在取样时，有的地块小麦穗头还有点泛青；第四师 77 团南部小麦普遍比北部成熟晚，这个问题在所有的作物上都存在。

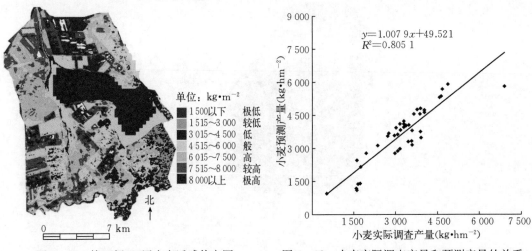

图 4 - 37　第四师 77 团小麦遥感估产图　　　　图 4 - 38　小麦实际调查产量和预测产量的关系

七、讨论

氮素营养在一定自然环境和农业环境下对植物的光合能力有着重要作用，合理施氮是植物营养学界长期探求的重要内容，作物的氮素营养状况与其产量及品质性状有密切的联系，所以，氮素营养诊断一直是作物营养诊断研究的主要内容。

本研究通过探究小麦硝酸盐含量、叶绿素含量以及叶片氮素含量在生育期的变化趋势，基于 SPAD 值、NDVI 值、冠层光谱多角度植被指数和卫星影像等多种诊断方法快速监测小麦氮素营养状况。研究结果表明，春小麦叶片 SPAD 值随着氮肥用量的增加呈现出先增加后降低的趋势，SPAD 值在高氮条件下无法很好地反映作物的氮素营养水平。王桂良研究表明，冬小麦叶片 SPAD 值受施氮量影响不明显，SPAD 值不能反映高产小麦的氮素营养状况。本研究结果表明，拔节期和乳熟期春小麦最新完全展开叶 SPAD 值与植株全氮含量表现出直线相关关系（相关系数 R^2 分别为 0.674、0.529），其他生育期相关性不显著。在分蘖期叶片 SPAD 值与叶片氮素含量的相关性不显著，其他生育期叶绿素含量、叶片氮素含量的相关性均达显著或极显著水平。可见，SPAD值可以很好地反映滴灌春小麦的叶片叶绿素含量和叶片氮含量。

通过研究春小麦茎基部硝酸盐含量在生育期的变化以及与施氮量的关系，得出硝酸盐含量在整个生育期呈现出先增加后降低的趋势，在不同施氮处理下随着氮肥用量的增加也是呈现出先增加后降低的趋势。在拔节期、孕穗期、灌浆期硝酸盐含量与植株氮素含量进行拟合，相关性均达极显著水平。

通过研究春小麦冠层NDVI值在生育期的变化以及与施氮量的关系，得出春小麦冠层NDVI值在整个生育期也是呈现出先增加后降低的趋势，冠层NDVI最大值出现在抽穗扬花期，在乳熟期各处理差异较为明显，可能是由于高氮处理的小麦贪青晚熟影响了小麦冠层结构。不同施氮处理下冠层NDVI值随着氮肥量的增加呈现出先增加后降低的趋势。在分蘖期、拔节期、乳熟期冠层NDVI值与植株全氮含量进行拟合，相关性均达到极显著水平。小麦叶片氮素含量、叶绿素含量与NDVI值在拔节期、孕穗期、抽穗扬花期、乳熟期相关性达到显著或极显著水平，表明在这几个时期可以用冠层NDVI值来表征小麦叶片氮素含量、叶绿素含量。

传统植被指数是基于光谱仪垂直观测冠层的观测方法建立的，在非垂直观测下可能发生敏感波段的偏移，影响模型精度。本研究表明基于任意2个波段随机组合的DVI、NDVI和RVI，在蓝-红区、绿-红区和红边-红区的R^2较高，是估测叶绿素和叶片氮素含量的敏感特征区，与Feng等（2016）的研究结果相似。近红外区域相关性较低，但DVI、NDVI和RVI这3种植被指数在近红外区域的光谱反射率对植被指数构建表现出较大贡献，红边波长与近红外波长相结合可以准确预测叶片氮素含量（Lee et al., 2000）。在红边-红区，NDVI和RVI表现出较高的建模决定系数（R^2）和较大相关面积，该区域下构建的植被指数模型可选择波段多，模型相对稳定，这点与前人的研究结论相似（Zhang et al., 2018）。在利用遥感技术获取作物长势并进行作物产量估测方面已有较多报道，如李卫国等（2010）利用Landsat/TM卫星遥感影像结合GPS实地取样对冬小麦的种植面积进行分析，并对其长势进行监测，精确度在95%以上；David等（2003）利用TM影像计算NPP和高低分辨率影像融合技术构建NPP估产模型，实现了对小麦产量的估算。由于我国自主研发的环境卫星使用时间才几年，因此利用国产遥感数据环境卫星（HJ）CCD多光谱影像进行小麦产量估测的研究并不多。本研究对此进行了探索，对小麦进行估产，其均方根误差为181.01 kg·hm^{-2}。在本研究中未考虑区域内土壤肥力、湿度和温度等空间变异性对作物产量的影响问题，因此在计算过程中，可能也会导致产量估测的误差。

▶ 小结

本研究通过不同施氮量处理，从滴灌春小麦氮吸收、累积规律入手，并结合滴灌春小麦干物质累积进程，利用Logistic曲线对其进行拟合，分析了其快速积累时期，最大积累量及出现的时间，进一步阐明新疆滴灌春小麦的氮素需求规律。同时通过运用5种不同的氮素营养诊断方法，对比分析了不同施氮量条件下滴灌春小麦不同诊断指标的动态变化以及与植株氮营养指标之间的相关关系，探究出最佳的氮素营养诊断方法。

通过 Logistic 曲线模型对春小麦植株干物质和氮素积累进行拟合，得出干物质与氮素的最大积累量及最大积累速率随着施氮量的增加呈现出先增加后降低的趋势。小麦干物质的快速积累时期在出苗后 30～61 d，其氮素的快速积累时期在出苗后 25～55 d，比干物质的快速积累时期提前了 6 d 左右，说明氮素的吸收利用对促进干物质的快速积累起了推动作用。在该阶段应加强田间的水肥管理，保证水肥充足及时供应。

氮肥的施用提高了滴灌春小麦的籽粒产量，但是对于产量构成的影响主要体现在提高穗数和穗粒数的形成上。小麦产量和蛋白质含量随着施氮量的增加也呈现出先增加后降低的趋势。其中产量以 N_2 最高，达到 7 619.86 kg·hm^{-2}，比 N_0 增产 40.96%。通过一元二次多项式对滴灌春小麦产量和施氮量进行拟合，得出当施氮量为 329 kg·hm^{-2} 时理论产量达到最高的结论。

在本试验条件下，叶绿素仪读数与叶片氮素含量及常规方法测得的叶绿素含量在拔节期、孕穗期、抽穗扬花期、乳熟期均呈极显著的线性相关关系。由此说明，SPAD 值可以很好地表征叶片叶绿素含量和叶片氮素含量。

在本试验条件下，NDVI 值与叶片氮素含量及常规方法测得的叶绿素含量在拔节期、孕穗期、抽穗扬花期、乳熟期均呈显著或极显著的线性相关关系。由此说明，在以上生育期 NDVI 值可以很好地表征叶片叶绿素含量和叶片氮素含量。

在本试验条件下，反射仪读数与叶片氮素含量在拔节期、孕穗期、抽穗扬花期均呈显著或极显著的线性相关关系。由此说明，在以上生育期硝酸盐含量可以很好地表征叶片氮素含量。

光谱参数 SARVI、OSAVI、NDVI 和 RVI 与小麦的干物质氮肥农学效率呈显著相关关系，SARVI 建立的小麦干物质氮肥农学效率模型在拔节期的 RMSE 和相对误差分别为 7.765 5 和 32.19%，NDVI 在抽穗期建立的模型的 RMSE 和相对误差分别为 15.197 7 和 59.46%，这说明 SAVI 和 NDVI 建立的模型可以在拔节期、抽穗期较为准确地预测干物质氮肥农学效率。

小麦不同叶位表现为顶三叶对施氮量变化最为敏感，小麦叶片氮素与光谱反射率在近红外区域相关性较低，在可见光和红边范围内呈高度负相关；不同倾斜角下，小麦叶片氮素含量与光谱反射率的相关性表现为 0°＞10°＞30°＞40°＞20°。单一角度植被指数下，DVI 的相关性和高相关区域面积随叶片倾斜角升高逐渐降低，NDVI 和 RVI 则逐渐增大。所有单角度植被指数中，$RVI_{10°}$ 在蓝-红区精度最高，R^2 达到 0.623 9。通过构建 MAC-VI，发现不同倾斜角度组合能提升模型精度，其中 0°、10° 和 20° 倾斜角的组合精度较高，MACVID-R 的预测精度 R^2 达 0.701 7，相对于 $RVI_{10°}$ 模型精度提高了 19.73%。这些结果表明，本研究构建的 MACVI 可以较好地估测小麦叶片氮素含量，本研究有助于为应用多角度遥感对氮素进行精准监测提供理论基础。

本研究利用国产遥感数据环境卫星（HJ）CCD 多光谱影像对小麦进行估产，其均方根误差为 181.01 kg·hm^{-2}。然而在本研究中未考虑区域内土壤肥力、湿度和温度等空间变异性对作物产量的影响问题，因此在计算过程中，可能也会导致产量估测的误差。

▶ 主要参考文献

蔡大同，范泽圣，1994. 氮肥不同时期施用对优质小麦产量和加工品质的影响 [J]. 土壤肥料（2）：

19 - 21.

陈锦玉，和丽忠，汪禄祥，等，2002. 反射仪法快速测定烤烟硝酸盐作氮素营养诊断及应用 [J]. 中国农学通报，18 (6)：39 - 42.

刁万英，李少昆，王克如，等，2012. 基于高光谱的膜下滴灌小麦氮素营养评价研究 [J]. 光谱学与光谱分析，32 (5)：1362 - 1366.

郭胜利，党廷辉，郝明德，2005. 施肥对半干旱地区小麦产量，$NO_3 - N$ 累积和水分平衡的影响 [J]. 中国农业科学，38 (4)：754 - 760.

贾良良，陈新平，2001. 作物氮营养诊断的无损测试技术 [J]. 世界农业 (6)：36 - 37.

巨晓棠，张福锁，2003. 中国北方土壤硝态氮的累积及其对环境的影响 [J]. 生态环境，12 (1)：24 - 28.

孔令聪，汪建来，曹承富，等，2004. 主要栽培措施对中筋小麦皖麦 44 产量和品质的影响 [J]. 麦类作物学报，24 (4)：84 - 87.

李卫国，李花，王纪华，等，2010. 基于 Landsat/TM 遥感的冬小麦长势分级监测研究. 麦类作物学报，30 (1)：92 - 95.

李瑛，2013. 不同施肥量对滴灌春小麦生长发育的影响 [J]. 新疆农垦科技 (11)：40 - 41.

李志宏，张福锁，王兴仁，1997. 我国北方地区几种主要作物氮营养诊断及追肥推荐研究Ⅱ. 植株硝酸盐快速诊断方法的研究 [J]. 植物营养与肥料学报，3 (3)：268.

刘宏平，田长彦，马英杰，2005. 棉花植株氮素营养诊断及氮肥推荐指标体系的建立 [J]. 干旱区研究，22 (4)：541 - 546.

刘其，刁明，王江丽，等，2013. 施氮对滴灌春小麦干物质，氮素积累和产量的影响 [J]. 麦类作物学报，33 (004)：722 - 726.

卢艳丽，白由路，杨俐苹，等，2008. 利用 Green Seeker 法诊断春玉米氮素营养状况的研究 [J]. 玉米科学，16 (1)：111 - 114.

田永超，朱艳，曹卫星，等，2004. 利用冠层反射光谱和叶片 SPAD 值预测小麦籽粒蛋白质和淀粉的积累 [J]. 中国农业科学，37 (6)：808 - 813.

伍维模，李世清，2006. 施氮对不同基因型冬小麦氮素吸收及干物质分配和产量的影响 [J]. 塔里木大学学报，18 (2)：5 - 11.

徐恒永，毕德锋，2001. 氮肥对优质专用小麦产量和品质的影响Ⅱ. 氮肥对小麦品质的影响 [J]. 山东农业科学 (2)：13 - 17.

叶全宝，张洪程，魏海燕，等，2006. 不同土壤及氮肥条件下水稻氮利用效率和增产效应研究 [J]. 作物学报，31 (11)：1422 - 1428.

叶优良，王玲敏，黄玉芳，等，2012. 施氮对小麦干物质累积和转运的影响 [J]. 麦类作物学报，32 (3)：488 - 493.

于振文，潘庆民，2003. 9 000 千克/公顷小麦施氮量与生理特征分析 [J]. 作物学报，29 (1)：37 - 43.

翟丙年，李生秀，2003. 水氮配合对冬小麦产量和品质的影响 [J]. 植物营养与肥料学报，9 (1)：26 - 32.

张爱平，杨世琦，杨淑静，等，2009. 不同供氮水平对春小麦产量，氮肥利用率及氮平衡的影响 [J]. 中国农学通报，25 (17)：137 - 142.

张福锁，王激清，张卫峰，等，2007. 中国主要粮食作物肥料利用率现状与提高途径 [J]. 植物营养与肥料学报，13 (6)：1006 - 1012.

张涛，马富裕，郑重，等，2010. 滴灌条件下水氮耦合对春小麦光合特性及产量的影响 [J]. 西北农业学报 (6)：69 - 73.

赵广才，常旭虹，刘利华，等，2006. 施氮量对不同强筋小麦产量和加工品质的影响 [J]. 作物学报，32

（5）：723 - 727.

赵俊晔，于振文，2006. 高产条件下施氮量对冬小麦氮素吸收分配利用的影响 [J]. 作物学报，32（4）：484 - 490.

赵俊晔，于振文，李延奇，等，2006. 施氮量对小麦氮磷钾养分吸收利用和产量的影响 [J]. 西北植物学报，26（1）：98 - 103.

赵满兴，周建斌，杨绒，等，2006. 不同施氮量对旱地不同品种冬小麦的氮素累积，运输和分配的影响 [J]. 植物营养与肥料学报，12（2）：143 - 149.

周顺利，张福锁，2001. 高产条件下冬小麦产量性状的品种差异及氮肥效应 [J]. 麦类作物学报，21（2）：67 - 71.

朱明哲，吴国梁，翟素琴，等，2004. 三种土壤基础肥力不同施氮量对优质小麦产量及品质的影响 [J]. 河南职业技术师范学院学报，32（2）：15 - 18.

朱齐超，朱金龙，危常州，等，2013. 不同施氮水平对膜下滴灌水稻干物质积累和养分吸收规律的影响 [J]. 新疆农业科学（3）：433 - 439.

朱新开，2006. 不同类型专用小麦氮素吸收利用特性与调控 [D]. 扬州：扬州大学.

Abad A，Lovers J，Michelena A，2004. Nitrogen fertilization and foliar urea effects on durum wheat yield and quality and on residual soil nitrate in irrigated Mediterranean conditions. Field Crops Res，87（23）：257 - 269.

Curran P J，1989. Remote sensing of foliar chemistry [J]. Remote Sensing of Environment，30（3）：271 - 278.

Esfahani M，Abbasi H R A，Rabiei B，*et al*，2008. Improvement of nitrogen management in rice paddy fields using chlorophyll meter (SPAD) [J]. Paddy and Water Environment，6（2）：181 - 188.

Feng W，Zhang H Y，Zhang Y S，*et al*，2016. Remote detection of canopy leaf nitrogen concentration in winter wheat by using water resistance vegetation indices from in - situ hyperspectral data [J]. Field Crops Research，198：238 - 246.

Fábio M B，Lênio S G，Antônio R F，*et al*，2011. Directional effects on NDVI and LAI retrievals from MODIS：A case study in Brazil with soybean [J]. International Journal of Applied Earth Observation and Geoinformation，13（1）：34 - 42.

Gáborčík N，2003. Relationship between contents of chlorophyll (a＋b) (SPAD values) and nitrogen of some temperate grasses [J]. Photosynthetic，41（2）：285 - 287.

Hansen P M，Schjoerring J K，2003. Reflectance measurement of canopy biomass and nitrogen status in wheat crops using normalized difference vegetation indices and partial least squares regression [J]. Remote sensing of environment，86（4）：542 - 553.

Kuester T，Spengler D，2018. Structural and spectral analysis of cereal canopy reflectance and reflectance anisotropy [J]. Remote Sensing，10：1767.

Meng Q Y，Wang C M，Gu X F，*et al*，2016. Remote sensing for leaf area index retrieval [J]. Environ Earth Sci，75：732.

Osco L P，Ramos M，Moriya S，*et al*，2019. Modeling hyperspectral response of water - stress induced lettuce plants using artificial neural networks [J]. Remote Sensing，11（23）：2797.

Peng S，García F V，Laza R C，*et al*，1993. Adjustment for specific leaf weight improves chlorophyll meter's estimate of rice leaf nitrogen concentration [J]. Agronomy Journal，85（5）：987 - 990.

Peter P J R，Juha M S，Harm M B，*et al*，2016. Hyperspectral reflectance anisotropy measurements using a push broom spectrometer on an unmanned aerial vehicle - results for Barley，winter wheat，and potato [J]. Remote Sensing, 8 (11): 909.

Röll G, Hartung J, Graeff‐Hnninger S, 2019. Determination of plant nitrogen content in wheat plants via spectral reflectance measurements: Impact of leaf number and leaf position [J]. Remote Sensing, 11 (23): 2794.

Stavros S, Nikos M, Olga S, et al, 2010. Monitoring canopy biophysical and biochemical parameters in ecosystem scale using satellite hyperspectral imagery: An application on a Phlomis fruticosa Mediterranean ecosystem using multiangular CHRIS/PROBA observations [J]. Remote Sensing of Environment, 114 (5): 977-994.

Sun T, Fang H L, Liu W W, et al, 2017. Impact of water background on canopy reflectance anisotropy of a paddy rice field from multi‐angle measurements [J]. Agricultural and Forest Meteorology, 233: 143-152.

Tarpley L, Reddy K R, Sassenrath‐Cole G F, 2000. Reflectance indices with precision and accuracy in predicting cotton leaf nitrogen concentration [J]. Crop Science, 40 (6): 1814-1819.

Thomas J R, Gausman H W, 1977. Leaf reflectance vs. leaf chlorophyll and carotenoid concentrations for eight crops [J]. Agronomy journal, 69 (5): 799-802.

Trishchenko A P, Cihlar J, Li Z, 2002. Effects of spectral response function on surface reflectance and NDVI measured with moderate resolution satellite sensors [J]. Remote Sensing of Environment, 81 (1): 1-18.

Wang Z J, Wang J H, Huang W J, et al, 2003. Study on nitrogen distribution in leaf, stem and sheath at different layers in winter wheat canopy and their Influence on grain quality [J]. Agricultural Sciences in China, 8: 39-46.

Zhang H Y, Ren X X, Zhou Y, et al, 2018. Remotely assessing photosynthetic nitrogen use efficiency with in situ hyperspectral remote sensing in winter wheat [J]. European Journal of Agronomy, 101: 90-100.

第五章

基于叶片 SPAD 值的滴灌春小麦氮肥分期推荐研究

氮素是小麦必需的营养元素之一，直接影响小麦产量与品质。但是过高的氮素投入及不合理的氮肥运筹方式在增加小麦生产成本的同时，也导致氮肥利用率降低（徐茂林 等，2005）。产量随植株吸氮量的增加呈先增加后降低的趋势（于静 等，2014）。近年来，滴灌技术在新疆春小麦生产上的应用取得了良好效果，滴灌小麦的面积也逐年扩大（李宁 等，2014）。滴灌条件下氮素可以在不同生育时期随水移动被分配到耕层湿润峰的各个部位，从而提高氮肥利用率。前人在新疆干旱区灰漠土条件下的研究表明，滴灌小麦氮素最佳施用量为纯氮 234 kg·hm^{-2}（彭婷 等，2014），也有人认为滴灌春小麦收获期的氮素积累量及氮素积累速率随施氮量的增加均呈先增后降的趋势，且快速积累时间逐渐减少，最佳施氮量为 300 kg·hm^{-2}（刘其 等，2013）。可见，该地区滴灌春小麦适宜的施氮量仍有一定争议，这可能与小麦品种及土壤肥力不同有关。此外，有关滴灌春小麦的氮素吸收规律目前也十分不明确。本研究在滴灌条件下通过分析不同小麦品种生育期内氮素吸收曲线、临界值曲线及氮营养指数来评价小麦各生育时期氮素营养状况，以期为滴灌小麦合理施氮提供依据。

一、试验设计与数据处理

1. 试验区概况

试验在新疆石河子市天业化工生态园进行，土壤类型为典型的灰漠土，前一年种植的作物为油葵，0～30 cm 土壤碱解氮含量 69.5 mg·kg^{-1}，速效钾含量 191.1 mg·kg^{-1}，速效磷含量 16.9 mg·kg^{-1}，有机质含量 17.5 g·kg^{-1}。

2. 试验设计

试验 1：2014 年在新疆石河子市天业化工生态园采用田间小区试验，用于建立滴灌春小麦氮肥分期推荐模型。品种为'新春 6 号'和'新春 35 号'，播量为 345 kg·hm^{-2}。试验设 6 个施氮水平，分别为纯氮 0 kg·hm^{-2}、75 kg·hm^{-2}、150 kg·hm^{-2}、225 kg·hm^{-2}、

300 kg·hm^{-2}、375 kg·hm^{-2}（分别用 N$_0$、N$_{75}$、N$_{150}$、N$_{225}$、N$_{300}$、N$_{375}$表示），每个小区面积为 9 m^2，设 3 次重复，两个小区之间各设 50 cm 保护行。每个处理基肥占总施氮量的 20%，拔节期 40%、孕穗期 20%、抽穗期 10%、灌浆期 10%。各处理不同生育期追氮量见表 5-1。

表 5-1 各处理不同生育期追氮量

生育期	比例（%）	施氮量（kg·hm^{-2}）					
		N$_0$	N$_{75}$	N$_{150}$	N$_{225}$	N$_{300}$	N$_{375}$
苗 期	0	0	0	0	0	0	0
拔节期	40	0	30	60	90	120	150
孕穗期	20	0	15	30	45	60	75
抽穗期	10	0	7.5	15	22.5	30	37.5
扬花期	0	0	0	0	0	0	0
灌浆期	10	0	7.5	15	22.5	30	37.5
乳熟期	0	0	0	0	0	0	0

试验 2：2015 年在新疆石河子市天业化工生态园进行滴灌小麦氮肥分时期推荐模型田间验证试验。品种为'新春 35 号'，试验设：不施氮肥（N$_0$）、低氮（N$_L$）、传统施肥（N$_C$）、高氮（N$_H$）和推荐施肥（N$_D$，按追肥推荐模型施氮）5 个处理。栽培模式和田间管理水平与试验 1 一致。磷（P$_2$O$_5$）、钾（K$_2$O）作为基肥一次性施入，施用量为 150 kg·hm^{-2}。各生育期氮肥追肥推荐量见表 5-2。

表 5-2 各生育期氮肥追肥推荐表

处理	各生育时期氮肥施用量（kg·hm^{-2}）					总施氮量（kg·hm^{-2}）
	基肥	拔节期	孕穗期	抽穗期	灌浆期	
N$_0$	0	0	0	0	0	0
N$_L$	30	60	30	15	15	150
N$_C$	45	90	45	22.5	22.5	225
N$_H$	60	120	60	30	30	300
N$_D$	45	77.3	46.6	17.4	20.7	207

3. 测定项目与方法

（1）各生育时期的干物质积累量及全氮含量

在小麦拔节期、孕穗期、抽穗期、扬花期、灌浆期、乳熟期，选取采样区长势均匀的植株，避开边行，样品取回后按茎鞘、叶片、穗分样，在各小区随机采集小麦植株样品 10 株。样品取回后，将茎鞘、叶、穗分离后洗净，分别装入牛皮纸袋，杀青 30 min 后烘干至恒重，冷却后称重，并用凯氏定氮法测定植株全氮。

（2）SPAD 值的测定

用日本 Minlota 公司生产的 SPAD-502 叶绿素仪分别在小麦拔节期、孕穗期、抽穗期、扬花期、灌浆期、乳熟期 6 个生育时期，在上午 10:00—12:00 测定最上部完全展开叶（旗叶）的 SPAD 值，每个小区测量 30 株。

（3）产量及其构成的测定

小麦成熟后，在各个施氮处理内选取长势均匀的部分进行割方记产。在其中随机选取20株分析产量的构成。

4. 数据计算与分析

（1）春小麦氮素累积的拟合公式如下：

$$Y = \frac{K}{1 + e^{b-at}} \tag{5-1}$$

式中，Y（$kg \cdot hm^{-2}$）为小麦不同生育阶段的氮素积累量，K（$kg \cdot hm^{-2}$）值为氮素积累理论最大值，a、b 为待定系数，t 为时间序列变量，即出苗后天数（d）。通过相关公式可以计算相应的特征值：

$$t_1 = \frac{\ln(2+\sqrt{3}-b)}{a} \tag{5-2}$$

$$t_2 = -\frac{b}{a} \quad V_{max} = -\frac{4K}{a} \tag{5-3}$$

$$t_3 = \frac{\ln(2-\sqrt{3}-b)}{a} \tag{5-4}$$

t_1、t_2、t_3 分别代表小麦植株氮素快速积累始盛期、高峰期、盛末期出现的天数，V_{max} 为积累速率最大值。

（2）氮肥利用率

$$氮肥表观利用率 = (施肥区作物地上部分吸氮总量 - 不施氮肥区作物地上部分吸氮总量)/施氮量 \times 100\% \tag{5-5}$$

$$氮素农学利用率 = (施氮区产量 - 不施氮区产量)/施氮量 \times 100\% \tag{5-6}$$

$$氮肥生理利用率(kg \cdot kg^{-1}) = (施氮区作物产量 - 不施氮区作物产量)/(施氮区氮素吸收量 - 不施氮区氮素吸收量) \tag{5-7}$$

$$氮素偏生产力(kg \cdot kg^{-1}) = 产量/施氮量 \tag{5-8}$$

（3）氮营养指数

$$相对产量 = 产量实测值/最高产量 \tag{5-9}$$

$$氮营养指数 = 氮素吸收实测值/氮素吸收临界值 \tag{5-10}$$

试验数据使用 Microsoft Excel 2003、SPSS 19.0 软件进行数据处理与分析。

二、施氮对滴灌春小麦氮素累积的影响及其拟合模型

1. 对滴灌春小麦氮素积累的影响

随着生育期的延长，滴灌春小麦的吸氮量在增加（图 5-1）。从整个生育期来看，随施氮量的增加滴灌春小麦的吸氮量也增加，低氮处理与高氮处理间差异显著，并伴随生长期延长各施氮处理间差异不断增大。其中，与'新春6号'相比，'新春35号'收获期的氮素积累量较大。

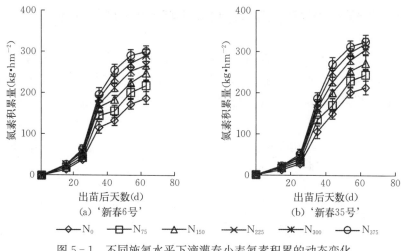

图 5-1　不同施氮水平下滴灌春小麦氮素积累的动态变化

2. 滴灌春小麦氮素积累拟合模型

从表 5-3 可以得出，在不同施氮量处理下，小麦植株氮素积累速率随着施氮量的增加而增加。2 个品种小麦出现氮素快速积累期的时间均以 N_0 最早，快速积累时间最短。'新春 6 号'氮素积累快速增长期为出苗后 21.8～49.5 d（拔节期到抽穗期），而'新春 35 号'氮素积累快速增长期为出苗后 27.5～53.4 d（拔节期到抽穗期），说明'新春 35 号'进入氮素快速积累期较晚，而'新春 6 号'较早。'新春 35 号'氮素积累的理论最大值较高，对氮肥的需求大。从总体来看，'新春 6 号'氮素快速积累期较长，而积累速率较低。我们要在 2 个小麦品种各自的吸氮高峰期加大氮肥的投入，有利于小麦的吸收利用。

表 5-3　不同施氮处理下滴灌春小麦氮素积累模型的特征值

品种	处理	拟合方程	t_1(d)	t_2(d)	t_3(d)	Δt(d)	V_{max} (kg·hm^{-2}·d^{-1})	R^2
'新春6号'	N_0	$y=197.27/(1+4.12e^{-0.1288t})$	21.8	32.0	42.2	20.4	6.2	0.979**
	N_{75}	$y=227.60/(1+4.03e^{-0.1175t})$	23.1	34.3	45.5	22.3	6.3	0.970**
	N_{150}	$y=254.57/(1+4.08e^{-0.1163t})$	23.8	35.1	46.4	22.6	6.8	0.971**
	N_{225}	$y=271.89/(1+4.40e^{-0.1199t})$	25.7	36.7	47.7	21.9	7.8	0.985**
	N_{300}	$y=293.69/(1+4.51e^{-0.1178t})$	27.1	38.3	49.5	22.5	8.6	0.982**
	N_{375}	$y=311.15/(1+4.75e^{-0.1310t})$	26.2	36.3	48.1	21.9	9.6	0.970**
'新春35号'	N_0	$y=217.23/(1+5.14e^{-0.1391t})$	27.5	37.0	46.4	18.9	7.2	0.990**
	N_{75}	$y=248.03/(1+4.89e^{-0.1288t})$	27.7	38.0	48.2	20.4	7.9	0.981**
	N_{150}	$y=276.53/(1+4.80e^{-0.1279t})$	27.2	37.5	47.8	20.6	8.6	0.982**
	N_{225}	$y=307.61/(1+4.91e^{-0.1255t})$	28.6	39.1	49.6	21.0	9.6	0.986**
	N_{300}	$y=319.53/(1+5.07e^{-0.1196t})$	31.4	42.4	53.4	22.0	9.4	0.946**
	N_{375}	$y=341.50/(1+5.20e^{-0.1236t})$	31.4	42.1	52.7	21.3	10.4	0.990**

三、滴灌春小麦植株吸氮量与相对产量的关系

将出苗后 25 d、35 d、44 d、54 d、63 d 不同施氮水平下的春小麦氮素吸收量分别与相对产量进行拟合，在各个生育时期二者均符合线性加平台关系，即小麦的相对产量随植株吸氮量的增加呈先增加后趋于稳定的趋势（图 5-2）。由回归方程可以得到，'新春 6 号'

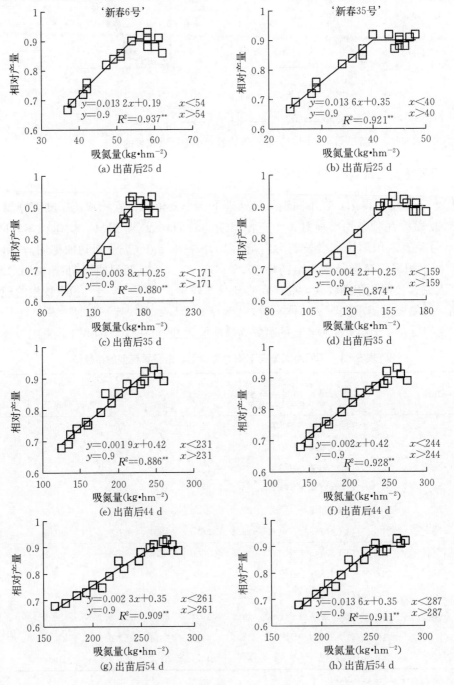

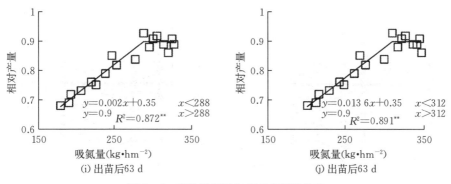

(i) 出苗后63 d　　　　　　　　(j) 出苗后63 d

图 5-2　植株吸氮量与相对产量的关系

出苗后 25 d、35 d、44 d、54 d、63 d 氮素吸收的临界值分别为 54 kg·hm⁻²、171 kg·hm⁻²、231 kg·hm⁻²、261 kg·hm⁻²、288 kg·hm⁻²；'新春 35 号'出苗后 25 d、35 d、44 d、54 d、63 d 氮素吸收的临界值分别为 40 kg·hm⁻²、159 kg·hm⁻²、244 kg·hm⁻²、287 kg·hm⁻²、312 kg·hm⁻²。当春小麦吸氮量低于临界吸氮量时就会造成减产，高于临界吸氮量会出现氮肥浪费现象。

四、植株吸氮量临界值与出苗后天数的关系

由图 5-2 可知 2 个春小麦品种出苗后 25 d、35 d、44 d、54 d、63 d 的吸氮量临界值。然而需要的滴灌春小麦的吸氮量临界值不止上述 5 个点。因此，将上述 5 个植株吸氮量临界值与出苗后天数进行回归分析，发现 2 个小麦品种的施氮量临界值与出苗后天数呈显著的二次相关关系（图 5-3）。我们可以通过二次方程计算出小麦任意一天的吸氮量临界值。

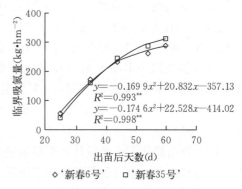

图 5-3　临界吸氮量与出苗后天数的关系

五、滴灌春小麦氮素营养指数

由图 5-4 可以看出，在不同氮素水平下，2 个春小麦品种的氮素营养指标（NNI）均在一定范围内不停变化，随着施氮量的增加 NNI 也在不断增加。2 个春小麦品种在施氮量较低的情况下（N_0、N_{75}、N_{150}）的 NNI 总是小于 1，表明小区内氮肥投入不足，出现了氮素亏缺现象；施氮量较高时（N_{375}）的 NNI 总是大于 1，表明小区内的氮肥投入充足，甚至过高；而中等施氮时（N_{225}、N_{300}）的 NNI 始终在 1 附近变化，表明较适宜的施氮量应在 N_{225} 和 N_{300} 之间。同时可以看出，出苗后 25 d NNI 较高，44 d 较低，说明 25 d 之前的氮肥投入过量，35 d 的投入量不足。

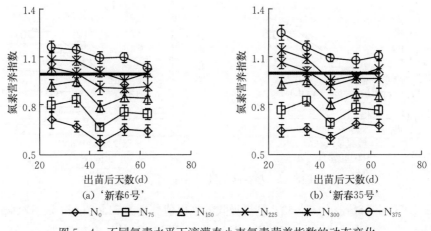

图 5-4 不同氮素水平下滴灌春小麦氮素营养指数的动态变化

六、讨论

滴灌可以将肥料在小麦的不同时期随水施用，这有别于常规的小麦施肥方式。因此，明确滴灌春小麦生育期总施氮量及不同生育期植株吸氮量临界值、施氮比例是滴灌春小麦研究的一个重要方面。本研究中，2 个春小麦品种植株氮素积累量在各生育期均随施氮量增加而增加，这与郭天财等（2016）的研究结果一致。而刘其等（2013）研究认为，随着施氮量的增加滴灌春小麦氮素积累在各生育期均呈先增加后降低的趋势。这可能是因为本研究的最高施氮量相对较小，氮素积累量并未随施氮量的增加出现下降现象。研究认为，'新春 35 号'氮素快速积累时间长于'新春 6 号'，生育期长，与前人研究的结果有相似之处，不同品种小麦的生育期和对养分的需求特性不同（付捷 等，2014）。

传统种植模式下小麦最佳施肥量确定是以收获时的最高产量（或最佳经济产量）为依据，对氮肥在不同生育阶段的准确施用量并不清楚，通常将不同阶段的施氮量按人们的传统习惯施用。而小麦整个生长过程中对氮肥的需求存在着阶段性的差别（郭天财 等，2008）。因此，传统施肥量方式在小麦快速生长阶段的施氮量可能低于实际需求，而对缓慢生长阶段的施氮量则可能高于实际需要。

作物临界氮浓度是保证作物达到最大产量的基础值，低于临界氮浓度就会造成作物减产。临界氮浓度与植株干物质累积有显著的相关性（Ulrich et al.，1952；Salette et al.，1981），这与本研究模拟氮素吸收临界曲线所用的方法相似。本研究将各生育期不同施氮量所对应的植株氮素吸收量与相对产量进行回归分析得到各生育期吸氮量临界值，将各生育期植株吸氮量临界值与出苗后天数进行回归分析得到氮素吸收临界值曲线，可以计算出任意一天植株氮素吸收的临界值。因此，可以通过测小麦生育期内任意一天的吸氮量，将其与当天氮素吸收的临界值进行比较来判断是否需要施肥。

前人基于作物临界氮浓度稀释模型提出氮素营养指数（NNI）的概念，在作物生长上具有很大的意义，能准确实时地描述作物氮素营养状况的变化（Greenwood *et al.*，1986；Lemaire *et al.*，1997）。本研究表明，2 个春小麦品种适宜的施氮量均在 225～300 kg·hm^{-2} 范围。生育前期施氮量为 225 kg·hm^{-2} 时，2 个春小麦品种的氮素营养指数均大于 1，而生育中期均小于 1，说明本试验施氮比例前期相对较高，而中期相对较低，其中'新春 6 号'中前期较低，而'新春 35 号'中后期较低。这也说明作物施肥应根据品种需肥特点进行。

受外界环境等多因素的影响，即使是同一小麦品种每一年的氮素营养状况也不一致，需要找到能够实时监测小麦氮素营养的方法，根据小麦各生育阶段生理需要施肥，为节能高产的现代化农业提供基础。

第二节 基于叶片 SPAD 值的滴灌春小麦氮肥分期推荐模型

小麦是世界主要的粮食作物之一，增施氮肥是小麦增产最为重要的技术手段之一，但过量施氮不利于滴灌春小麦产量形成（王小明 等，2013）。滴灌技术在新疆春小麦生产上的应用取得了良好的效果，滴灌小麦面积也逐年扩大（李宁 等，2013）。滴灌技术的应用使春小麦施氮肥方式由漫灌下的一次性追肥发展到分期多次追肥。传统只能确定总量的推荐施肥已无法满足滴灌春小麦分期施肥的需要（罗新宁 等，2010）。因此，快速准确诊断出滴灌小麦氮素营养状况对氮肥合理施用具有重要意义。

SPAD-502 叶绿素仪能快速确定叶片叶绿素相对含量，从而反映作物氮素营养状况，其中小麦以旗前最新完全展开叶相关性最好（李志宏 等，2003）。从返青开始，在各生育期，冬小麦叶片 SPAD 值与施氮量、叶片全氮含量均具有显著的线性相关性。但是，前人应用 SPAD-502 叶绿素仪对新疆滴灌小麦进行氮素营养诊断方面的研究较少。本研究通过分析不同施氮水平下滴灌春小麦各生育期叶片 SPAD 值与施氮量、产量的关系，确定各生育期叶片 SPAD 临界值，并建立氮肥分期追肥模型，以期为滴灌春小麦精准施氮提供依据。

一、试验设计与数据处理

参考本章第一节试验设计与数据处理。

二、不同施氮水平下滴灌春小麦叶片 SPAD 值随生育期的变化

叶片 SPAD 值变化总体呈减小—增大—减小的变化趋势，在拔节期到孕穗期 SPAD 值略有下降，孕穗期到抽穗期相对稳定，抽穗期到灌浆期增长迅速，灌浆期以后，叶片 SPAD 值开始下降（图 5-5）。整体来看 N_0 和 N_{75} 处理 SPAD 值明显低于其实施氮处理，同一时期与高氮处理之间差异显著。

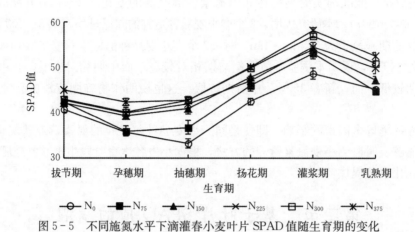

图5-5　不同施氮水平下滴灌春小麦叶片 SPAD 值随生育期的变化

三、不同生育期滴灌春小麦叶片 SPAD 值与叶片全氮含量的关系

滴灌春小麦不同时期叶片 SPAD 值和叶片含氮量的关系趋于一致，即叶片 SPAD 值越大，叶片含氮量也就越高，两者呈正相关关系（图5-6）。用一元一次方程拟合二者的关系，SPAD 值和叶片含氮量呈极显著正相关，可见 SPAD 值可以很好地反映叶片氮素营养状况。

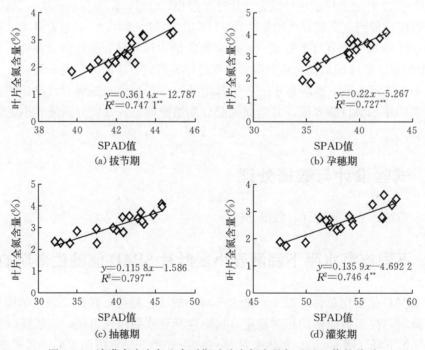

图5-6　滴灌春小麦各生育时期叶片全氮含量与 SPAD 值的关系

四、不同生育期滴灌春小麦叶片 SPAD 值与施氮量的关系

在小麦的各生育期，当施氮量增加时，叶片 SPAD 值也在增加，二者具有极显著的线性关系（图 5 - 7）。其中以抽穗期和灌浆期的相关性更显著，并且同一施氮处理各重复间 SPAD 值差异最小。

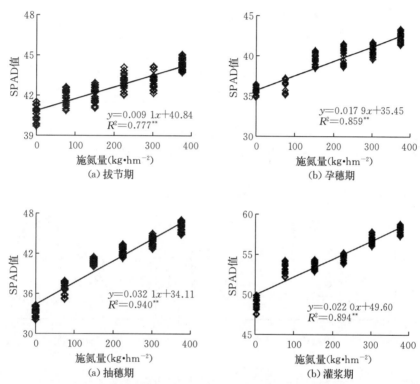

图 5 - 7　滴灌春小麦各生育期叶片 SPAD 值与施氮量的关系

五、施氮对滴灌春小麦产量的影响

滴灌春小麦的产量随着施氮量的增加呈先增后降的趋势，说明施氮量不足和过高都会导致减产，因此可以用一元二次方程对施氮量与产量的关系进行拟合（图 5 - 8）。对图 5 - 7的方程求偏导，得到最高产量为 7 301 kg·hm^{-2}，对应的施氮量为 261 kg·hm^{-2}。

六、滴灌春小麦不同生育期叶片 SPAD 临界值的确定

滴灌春小麦各生育期叶片 SPAD 值与产量之间呈极显著的二次相关关系（图 5 - 9），说明在一定范围内，滴灌春小麦叶片 SPAD 值上升，产量也增加，当小麦叶片 SPAD 值超过某一值以后，产量会随小麦叶片 SPAD 值增加而减小。根据图 5 - 9 中 4 个时期滴灌

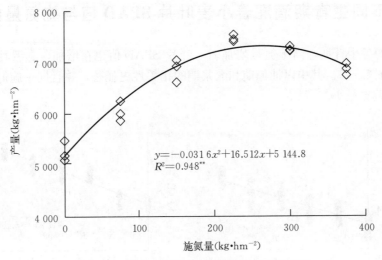

图 5-8　不同施氮量对滴灌春小麦产量的影响

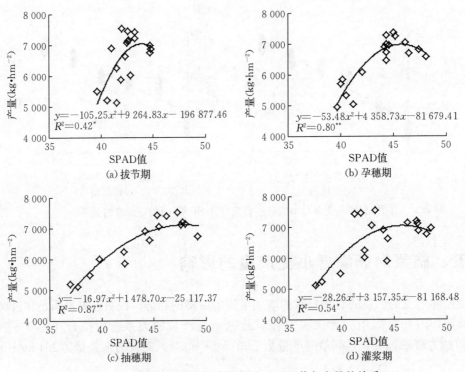

图 5-9　滴灌春小麦各生育期叶片 SPAD 值与产量的关系

春小麦叶片 SPAD 值与产量的关系函数，可以知道达到最高产量的拔节期、孕穗期、抽穗期和灌浆期的最适 SPAD 值分别为 44.0、40.7、43.6、55.8。一般将最高产量的 90%～95% 作为临界值，根据不同生育时期 SPAD 值与产量的函数关系，确定小麦拔节期、孕穗期、抽穗期和灌浆期的叶片临界 SPAD 值分别为 42.4、39.4、41.8、54.1。

七、基于叶片 SPAD 值的滴灌春小麦氮肥推荐模型的建立

由于滴灌春小麦各生育时期的叶片 SPAD 值与施肥量具有显著的线性关系，可以建立 SPAD 值诊断追肥模型。设图 5-7 所示的线性关系求出的各生育期测定的 SPAD 值前一次的氮肥水平为 $Nfer$，全生育期总施氮量为 $Nopt$，则各生育期的 N_D 追肥量用如下公式计算：

$$N_D = Nopt - Nfer \qquad (5-11)$$
$$Nfer = (SPAD - a)/b \qquad (5-12)$$

将两式进行整理，得到基于叶片 SPAD 值的氮肥分期推荐模型：

$$N_D = Nopt + a/b - SPAD/b \qquad (5-13)$$

式中，N_D 为各生育期的推荐施肥量，$Nopt$ 为小麦总施氮量（kg·hm^{-2}）；b 为各生育期的小麦叶片 SPAD 值与施氮量线性方程的斜率；a 为截距。

将 $Nopt = 261$ kg·hm^{-2} 以及图 5-7 确定的 a、b 值代入公式（5-13），可以得到各生育期推荐追肥模型（表 5-4）。当测得小麦叶片 SPAD 值高于临界值时，表明该时期不用施氮，低于临界值时，则根据氮肥推荐模型计算出该时期所需要的施肥量，并依据此进行氮肥推荐。

表 5-4　滴灌春小麦各生育时期氮肥推荐模型

生育时期	a	b	氮肥推荐模型
拔节期	40.84	0.009 1	$N_D = 4\,748.9 - SPAD/0.009\,1$
孕穗期	35.45	0.017 9	$N_D = 2\,241.4 - SPAD/0.017\,9$
抽穗期	34.11	0.032 1	$N_D = 1\,323.6 - SPAD/0.032\,1$
灌浆期	49.60	0.022 0	$N_D = 2\,515.5 - SPAD/0.022\,0$

八、讨论

胡昊等（2010）研究表明，冬小麦叶片 SPAD 值随生育期呈先增加后减小趋势。本研究认为，滴灌春小麦从拔节期到抽穗期小麦叶片 SPAD 值略有减小，相对稳定，随后迅速增加，进入灌浆期后开始减小。这可能是小麦生育前期干物质迅速积累，叶片叶绿素含量相对较低，导致叶片 SPAD 值较小（郭建华 等，2010）；抽穗期到灌浆期干物质积累较稳定，叶片 SPAD 值随叶片叶绿素含量增加而增加；进入灌浆期叶片氮素和叶绿素向籽粒中转运，叶片 SPAD 减小。而朱云等（2015）认为，小麦拔节期到孕穗期叶片 SPAD 值相对稳定，孕穗期到抽穗期略有增加，其他时期与本研究结果相似。这可能是由不同品种小麦生育特性导致的。

叶片 SPAD 值与施氮量和产量的相关关系表明，SPAD 值能够很好地反映滴灌春小麦氮素营养状况，这与胡昊等（2010）的研究结果一致。谢华等（2003）试验表明，在整个生育期小麦叶片 SPAD 值随施氮量的增加而增加，但当施氮量增加到一定程度以后，叶

片 SPAD 值不再随施氮量增加，趋于稳定，这与本研究结果有所差异。本研究表明，随着施氮量的增加，滴灌春小麦叶片 SPAD 值也一直增加，这可能是因为本研究的最高施氮量相对较小，叶片 SPAD 值并未随施氮量增加出现停滞现象。Blackmer 等（1994）研究发现，不论在供氮充足和缺乏时，作物叶片 SPAD 值和产量都有很好的相关性；但氮素吸收过量时，产量不再随叶片 SPAD 值增加而增加。这与本研究结果相似，各生育期叶片 SPAD 值与产量呈二次相关。

孙克刚等（2008）通过目标产量法和肥料效应函数法得出，小麦产量达到 7 500～9 000 kg/hm² 时，推荐施用氮肥为纯氮 225 kg·hm⁻²，小麦的最佳施氮量为 119.6 kg·hm⁻²，但这两种方法均无法确定追肥用量。黄生斌等（2002）研究结果表明，基于土壤 N_{min} 的氮肥推荐模型能很好地指导氮肥一次性追施。新疆滴灌小麦肥料可以随水滴施，因此，建立氮肥分期推荐对氮肥施用更有指导意义。

李刚华等（2005）利用叶绿素仪分别对马铃薯和水稻进行氮素营养诊断，并建立氮肥推荐模型。近年来，新疆滴灌技术在小麦上的应用取得了良好的效果，使肥料可以在小麦各生育时期随水滴施。本研究应用叶绿素仪得出滴灌小麦拔节期、孕穗期、抽穗期和灌浆期的临界 SPAD 值分别为 42.4、39.4、41.8、54.1，并建立滴灌春小麦氮肥分期推荐模型。

本试验基于'新春 35 号'得到推荐施肥模型，由于不同品种小麦在同一生育时期叶片 SPAD 值差异很大，并且叶片 SPAD 值随生育期变化容易造成实际测量日期与模型日期不符，导致追肥模型误差增大（Minotti *et al.*，1994；Campbell *et al.*，1990）。因此，今后应对本地区主栽小麦品种和适用于生育期中任何一天的追肥推荐模型加以研究。

第三节 滴灌春小麦氮肥分期推荐模型的验证

随着农业技术的发展，传统施肥方式必将被推荐施肥所代替。目前，推荐施肥方式有很多，应用最为普遍的有效应函数法、测土施肥法和营养诊断法 3 大系统（黄旭 等，2014）。在盘锦地区用水稻产量平均值回归法优于回归系数平均法（杜君 等，2012），土壤剖面无机氮不足部分以氮肥加以补充可以对小麦推荐施肥（张福锁 等，2007），前人研究表明，应用 SPAD 叶绿素仪可对小麦进行氮素营养诊断，但其未建立施肥推荐模型（王亚飞 等，2003）。

本研究已建立了基于叶片 SPAD 值的氮肥推荐模型，理论上均能够对春小麦氮肥进行推荐。设置本试验的目的是为了研究该氮肥优化管理在实际中的应用是否成立。在滴灌春小麦不同生育时期进行测试春小麦叶片 SPAD 值并代入上述推荐模型计算出各生育时期氮肥追施量，收获后测定植株氮素吸收、产量、氮肥利用率、土壤残留氮及各生育时期氮素营养指数评价比较，最终确立小麦叶片 SPAD 值建立的氮肥分期推荐模型能否用于指导春小麦的分期施肥，以期为 SPAD 叶绿素仪真正服务于滴灌春小麦生产提供理论依据。

一、试验设计与数据处理

参考本章第一节试验设计与数据处理。

二、不同施氮处理小麦氮素积累比较

根据表 5-5 可以看出小麦氮素积累规律呈慢—快—慢的变化趋势，符合 S 形曲线。用 Logistic 生长曲线拟合氮素积累过程，拟合的曲线方程均达到了极显著水平，其中，自变量为小麦的出苗后天数，因变量为同期氮素积累量。

表 5-5 不同施氮处理下小麦植株氮素积累模型的特征值分析

处理	拟合方程	t_1(d)	t_2(d)	t_3(d)	Δt(d)	V_{max} (kg·hm^{-2}·d^{-1})	R^2
N_0	$y=217.93/(1+5.141e^{-0.1391t})$	27.5	37.0	45.7	18.2	7.3	0.989**
N_L	$y=276.57/(1+4.91e^{-0.1296t})$	27.7	37.9	47.3	19.6	8.9	0.983**
N_C	$y=327.21/(1+4.91e^{-0.1255t})$	29.6	40.5	50.6	20.9	10.0	0.991**
N_H	$y=331.55/(1+5.02e^{-0.1212t})$	28.6	39.1	48.8	20.2	10.2	0.965**
N_D	$y=345.43/(1+4.93e^{-0.1281t})$	28.2	35.7	48.0	19.8	10.9	0.987**

由表可知，氮素积累的最大速率随施氮量的增加而增加，不施氮处理、低氮处理、传统施肥处理、高氮处理和推荐施肥处理，小麦氮素积累的时间特征值（Δt）分别为 18.2、19.6、20.9、20.2 和 19.8。推荐施肥处理氮素积累的理论值最大，与传统施肥相比，其快速积累时间缩短，而积累速率较高。

要提高小麦产量不但要增加小麦氮素积累量，而且要使其在各器官中的分配比例合理。分析结果表明，成熟期氮素在小麦不同器官的积累量和分配比例均表现为：籽粒＞茎鞘＞叶片＞穗颖。随着施氮量的增加各器官氮素积累量呈先增后降趋势，表明过高、过低的施氮量均不利于小麦的氮素积累；而分配比例表现为籽粒随施氮量的增加而降低，其他器官总体增加的趋势（表 5-6）。

表 5-6 成熟期氮素在小麦植株不同器官的分配

施氮量	氮素积累量（kg·hm^{-2}）				总量	分配比例（%）			
	籽粒	叶片	茎和叶鞘	穗轴和颖壳		籽粒	叶片	茎和叶鞘	穗轴和颖壳
N_0	135.7d	15.0d	13.1d	10.5d	174.3e	77.8a	8.6d	7.5c	6.1c
N_L	195.1c	24.7c	28.1c	17.8c	265.7d	73.4b	9.3c	10.6d	6.7b
N_C	198.4c	30.4b	38.2a	23.1a	297.1b	69.1c	10.2b	12.9a	7.8a
N_H	205.3b	32.2a	36.5b	19.8b	287.2c	69.1c	11.2a	12.7a	6.9b
N_D	210.6a	32.5a	36.1b	21.1ab	300.3a	70.1c	10.8b	12.0a	7.0b

注：同列不同小写字母代表不同处理之间差异显著（$P<0.05$）。

三、不同施氮处理的产量比较

施氮不同会对小麦产量造成影响，低氮处理、传统施肥处理、高氮处理和推荐施肥处理与不施氮肥处理相比产量分别提高了 33.2%、44.0%、35.0%、43.2%，传统施肥和推荐施肥处理产量及产量构成最高，两者之间的产量无明显差异，说明优化施肥处理在低于传统施肥处理施肥量的前提下，对产量并未造成影响（表 5-7）。

表 5-7　施氮对小麦产量及其构成的影响

施氮量	成穗数（$10^4 \cdot hm^{-2}$）	穗粒数	千粒重（g）	产量（$kg \cdot hm^{-2}$）
N_0	396.64 d	32.04c	42.86 d	5 447d
N_L	493.14c	33.37b	44.09c	7 256c
N_C	513.13a	33.38b	45.78a	7 842a
N_H	498.65b	33.23b	44.36b	7 351b
N_D	511.68a	33.84a	45.04b	7 798a

注：同列不同小写字母代表不同处理之间差异显著（$P<0.05$）。

四、不同施氮处理的氮肥利用率比较

氮肥表观利用率、氮素农学利用率、氮肥生理利用率、氮素偏生产力和氮收获指数能够很好地评价植株对氮素的吸收状况和利用效率。这 5 个指标同时考虑到了土壤条件的差异和作物氮素吸收的生理特性，因此能更准确地评价优化施肥处理的氮素利用情况。

氮肥表观利用率是指植株吸收肥料中的氮占总施氮量的比例，是用来描述小麦对氮肥吸收利用的主要指标。各施肥处理间氮肥表观利用率差异显著，随施氮量增加呈下降趋势，其中推荐处理高于常规处理；随着施氮量的不断增加，氮素农学利用率呈现出下降趋势，由 $12.1\,kg \cdot kg^{-1}$ 下降到 $6.3\,kg \cdot kg^{-1}$，说明随着氮肥用量的增加，每千克纯氮增施对小麦的增产效果在不断下降，从而导致生产成本有所提升；随施氮量增加小麦氮肥生理利用率呈下降的趋势，表明随施氮水平提高，小麦积累每千克纯氮所增加的产量呈下降趋势，符合报酬递减率；随施氮量增加氮素偏生产力呈下降的趋势。氮收获指数指的是小麦籽粒吸氮量占植株总吸氮量的比例，由表 5-8 可以看出，随着施氮量的增加氮收获指数整体上呈现出降低的趋势，表明过量的氮肥投入不利于小麦植株氮素积累向籽粒分配。总体来说，与传统施肥相比，推荐施肥（除氮肥生理利用率外）各利用率较高。

表 5-8　不同施氮处理下小麦的氮素利用率

处理	氮肥表观利用率（%）	氮素农学利用率（$kg \cdot kg^{-1}$）	氮肥生理利用率（$kg \cdot kg^{-1}$）	氮素偏生产力（$kg \cdot kg^{-1}$）	氮收获指数（%）
N_L	60.9a	12.1b	19.8c	48.4a	73.4a
N_C	54.5c	10.6b	19.5a	34.9c	69.1c
N_H	37.6d	6.3c	16.9c	24.5d	69.0c
N_D	58.7b	11.3a	18.7b	37.6b	70.1b

注：同列不同小写字母代表不同处理之间差异显著（$P<0.05$）。

五、不同施氮处理收获期土壤硝态氮残留比较

由表 5-9 可知，收获期不同施肥处理土壤硝态氮残留不同，随施氮量增加而增加。随土层深度增加土壤硝态氮残留在不断减少。与传统施肥处理相比，推荐施肥处理总硝态氮残留较少。其中推荐施肥处理 0～40 cm 土层土壤硝态氮残留显著低于传统施肥，而 40～100 cm 土层两施氮处理间差异不显著。

表 5-9 不同施氮处理对土壤硝态氮残留的影响

处理	土壤硝态氮残留（kg·hm^{-2}）					总量
	0～20 cm 土层	20～40 cm 土层	40～60 cm 土层	60～80 cm 土层	80～100 cm 土层	
N_0	26e	16e	13d	8d	5d	68e
N_L	36d	34d	31c	28c	25c	155d
N_C	53b	55b	45b	41b	41b	237b
N_H	66a	56a	52a	51a	44a	271a
N_D	50c	45c	43b	38b	40b	218c

注：同列不同小写字母代表不同处理之间差异显著（$P < 0.05$）。

六、不同施氮处理各生育期氮营养指数比较

由图 5-10 可以看出，各施氮处理小麦的氮营养指数均呈现出一定程度的波动性，施氮能够显著增加小麦的氮营养指数。而推荐施肥处理的氮营养指数总是在 1 附近变化，说明推荐施肥处理的氮素积累量最接近临界吸氮量，最满足作物生理实时需要。

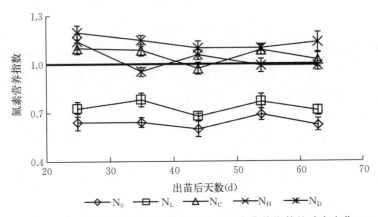

图 5-10 不同氮素水平下滴灌春小麦氮素营养指数的动态变化

七、讨论

田间试验结果表明，测小麦叶片 SPAD 值指导滴灌春小麦氮肥分期施用可以在保证

产量的前提下节约肥料，这与潘薇薇等（2008）和李新伟等（2014）的研究结果一致，基于叶片 SPAD 值、叶柄 NO_3^- 含量和冠层 NDVI 值建立的氮肥分期推荐模型可以在保证产量的前提下，减少肥料用量。而于静（2014）基于冠层 NDVI 值建立的氮肥分期推荐模型提高了产量，同时减少了肥料用量，这可能是不同的种植模式造成的差异，其试验是在传统灌溉模式下完成，与常规施肥相比，其推荐施肥增加了施肥次数。

氮肥表观利用率、氮素农学利用率、氮肥生理利用率、氮素偏生产力和氮收获指数分别从不同方面描述了作物对于氮肥的吸收和利用程度（同延安 等，2007）。本研究表明滴灌春小麦随施氮水平的提高，氮肥的利用效率总体呈下降趋势，与传统施肥处理相比，推荐施肥处理的氮素农学利用率和偏生产力较高，而氮肥生理利用率较低。说明施用每千克纯氮推荐施肥处理小麦增产潜力较高，而吸收每千克纯氮常规施肥处理增产潜力较高。氮肥表观利用率表现为，随施氮量的增加而减小，其中推荐施肥处理高于常规施肥处理，这与薛晓萍等（2006）的研究结果一致。而刘其等（2013）研究认为，随施氮量的增加氮肥表观利用率呈先增后降的趋势。

本研究表明，随施氮量增加氮素快速积累持续时间增长，这与刘其等（2013）的研究结果一致。但也有研究认为，随施氮量的增加氮素快速积累持续时间呈先增长后减少的趋势。与传统施肥处理相比，推荐施肥处理小麦提前进入了氮素快速积累期，快速积累持续时间短，而积累速率较高。收获期土壤不同土壤硝态氮含量是鉴定不同的氮肥推荐方法的另一指标。研究表明，随施氮量增加收获期土壤氮素残留呈增加趋势，这可能是因为随施氮量增加植株不能充分吸收土壤中的氮，导致土壤中残留的氮含量较高。其中常规施肥处理土壤硝态氮残留显著高于推荐施肥处理，说明推荐施肥处理减少了肥料的浪费。氮素营养指数能够很好地表现作物各生育期的吸氮量与临界吸氮量的差异。研究结果表明，推荐施肥处理除第一次施肥外，各生育期氮素营养指数始终在 1 附近波动，说明推荐施肥更能满足作物生理需要，但基肥施用量偏高。

▶ 小结

本研究通过不同施氮量处理，从'新春 6 号'与'新春 35 号'2 种滴灌春小麦氮素累积规律入手，利用 Logistic 曲线对其进行拟合，阐明新疆滴灌春小麦的氮素吸收规律。通过氮素营养指数明确以固定施氮比例的传统施肥方式往往与作物的需氮情况存在偏差。进而本研究通过运用 SPAD 叶绿素仪对滴灌小麦进行了氮素营养诊断，并建立了氮肥分期施用推荐模型，并通过独立的田间试验研究得出，该模型可以在保证小麦正常需氮供应和产量的前提下，节约肥料、提高肥料利用率。

通过 Logistic 曲线模型对春小麦植株氮素积累进行拟合得出，'新春 35 号'氮素快速积累期（27.5~53.4 d）晚于'新春 6 号'（21.8~49.5 d），'新春 35 号'生育期较长。氮素营养指数表明，传统施肥的施氮比例不合理。

各生育期小麦叶片 SPAD 值均与施氮水平呈极显著的线性相关关系，与产量呈二次极显著相关，应用 SPAD 叶绿素仪可以对小麦进行氮素营养诊断。

在'新春 35 号'拔节期、孕穗期、抽穗扬花、乳熟期利用 SPAD 值进行春小麦氮素营养诊断的临界值分别为 42.4、39.4、41.8、54.1，推荐模型分别为：$N_D = 4\,748.9-$

SPAD/0.009 1、$N_D = 2\ 241.4 - $SPAD$/0.017\ 9$、$N_D = 1\ 323.6 - $SPAD$/0.032\ 1$、$N_D = 2\ 515.5 - $SPAD$/0.022$。

与传统施肥相比，应用该模型可以在保证小麦正常需氮供应和产量的前提下，氮肥利用率提高 4.2 个百分点，用量降低 18 kg·hm^{-2}。

▶ 主要参考文献

杜君，白由路，杨俐苹，等，2012. 养分平衡法在冬小麦测土推荐施肥中的应用研究 [J]. 中国土壤与肥料，01：7 - 13.

付捷，田慧，高亚军，2014. 不同小麦品种生育期氮素效率差异的变化特征 [J]. 中国土壤与肥料，05：37 - 42.

郭建华，王秀，陈立平，等，2010. 快速获取技术在小麦推荐施肥中的应用 [J]. 土壤通报，03：664 - 667.

郭天财，宋晓，冯伟，等，2008. 高产麦田氮素利用、氮平衡及适宜施氮量 [J]. 作物学报，05：886 - 892.

胡昊，白由路，杨俐苹，等，2010. 基于 SPAD - 502 与 Green Seeker 的冬小麦氮营养诊断研究 [J]. 中国生态农业学报，04：748 - 752.

黄生斌，陈新平，张福锁，2002. 不同品种冬小麦土壤及植株测试氮肥推荐指标的研究 [J]. 中国农业大学学报，05：26 - 31.

黄旭，唐拴虎，杨少海，等，2014. 酸性硫酸盐土壤水稻氮磷钾肥推荐用量指标研究 [J]. 热带作物学报，03：503 - 508.

李刚华，丁艳锋，薛利红，等，2005. 利用叶绿素计（SPAD - 502）诊断水稻氮素营养和推荐追肥的研究进展 [J]. 植物营养与肥料学报，03：412 - 416.

李宁，王振华，2013. 北疆不同灌水次数对滴灌春小麦生长及产量的影响 [J]. 节水灌溉，07：13 - 15.

李新伟，吕新，张泽，等，2014. 棉花氮素营养诊断与追肥推荐模型 [J]. 农业机械学报，12：209 - 214.

李志宏，刘宏斌，张福锁，2003. 应用叶绿素仪诊断冬小麦氮营养状况的研究 [J]. 植物营养与肥料学报，04：401 - 405.

刘其，2013. 基于过程的滴灌春小麦临界氮需求量定量化模拟模型 [D]. 石河子：石河子大学.

刘其，刁明，王江丽，等，2013. 施氮对滴灌春小麦干物质、氮素积累和产量的影响 [J]. 麦类作物学报，04：722 - 726.

罗新宁，2010. 基于 SPAD 的棉花氮素营养诊断及氮营养特性研究 [D]. 乌鲁木齐：新疆农业大学.

潘薇薇，2008. 应用叶绿素仪进行棉花氮素营养诊断 [D]. 石河子：石河子大学.

彭婷，蒋桂英，段瑞萍，等，2014. 滴灌春小麦群体质量与产量的关系 [J]. 麦类作物学报，34（5）：655 - 661.

孙克刚，李丙奇，杨稚娟，等，2008. 农田土壤养分精准管理与郑麦 366 目标产量推荐施肥标准 [J]. 河南农业科学，03：58 - 61.

同延安，赵营，赵护兵，等，2007. 施氮量对冬小麦氮素吸收、转运及产量的影响 [J]. 植物营养与肥料学报，01：64 - 69.

王小明，王振峰，张新刚，等，2013. 不同施氮量对高产小麦茎蘖消长，花后干物质积累和产量的影响 [J]. 西北农业学报，22（6）：1 - 8.

王亚飞，2008. SPAD 值用于小麦氮肥追施诊断的研究 [D]. 扬州：扬州大学.

谢华，沈荣开，徐成剑，等，2003. 水、氮效应与叶绿素关系试验研究 [J]. 中国农村水利水电，08：

40 -43.

徐茂林，2005. 氮素供应对强筋小麦产量和品质的影响 [J]. 土壤通报，36（6）：983－985.

薛晓萍，王建国，郭文琦，等，2006. 氮素水平对初花后棉株生物量、氮素累积特征及氮素利用率动态变化的影响 [J]. 生态学报，11：3631－3640.

于静，2014. 基于主动作物传感器 Green Seeker 的马铃薯氮素营养诊断及推荐施肥 [D]. 呼和浩特：内蒙古农业大学.

张福锁，王激清，张卫峰，等，2007. 中国主要粮食作物肥料利用率现状与提高途径 [J]. 植物营养与肥料学报，13（6）：1006－1012.

朱云，史力超，冶军，等，2015. 滴灌春小麦氮素营养诊断施肥方法研究 [J]. 麦类作物学报，01：93－98.

Bleaker T M, Schepers J S, 1994. Techniques for monitoring crop nitrogen status of corn [J]. Common. Soil Sci. Plant Anal, 25（9－10）：1791－1800.

Campbell R J, Mobley K N, Marini R P, *et al*, 1990. Growing condition alter the relationship between SPAD-501 values and apple leaf chlorophyll [J]. Hurt sci, 25（3）：330－331.

Greenwood D J, Neeteson J J, Draycott A, 1986. Quantitative relationships for the dependence of growth rate of arable crops on their nitrogen content, dry weight and aerial environment [J]. Plant and Soil, 91（3）：281－301.

Lemaire G, Gastal F, 1997. Nuptake and distribution in plant canopies [M]. Diagnosis of the nitrogen status in crops. Springer Berlin Heidelberg.

Minotti P L, Halseth D E, Sieczka J B, 1994. Field chlorophyll measurements to assess the nitrogen status of potato varieties [J]. Hort. Science, 29（12）：1497－1500.

Ulrich A, 1952. Physiological bases for assessing the nutritional requirements of plants [J]. Annual Review of Plant Physiology, 3（1）：207－228.

图书在版编目（CIP）数据

滴灌小麦水氮监测与氮素营养诊断 / 崔静，冶军，王海江主编．—北京：中国农业出版社，2023.12
ISBN 978 - 7 - 109 - 31434 - 4

Ⅰ．①滴…　Ⅱ．①崔…　②冶…　③王…　Ⅲ．①小麦－滴灌－营养诊断　Ⅳ．①S512.107.1②S158.3

中国国家版本馆 CIP 数据核字（2023）第 222604 号

中国农业出版社出版

地址：北京市朝阳区麦子店街 18 号楼
邮编：100125
责任编辑：郭晨茜　杨晓改　谢志新
版式设计：杨　婧　责任校对：吴丽婷
印刷：北京通州皇家印刷厂
版次：2023 年 12 月第 1 版
印次：2023 年 12 月北京第 1 次印刷
发行：新华书店北京发行所
开本：787mm×1092mm　1/16
印张：13.75
字数：326 千字
定价：68.00 元